# 방폭전기공학

김규정 · 황명환 지음

HS 도서출판 한산

# 머리말

산업발전과 더불어 인명존중 사상의 고양은 물론 기계설비의 신뢰성 향상을 통한 안정적 생산활동과 전기안전의 중요성이 계속 요구되어 왔습니다. 또한, 산업의 발달과 생활수준의 향상으로 인해 전기사용량도 함께 증가하여 왔습니다. 이로 인해 전기로 인한 화재의 위험성도 함께 증가하고 있는 실정이며, 특히 인화성 물질을 취급하고 있는 장소에서 전기설비를 사용하는 예가 점점 증가하고 있는 상황입니다. 그러나 현장에서는 이에 대한 적절한 대비책이 정확히 인식되어 있지 않아, 많은 산업현장에서 아직도 전기화재 및 폭발사고가 발생하고 있습니다.

이러한 현실에 부응하고자 본 저자는 지금까지의 대학 및 산업현장에서의 실무적 경험과 이론적 연구결과를 토대로 하여, 전기화재 및 폭발사고를 예방할 수 있는 방폭전기공학의 학문적 이해와 충분한 자질향상에 기여할 수 있도록 본 저서를 작성하게 되었습니다. 전기화재 및 폭발에 관한 기초적인 내용에서부터 이를 예방하기 위한 전문적이고 실용적인 기술내용을 서술하고자 노력하였습니다. 기본적으로 방폭설비는 설계, 설치 및 운영비용이 많이 소요되는 분야입니다. 그러므로 본 저서에서 서술한 내용을 활용하면 상당히 넓은 현장 플랜트에서 안정적인 운전을 도모하면서, 이의 운전 및 유지비용을 줄일 수 있도록 본 저서가 여러분을 도와줄 것입니다.

본 저서에서는 폭발위험이 있는 장소에서 사용하는 전기장비에 대해, 잠재적으로 내재한 위험원을 독자가 먼저 파악할 수 있도록 서술하고 있습니다. 본 저서의 내용은 최근 북미지역을 포함한 세계 대부분의 국가에서 채택하고 있는 국제규격을 기반으로 대부분을 서술하였습니다. 또한, 관련 용어 및 방폭설비의 올바른 사용법에 대해 설명하고 있습니다. 이 책에서는 국제 요구사항에 맞는 안정적인 운전을 위하여 폭발위험장소의 구분에서부터 방폭전기설비의 선정 및 설치에 이르기까지의 모든 내용을 포함하고 있습니다.

이 책은 방폭전기공학을 공부하는 학생에서부터 플랜트의 설계, 기기제작의 사양, 방폭설비의 설치 및 운전, 그리고 유지 · 보수를 하는 방폭과 관련된 모든 사람들을 대상으로 작성하였습니다.

본 저자는 독자 여러분이 이 책에서 다음의 지식을 얻을 수 있기를 바랍니다.

- 방폭전기공학에서 사용하는 용어의 이해
- 폭발위험장소에서 사용하는 전기장비의 잠재적 위험성
- 국제규격에서 요구하는 전기방폭의 이해
- 북미규격과 국제규격에서 요구하는 기술적 사항의 차이점에 대한 이해
- 폭발위험장소의 안전과 운영 측면에서 고려할 사항의 이해
- 폭발위험장소 구분을 할 수 있는 설계능력
- 폭발위험장소에서 사용할 수 있는 장치의 유형
- 폭발위험장소에 설치되는 전기설비의 설계방안
- 폭발위험장소에서 사용하는 방폭전기시스템의 한계
- 국내 안전인증시스템의 이해

본 저서에서는 기본적으로 다른 지식을 필요로 하지는 않습니다만, 만약 여러분이 계측제어 및 전기이론에 대한 기본적인 지식을 갖고서 이 책을 활용한다면 방폭전기에 대한 더 큰 활용가치를 얻을 수 있을 것입니다.

본 저자는 본 저서가 전기로 인한 화재·폭발을 예방하고 사업장의 인명과 재산을 보호함은 물론 정전 등으로 인한 생산중단 등의 사고를 방지하는데 많은 도움이 될 것으로 생각합니다.

끝으로 본 저서에 대한 독자 여러분의 많은 지도편달을 바라면서, 방폭전기 기술인과 안전공학인의 발전에 조금이나마 도움이 되어 우리나라 산업전반의 발전과 사고예방에 기여할 수 있기를 다시 한번 바라는 바입니다.

2015년 2월

저자

# 차례

## 제1장 연소와 폭발의 개요 / 13

## 제2장 폭발위험장소의 구분 / 75

## 제3장 방폭전기기계·기구의 구조 및 종류 153



## 제4장 방폭전기기기·설비의 적용 및 설치 173

## 제5장 분진폭발 위험장소에서의 전기설비 219

## 제6장 방폭전기기계기구 안전인증 273

PART

# 01

# 연소와 폭발의 개요

# 01 연소의 개요

## 1-1. 연소

연소란 물질이 공기 중 산소를 매개로 하여 많은 열과 빛을 동반하면서 타는 현상이다. 일반적으로 불꽃을 내며 타는 현상을 말하며, 대부분의 연소반응은 발열반응이다.

가연성물질 + 산소 → 반응 생성물(빛, 열)

또한, 연소의 화학반응은 원계에서 생성계로의 물질 변화이다. 일반적으로 평형상태에 있던 물질계가 다른 상태로 전이하는 경우에는 <그림 1-1>과 같이 전이 도중 평형상태보다 포텐셜 에너지가 높은 두 가지의 상태를 경과하게 된다. 예를 들면, 화학반응에서 원계는 반응 도중에 한번 활성화된 상태로 옮기고, 거기서부터 원자의 조합이 다른 상태, 즉 생성계로 옮겨 가므로 활성화물의 에너지와 원계의 최저에너지와의 차가 활성화 에너지에 해당한다. 화학반응이 이루어지기 위해서는 대개 에너지가 높은 상태를 거쳐야 하는데, 이에 필요한 최소한의 에너지를 활성화 에너지라고 말하며, 일반적으로는 이 에너지가 클수록 반응속도가 빠르다. 연소가 계속되려면 활성화 에너지를 받아 발화하고 나서, 이때 생긴 연소열이 미반응부분의 활성화를 계속 지속시키는 연쇄반응이 있어야 가능하다.

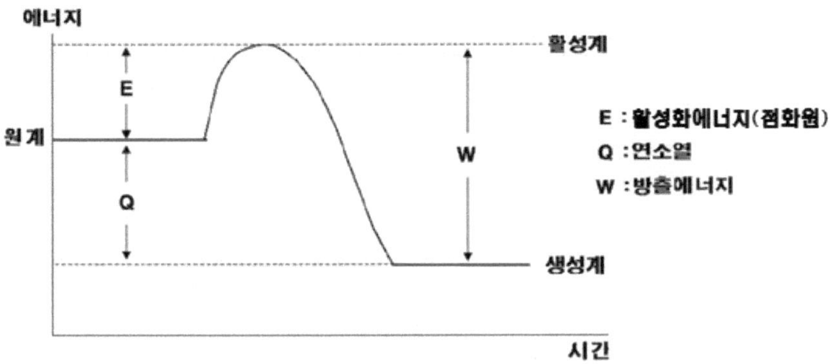


〈그림 1-1〉 연소의 진행과정

## 1-2. 연소의 구성요소

### (1) 연소의 3요소

연소현상을 위하여 가연물, 산소(공기), 점화원의 3가지 조건이 필요하며, 이를 연소의 3요소라 부른다. 이들 중 어느 하나라도 없으면 연소가 이루어지지 않으므로, 이들 3요소 중 하나 이상을 제거하거나 격리시키는 것이 불을 끄는 소화의 원리이다.

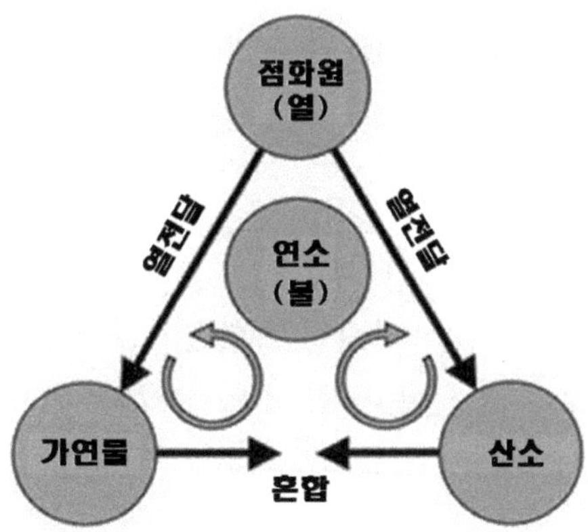


〈그림 1-2〉 연소의 3요소

### (2) 연소의 4요소(사면체)

연소의 3요소 이외에 연쇄반응이 4번째 요소로 작용하며, 이를 연소의 4요소라고 한다.

〈그림 1-3〉 연소의 4요소

### (3) 가연물의 종류

우리 주변에는 탈 수 있는 가연물이 여러 가지 있으며, 물질의 상태에 따라 구분하면 다음과 같다.

(가) 고체 : 종이, 나무, 석탄, 섬유, 플라스틱, 금속 분말 등

(나) 액체 : 가솔린, 등유, 경유, 아세톤, 톨루엔, 메탄올 등

(다) 기체 : 메탄, 프로판, 부탄, 수소, 아세틸렌, 일산화탄소 등

### (4) 산화제의 종류

연소가 이루어지려면 산화제인 산소가 있어야 하는데, 산소는 공기 중 21 %가 산소이므로 우리 주변에 항상 있다고 할 수 있다.

### (5) 점화원의 종류

점화원은 다음과 같이 크게 분류한다.

(가) 기계적 점화원 : 충격, 마찰, 단열압축 등
(나) 전기적 점화원 : 정전기 등
(다) 열적 점화원 : 나화, 고열표면, 용융물, 용접불꽃 등
(라) 자연발화

## 1-3. 전기의 생성

### (1) 마찰 (정전기)

두 개의 플라스틱처럼 두 표면 사이의 마찰은 정전기를 발생시키고, 충전된 전하는 방전하면서 작은 불꽃을 발생시킬 수 있다. 이는 설계자가 반드시 고려해야 하는 전기적 특성으로서 폭발로 인해 대재앙을 야기할 수 있는 폭발위험장소를 취급할 때 특히 그렇다. 이 문제를 해결하는 가장 좋은 방법은 장치 및 외함을 접지하는 것이다.

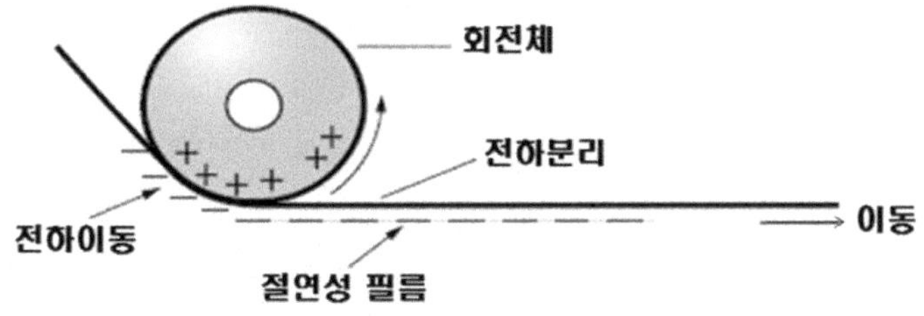


〈그림 1-4〉 마찰에 의한 전기발생

### (2) 압력 (피에조 전기)

석영, 로쉘염, 전기석처럼 일부 석영계열의 결정은 기계적인 힘이 가해질 때 기전력을 형성하는 특징이 있다. 이러한 결정은 자신의 표면에 응력이 가해질 때마다 전압을 만드는 뛰어난 능력이 있다. 그러므로 석영 결정이 압축되면, 서로 다른 반대 극성의 전하가 결정의 양면에 나타난다. 힘이 반대방향으로 작용해서 결정체를 양측에서 잡아당기는 경우 전하가 다시 나타나지만, 이때는 압착에 의해 형성된 것과 반대의 극성으로 나타난다. 이러한 형태의 결정에 대해 진동을 주게 되면, 결정의 양면에 서로 다른 반대 극성을 갖는 전압이 지속 형성될 것이다. 이를 압전효과라 하며, <그림 1-5>에 나타내었다.

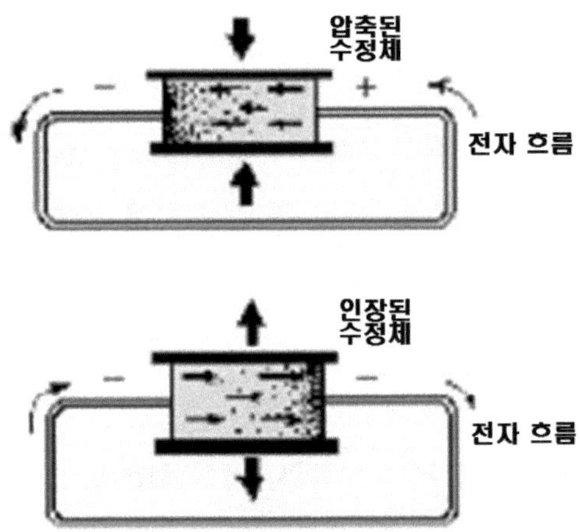


〈그림 1-5〉 수정체의 압축과 인장시의 전자흐름 발생 및 진행방향

일반적으로 피에조 압전소자를 이용하는 장치로는 소형 마이크, 축음기 카트리지 등이 있고, 무선 송신기, 라디오 수신기, 수중 음파 탐지기 등에서는 발진소자로 활용하고 있다. 이러한 특성은 기계적 에너지를 전기적 에너지로 변환시키는 능력과 저전력 생성의 특징으로 인해 본질안전 개념을 적용하는 계장제어 설계자에게 매우 유익하다.

### (3) 열 (열전기)

구리처럼 대부분의 금속은 한쪽 끝을 가열하면 전자가 고온부에서 저온부 측으로 이동하려는 경향이 있다. 그러나 철과 같은 일부 금속은 반대로 전자가 고온부를 향해 이동한다. 이러한 특성을 <그림 1-6>에 나타내었다. (-) 전하인 전자는 구리에서는 고온부를 떠나고, 철에서는 고온부를 향한다. 그러므로 두 금속의 끝을 연결하면 연결부위에는 전류가 흐르게 된다. 이 장치를 일반적으로 열 접점이라고 부른다.

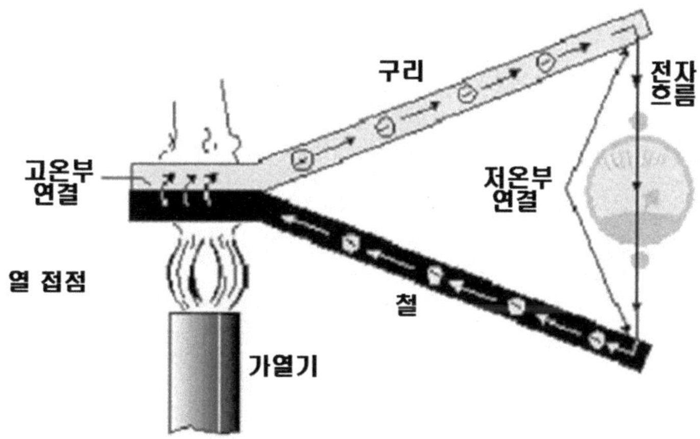


〈그림 1-6〉 열에 의한 전압발생

폭발위험장소의 설계자는 서로 다른 재질로 된 외함의 온도가 상승하게 되면 예기치 못한 큰 열전류가 발생하여 폭발을 야기할 수도 있음을 알아야 한다.

### (4) 빛 (광전기)

빛이 물질의 표면에 충돌하면 물질의 원자 주위를 돌고 있던 표면의 전자를 궤도에서 이탈시킬 수 있다. 이는 빛이 힘처럼 에너지의 일종이기 때문이다. 일반적으로 대부분의 금속은 다른 물질에 비해 빛에 민감하다. 즉, 금속이 빛을 받으면 덜 민감한 물질보다 더 많은 전자가 궤도에서 이탈되어 방출된다. 전자를 잃은 감광 금속은 (+)로 충전되고, 전기력이 생성된다. 이 방법으로 형성된 전압을 <그림 1-7>에서 보여 지듯이 광전전압이라고 말한다. 광전지의 용량은 매우 작다. 그러나 매우 짧은 시간의 광 강도의 변화에도 광전지는 매우 정확하게 반응한다. 이 특성은 광전지가 수 많은 운전동작을 검출하거나 정확하게 제어할 경우 매우 유용하다. 광전지나 광전 효과를 이용한 예로서는 텔레비전 카메라, 자동 제조공정, 개폐장치, 도난 경보기 등이 있다.

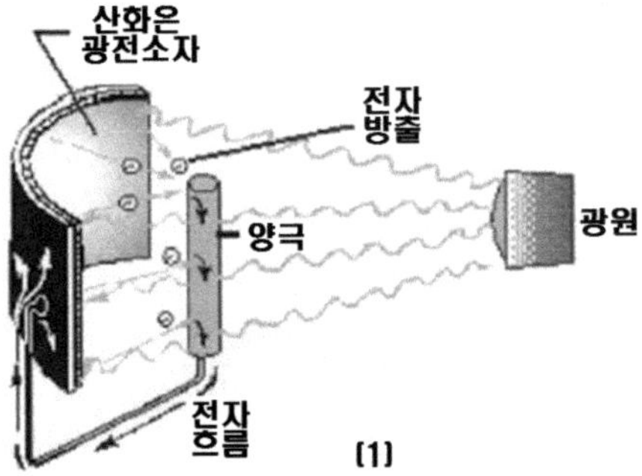


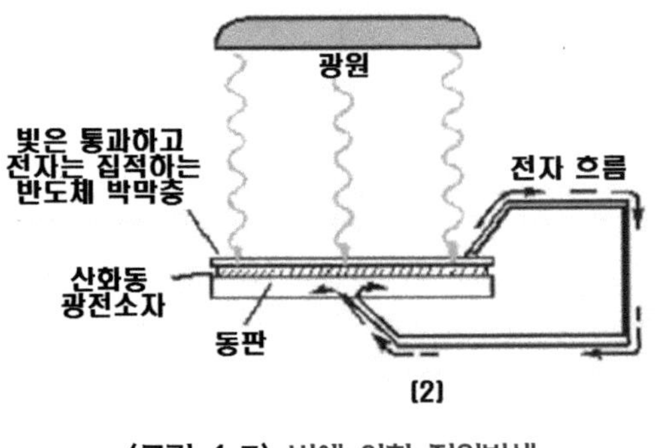


〈그림 1-7〉 빛에 의한 전압발생

이 원리는 본질안전 보호개념을 적용하는 계장제어 설계자에게 매우 광범위하게 적용되고 있는 기술이다.

### (5) 화학작용 (전지)

특정 물질이 화학작용에 노출될 때 전압이 만들어 질 수 있다. 일반적으로 금속으로 된 두 개의 이종 물질이 용액 속에 담겨 있을 때, 다른 쪽보다 어느 한 쪽에서 화학적 반응이 활발해지고, 이 두 금속간에는 전위차가 발생할 수 있다. 그리고 이들 간에 도체를 연결하게 되면, 금속에서 발생한 전하를 서로 평형상태로 하기 위하여 도체를 따라 전자가 이동하게 된다. 이러한 배치를 일차 전지라고 하며, 두 조각의 금속을 전극이라고 하며, 용액을 전해액이라고 부른다. <그림 1-8>에 나타낸 볼타전지는 일차 전지의 간단한 예이다. 전해액 속에 전극을 넣으면 전극 주변에 이온이 형성되면서 이로 인한 전위차가 발생한다. 충전된 이온의 전기장 때문에 전극에서는 더 많은 전하를 필요로 한다. 전극 사이의 전위차는 사용된 금속에 의해 결정된다.

〈그림 1-8〉 전형적인 볼타 전지

전해질의 종류와 셀의 크기는 전위차 크기에 거의 영향을 미치지 않는다. 일차 전지에는 다음 두 가지 형태가 사용된다.

① 습식 전지
② 건식 전지

습식 전지에서 전해질은 액체이다. 액체 전해질을 가진 전지는 수직으로 설치되어야 하고, 이동시킬 수 없다. 자동차 배터리가 대표적인 습식 전지이다. 일반적으로 많이 사용되는 건식 전지는 실제로 완전히 건조한 상태는 아니지만, 반죽 형태로 다른 물질을 혼합시켜 전해질을 만든다. 손전등과 휴대용 라디오에 일반적으로 건식 전지를 사용한다. 전기출력을 증가시키기 위해서 전지를 여러 개 연결한 배터리가 사용된다. 최근 폭발위험장소의 설계자는 완전히 밀봉되고, 유지보수가 필요 없는 전지 및 배터리에 관심을 가지며, 이는 폭발의 위험을 줄이는데 도움이 된다.

### (6) 자화 (전자계 유도발전기)

자석 또는 자기 장치가 다양한 작업에서 사용된다. 자석을 가장 유용하게 널리 사용되는 것 중의 하나는 기계적 힘으로부터 전기를 생산하는 것이다. 기계적 힘은 가솔린 또는 디젤 엔진, 수력 또는 증기 터빈과 같은 장치에 의해 제공된다. 그리고 전자유도의 원리를 이용한 발전기가 이들 에너지원을 전기로 최종 변환시킨다. 전자유도 발전기의 기본적인 원리가 <그림 1-9>에 설명되어 있다. 산업용 전동기의 원리는 발전기의 원리와 반대이다. 이러한 자계의 원리는 방폭형식의 전동기 외함을 이해하는데 도움을 줄 수 있다.

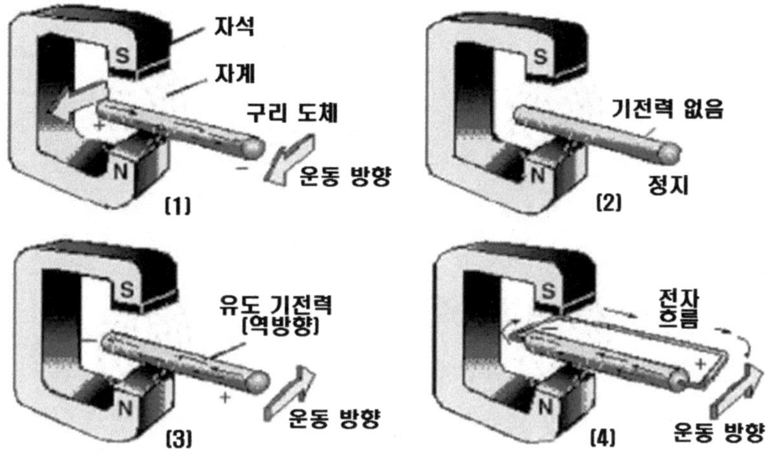

〈그림 1-9〉 자계에 의한 전압발생

## 1-4. 전기적 열 에너지

폭발위험장소에서 전기장치를 다루기 위한 설계자는 발열에 대한 충분한 지식이 있어야 한다. 공정설비에서 많이 사용하는 전기에너지가 어떻게 열에너지로 변환되는지를 아는 것은 매우 중요하다. 다음은 전기에너지가 열에너지로 변환되는 다양한 방법을 설명하고 있다.

### (1) 저항 가열

전기저항은 전자를 포획하거나 충돌하는 힘에 대해 물질 속에서 단위 전자량을 이동시킬 수 있는 에너지에 비례한 값이다. 이때 소모된 에너지가 열의 형태로 나타난다. 열의 발생은 저항 값에 비례하고, 흐르는 전류의 제곱에 비례한다.

### (2) 유전체 가열

자유전자는 양극으로 향하고, 양성자는 음극을 향한다. 통상 원자와 분자의 배열은 단방향으로 되어 문제가 없다. 그러나 여기에 교류나 맥동파가 인가되면 문제가 생긴다. 고주파의 교류는 유전체로 하여금 열을 발생시킨다.

### (3) 유도 가열

교번하는 자계는 상호 유도작용으로 주변 도체에 전류를 유도하고, 이때의 전류가 열을 발생시킨다.

### (4) 누설전류에 의한 가열

실질적으로 모든 절연체에는 누설 전류가 흐르며, 이 전류의 값이 안전한계를 초과하게 되면 국부적인 가열과 절연재질의 열화, 절연파괴 등의 원인이 된다.

### (5) 아크 열

흐르던 전류가 끊어지면 아크가 발생한다. 아크는 매우 높은 고온이며, 열 방출로 인해 주변을 점화시키기에 충분하다. 이는 전기화재의 가장 주요한 원인 중 하나이다.

### (6) 정전기 방전

두 물질 간의 표면 접촉을 통해 축적된 정전하는 방전할 때 생성되는 스파크로 인해 가스, 증기, 미스트 등을 점화시킬 수 있다.

### (7) 낙뢰에 의한 열

낙뢰가 대지로 방출할 때 엄청난 열에너지를 방출한다.

## 1-5. 점화원

일반적으로 산업현장에서 나타나는 점화원은 다음과 같다.

- 뜨거운 표면
- 전기 스파크
- 정전기의 방전
- 전자파의 방사
- 낙뢰
- 기계적 마찰이나 충격 불꽃
- 초음파
- 단열 압축
- 전리 방사선
- 광 방사
- 화학 반응
- 노출된 화염

상기 점화원 중 첫 세 가지의 원인은 폭발위험장소에서 사용하는 전기기기에 의한 것이다. 일반적으로, 전력계통에서의 잠재적인 점화원은 다음과 같이 포괄적으로 구분할 수 있다.

① 아크 혹은 스파크가 일반적으로 펑 소리와 함께 발생하며, 충전 도체 사이의 공기나 가스가 이온화되면서 절연이 파괴되고, 순간적으로 확연한 불빛과 함께 일정 경로로 전류가 흐르면서 나타나는 전기방전 현상이다.
② 상기 열거한 이유들로 인한 고온부가 발생하면 주위의 가연성 혼합물을 점화시키기에 충분한 에너지를 방출한다.

그리고 전력계통에서 발생한 점화원은 다음의 네 가지 메커니즘 중 하나로 나타나게 된다.

① 용량성 회로에서의 방전

② 유도성 회로에서의 개방

③ 저항성 회로에서 느린 속도의 개폐

④ 고온부

일반적으로 점화 메커니즘은 릴레이 접점, 스위치 접점, 퓨즈, 사고로 인한 단락, 요소 또는 도체간의 섬락 등에서 발생한다. 그러므로 잠재적 점화원을 내재한 부품이나 전기회로는 폭발위험분위기의 점화를 방지하기 위한 다양한 방식으로 설계를 고려하여야 한다.

## 1-6. 인화점과 발화점

액체연료의 경우, 어떤 것은 액체 면에 점화원을 접근시키면 불이 붙고 어떤 것은 불을 가까이 해도 불이 붙지 않는다. 이는 액체연료의 인화점과 연소점이 각기 다르기 때문이며, 액체의 액면에서 증발이 일어나 가연성 증기가 연소범위 이내의 연료-공기 혼합물을 생성해야 불이 붙게 된다. 인화점이란 액체 표면에서 증발이 일어나 연소범위의 혼합물을 만들어 점화가 가능한 가장 낮은 온도를 말하며, 반면 인화된 후 연소가 지속될 수 있는 가장 낮은 온도를 연소점이라고 한다. 한편, 별도의 점화원이 없어도 가연성 물질을 계속 가열하게 되면 일정온도 이상에서 불이 붙게 되는데, 이 온도를 자연발화온도 또는 발화점이라고 한다.

〈표 1-1〉 물질별 인화점과 발화점 예시

| 물질명 | 인화점(℃) | 발화점(℃) |
|---|---|---|
| 1. 메탄 | -188 | 538 |
| 2. 에탄 | -141 | 515 |
| 3. 부탄 | -60 | 405 |
| 4. 가솔린 | -43 | 280 |
| 5. 아세톤 | -17.8 | 538 |
| 6. 벤젠 | -11.1 | 562 |
| 7. 톨루엔 | 4.4 | 536 |
| 8. 메틸알코올 | 12.2 | 464 |
| 9. 에틸알코올 | 12.8 | 423 |
| 10. 등유 | 40~60 | 260 |
| 11. 경유 | 50~70 | 257 |

## 1-7. 연소의 범위

### (1) 연소범위

가연물과 산소 그리고 점화원이 있어도 불이 붙지 않을 수 있다. 프로판 가스가 누출되었더라도 양이 작아서 2% 이하의 낮은 농도로 확산되면 화재나 폭발을 일으키지 않는다. 반대로 밀폐된 공간에서 프로판가스 농도가 10% 이상 되면 불이 붙지 않는다. 즉, 공기 중에서 인화성 가스의 농도가 일정범위 이내 함유되었을 경우에만 연소가 가능하다. 이는 인화성 물질의 고유한 특성으로서 연소범위 또는 폭발범위라고 한다. 인화성 가스 또는 증기의 농도가 연소범위 내에 있을 때 연소가 발생하고, 연소 하한계 이하 또는 연소 상한계 이상에서는 연소가 발생하지 않는다.

〈표 1-2〉 인화성 물질의 연소범위 예시

| 물 질 명 | 연소범위(LFL-UFL, %) |
| --- | --- |
| 1. 아세틸렌 | 2.5~80 |
| 2. 수소 | 4.1~74 |
| 3. 일산화탄소 | 12.5~74 |
| 4. 황하수소 | 4.3~45.5 |
| 5. 암모니아 | 15~28 |
| 6. 에틸 알콜 | 3.3~19 |
| 7. 아세톤 | 2.5~13 |
| 8. 메탄 | 5.3~14 |
| 9. 에탄 | 3.2~12.5 |
| 10. 프로판 | 2.4~9.5 |
| 11. 부탄 | 1.8~8.4 |
| 12. 벤젠 | 1.4~6.7 |
| 13. 톨루엔 | 1.3~6.7 |
| 14. 가솔린 | 1.4~6.2 |

※ LFL : Lower Flammable Limit
UFL : Upper Flammable Limit
(문헌에 따라 Flammable 대신에 Explosive를 사용하기도 한다.)

### (2) 연소범위에 영향을 주는 인자

(가) 산소

공기와 비교하여 연소 하한계에는 거의 영향을 미치지 않으나, 상한계를 크게 증가시켜 전체적인 연소범위가 넓어진다. 수소의 경우, 공기 중의 연소범위는 4.0~74.2%이나, 산소 중에서는 4.0~94.0%로 연소범위가 넓어진다.

(나) 불활성가스

질소, 탄산가스 등과 같은 불활성 가스를 첨가하면 연소 하한계는 약간 높아지고, 상한계는 크게 낮아져 전체적인 연소범위가 좁아진다.

(다) 압력

압력이 높아지면 연소 하한계는 거의 영향을 받지 않으나 상한계는 현저하게 증가하여 전체적인 연소범위가 넓어진다.

(라) 온도

온도가 높아지면 연소 하한계는 감소하고, 상한계는 증가하여 양방향으로 넓어지면서 전체적인 연소범위가 증가한다. 온도가 100℃ 상승할 때 마다 하한계는 8% 감소하고, 상한계는 8% 증가한다.

〈표 1-3〉 연소범위에 영향을 주는 인자

| 인자(Factor) | 폭발범위 | 연소 하한계 | 연소 상한계 |
|---|---|---|---|
| 산소 | 증가 | 거의 불변 | 크게 높아짐 |
| 불활성가스 | 감소 | 약간 낮아짐 | 크게 낮아짐 |
| 압력 | 증가 | 거의 불변 | 현격히 높아짐 |
| 온도 | 증가 | 낮아짐 | 높아짐 |

## 1-8. 최소점화에너지

인화성 가스나 액체의 증기 또는 폭발성 물질이 연소범위 내에 있을 때 이것을 점화시키기에 필요한 최저의 에너지를 최소점화에너지(MIE ; Minimum Ignition Energy)라 한다. 최소점화에너지에 영향을 주는 인자는 온도, 압력 및 가스의 조성 등이며, 일반적으로 온도, 압력이 높을수록 최소점화에너지가 낮아지고, 그 위험도는 증가한다.

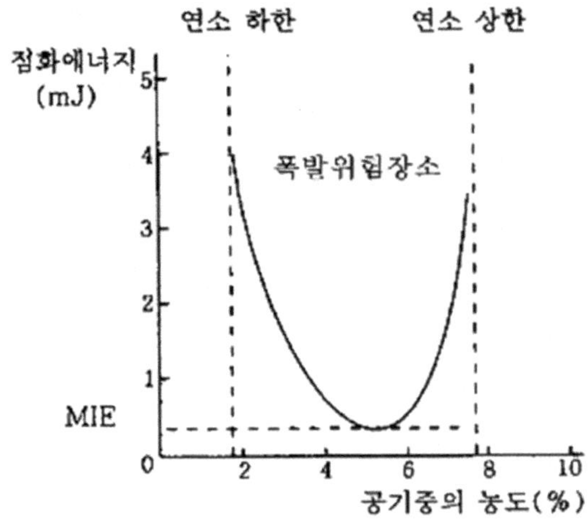


〈그림 1-10〉 인화성 물질의 최소점화에너지

## 1-9. 연소형태

연소형태는 산소의 공급이 충분하여 연소의 온도가 높고, 가연성 원소가 완전히 산화되어 $CO_2$ 등의 연소 생성물이 발생되는 완전 연소와 산소의 공급이 불충분하여 가연성 원소가 완전히 산화하지 못하여 CO 등의 연소 생성물이 발생되는 불완전 연소가 있다. 또한, 고체연료의 경우 다음과 같은 연소형태가 있다.

### (1) 표면연소

가열시 열분해에 의해 증발되는 성분이 없고 물체 표면에서 산소와 직접 반응하여 연소하는 형태로써 목탄, 코크스 등이 이에 해당된다.

### (2) 분해연소

가열시 열분해에 의해 가연성 가스가 발생하고, 발생된 가스가 착화되어 연소가 진행되는 형태로써 종이, 목재, 플라스틱 등이 이에 해당된다.

### (3) 증발연소

가열시 열분해 없이 직접 증발하여, 증기가 연소하거나 용융된 액체가 기화하여 연소하는 형태로써 연소 시 현상은 액체와 동일하며 유황, 나프탈렌, 양초 등이 해당된다.

### (4) 자기연소

가열시 열분해에 의해 가스 생성물과 함께 산소를 발생하며 공기 중의 산소가 부족하여도 연소가 진행되는 형태로써 질산 에스테르류, 셀룰로이드류 등이 해당된다.

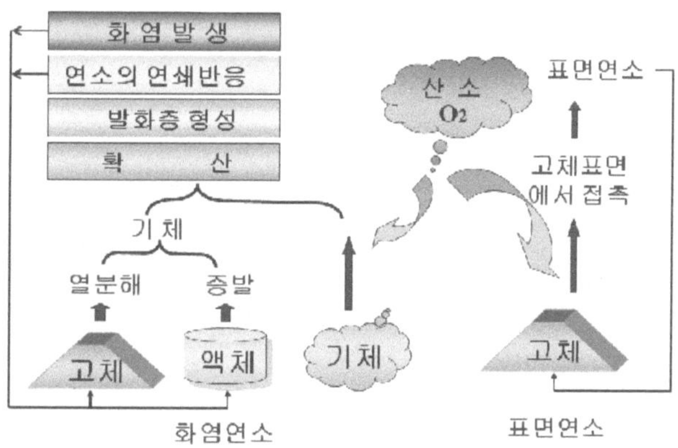


〈그림 1-11〉 연소의 형태

## 1-10. 산업화재

산업화재의 주된 원인은 대량의 탄화수소계 위험물질의 취급과 관련된 광범위한 석유화학 공장이나 인화성가스 산업에서의 저장, 이송, 반응, 정제 및 분리 등을 행하는 기계설비의 고장 등에 의하여 발생한다. 각종 형태의 누출에서 시작하여 경우에 따라 폭발로 이어질 수 있으며, 이러한 화재로 인해 상해나 손상을 입게 되는 주된 메커니즘은 열복사의 영향이다. 예를 들면 탄화수소가 밀폐계 용기에서 방출된 후 점화되면 액면 화재, 분출 화염, 증기운 화재, 증발 화재 또는 화구 등이 초래되며, 이들은 각기 다른 화재의 양상을 나타내게 된다.

### (1) 증기운 화재 (Vapor cloud fire)

가연성 증기에 점화되어 화재로 전이되는 것을 말하며, 심각한 화염으로 가속되지 않는 경우이다. 이것은 탄화수소계가 개방된 자유공간에 상대적으로 서서히 누출될 때 생기는 현상이다.

〈그림 1-12〉 증기운 화재의 시현

### (2) 평면용기 화재 (Pool fire)

개방된 용기 내에 탄화수소계가 저장된 상태에서, 증발된 연료에 점화되어 난류적인 확산형 화재로서 풀의 상부 표면에서 연소가 일어나는 것을 말하며, 증발 풀 화재는 초기에 진압하지 않으면 진압이 어려워진다.

〈그림 1-13〉 평면용기 화재현장

### (3) 제트 화재 (Jet fire)

탄화수소계의 이송 배관이나 용기로부터 고속으로 누출이 계속될 때에 점화된 후 화재로 이어지는 경우로서 난류 확산형 화재이며, 이는 중대한 피해를 가져올 수 있다.

〈그림 1-14〉 제트 화재현장

### (4) 화구 (Fire ball)

탄화수소계 연료의 연소가 난류적으로 빠르게 확장되는 것으로서, 일반적으로 화염이 공과 같이 형성되는 것을 말하며, 이것은 증기 화재보다 심각하며 폭발에 가깝다. 이는 인화성 액체의 비등 기화로 액체 입자를 포함하는 증기가 대량으로 대기에 방출됨으로써 점화원으로부터 착화되어 아래 그림처럼 화구를 형성한다. 점화 초기에는 반구형이 되어 외부에 화염이 발생되지만, 화염의 부력이 강하여 위 방향으로 상승하면서 기류에 의한 화구가 지속되는 것이다. 또한, 화구 밑에서는 공기를 흡입하여 액체 입자가 연소하므로 화구의 체적이 계속 커지면서 팽창하게 된다. 이것을 화구 형태의 증기운 화재라고 한다.

**〈그림 1-15〉 화구 발생현장**

# 02 전기화재

## 2-1. 전기화재의 개요

전기화재는 전기에너지가 열로 변환하여 발생한 화재와 고장이나 사용방법 부적절로 인한 화재로 크게 나눌 수 있다. 전기에너지가 변환해서 발생하는 열에는 주울 열이나 방전스파크에 의한 열 등이 있고, 주울 열의 발생요인으로는 단락이나 지락 등과 같이 전기회로 밖으로의 누설에 의해 충전부에서 도체접촉을 들 수 있다. 그리고 중성선의 단선과 같이 배선의 1선이 단선됨에 따라서 부하로 과전압이 가해지거나, 3상 전동기의 단상운전, 배선의 반 단선에 의한 국부적인 저항 값의 증가 등으로 인한 전기적인 조건의 변경을 들 수 있다.

고장은 스위치나 전자접촉기, 릴레이 등의 접점이 용착함에 따라서 회로상 지장을 주어 출화요인을 유발한다. 또한, 사용방법의 부적절에 의한 화재는 사용자의 착각이나 오조작으로 기기의 스위치를 투입하거나, 고온부에 가연물질이 접촉하는 경우 등이 있다.

전기화재의 발화요인은 통계적으로 볼 때 단락에 의한 화재가 가장 많고, 그 다음이 누전, 과부하, 절연불량, 스파크 등으로 나타나고 있으며, 발화원인은 배선불량, 전기기구 과열, 전기기구의 절연불량 등으로 나타나고 있다.

## 2-2. 전기화재의 분류

일반화재의 경우 발화원, 출화의 경과 및 착화물로 분류하여 취급하고 전기화재의 경우 발화원과 출화의 경과로 분류하고 있다.

### (1) 전기화재의 발생형태

전기로 인한 화재는 발생부위의 전기부품이나 기기 및 설비가 파괴되어 화재

발생 원인을 정확히 규명하기가 쉽지 않으나, 주로 화재가 발생하는 형태는

(가) 전열기, 조명기구 등의 과열로 주위의 가연물로 착화하는 경우
(나) 배선의 과열로 전선 피복에 착화하는 경우
(다) 전동기, 변압기 등의 전기기기의 과열
(라) 선간단락, 누전, 정전기 등으로 분류할 수 있다.

이와 같은 전기화재는 전기기기 등의 구조적 결함과 전기시설의 취급소홀, 부주의 또는 안전수칙 미준수 등의 요인에 의해 발생하고 있다.

최근 5년간 발화원에 의한 분석에 따르면 배선에 의한 화재가 전체의 40 % 이상으로 대부분을 차지하고 있으며, 이는 비닐코드 등을 임의로 연결하여 용량이 큰 전기기기를 동시에 사용하거나 전기배선의 피복이 손상되어 단락, 사고에 기인하는 것으로 분석되었으며, 화재원인은 배선 - 전기기기 - 전기장치 - 이동식 전열기 - 고정식 전열기 - 배선기기 순이며, 또 출화의 경과에 의한 분석을 하면 단락 - 누전 - 과부하 - 정전기 - 절연불량 - 접촉부 과열 순으로 나타나고 있다.

발화원인은 전선이나 전기기기의 절연재가 전기적, 기계적 또는 화학적 원인에 의한 파괴, 변질, 열화 등으로 인한 단락으로 인한 화재가 대부분을 차지하고, 그 다음이 과부하, 누전의 순으로 나타나고 있다.

주요기기의 화재발생 원인을 살펴보면, 변압기는 접속부 과열, 과부하, 단락, 지락, 절연열화로 인한 스파크, 조정불량 순이고, 전동기의 경우 과부하, 스파크, 단락, 절연열화, 접속부 과열, 마찰 등의 순으로 나타나고 있다.

### (2) 전기화재 발생원인의 분류

전기화재 발생원인은 다음과 같이 대별할 수 있다.

(가) 절연열화, 파괴에 의한 것

절연열화는 전기가 흐르는 도체를 둘러싼 고무피복 등의 절연물질이 오랜 사용으로 인해 절연성능이 저하되는 것을 말하며, 누전, 트레킹 현상, 선간단락, 고압방전 등에 의해 화재개 발생한다.

(나) 과열현상에 의한 것

과부하, 접촉불량, 아산화동 증식현상, 통전방지, 소선 절단 등이 있다.

(다) 가스, 분진 폭발을 일으키는 것

가스나 분진으로 인해 폭발위험 분위기가 조성된 장소에서 전기스파크나 정전기 스파크에 의해 화재가 발생한다.

(라) 자연재해에 의한 것

가연성물질이 있는 장소 등 화재·폭발위험장소에서 낙뢰로 인해 화재가 발생하는 경우가 있다.

### (3) 세부 전기화재의 발생원인

(가) 전기화재 발화원

전기화재를 일으키는 기기에는 다음과 같은 것들이 있다.

**① 이동 가능한 전열기**

전기곤로, 전기난로, 전기 다리미, 전기 이불, 소독기, 살균기, 용접기

**② 고정된 전열기**

전기항온기, 전기부화기, 오븐, 전기건조기, 전기로 등

**③ 전기장치**

배전용 변압기, 전동기, 발전기, 정류기, 충전기, 유입차단기 등

④ 배선

배전선, 인입선, 옥내선, 옥외선, 코드, 배선접속부 등

⑤ 배선기구

스위치, 나이프형 개폐기, 자동개폐기, 접속기, 전기 측정기 등

⑥ 누전에 의하여 발화하기 쉬운 부분

함석판의 이은 곳, 벽에 박은 못, 빗물받이 받침못, 금속판 또는 파이프의 접속부, 고압선과 접촉한 목재부 등

⑦ 정전기 스파크

고무 피박기의 스파크, 롤러의 스파크, 관로 중의 유동액체에 의한 스파크 분체마찰에 의한 스파크 등.

## 2-3. 전기설비에 의한 점화

### (1) 전기의 기초

전기를 처음 알게 된 것은 지금으로부터 약 2천 6백년 전 그리스의 자연철학자 탈레스이다. 당시 알려진 전기란 호박을 문지르면 다른 작은 먼지나 검불조각을 잡아끄는 힘을 갖게 된다는 사실을 알게 된 정도이다. 그리고 그 이후 전기에 대하여 많은 연구가 진행되어 왔는데, 미국의 인쇄업자였던 벤자민 프랭크린에 의하여 번개가 전기의 일종임이 밝혀짐에 따라, 1753년부터 피뢰침이 전세계에 퍼져 나갔다. 최근 우리가 일상생활의 필수품과 같이 사용하고 있는 전등은 1879년 미국의 토마스 엘바 에디슨이 발명하여, 본격적으로 일반 가정에서 전기를 이용하기 시작하였다.

물이 파이프를 통하여 흐르는 것과 전류가 전선으로 흐르는 것이 서로 유사한 점이 있으므로, 물을 취급하는 배관계통을 예로 전기기초 사항을 설명한다.

(가) 수압과 전압

배관계통에서 펌프가 파이프에 수압을 형성하게 하는 것과 마찬가지로 발전기는 전선에 전자가 움직일 수 있도록 전기적 압력을 걸어주는데 이러한 압력을 전압이라고 한다.

수압의 단위는 $kg/cm^2$이고 그 측정계기는 압력계인 것에 비해, 전압의 단위는 볼트이며 그 측정계기는 전압계이다.

(나) 압력과 전압의 승압

수압을 배관라인 도중에 그 압력을 부스터 펌프로 상승시켜 물을 공급하는데, 전력계통에서는 이와 마찬가지로 변압기가 전압을 올리거나, 내리는 역할을 하고 있다.

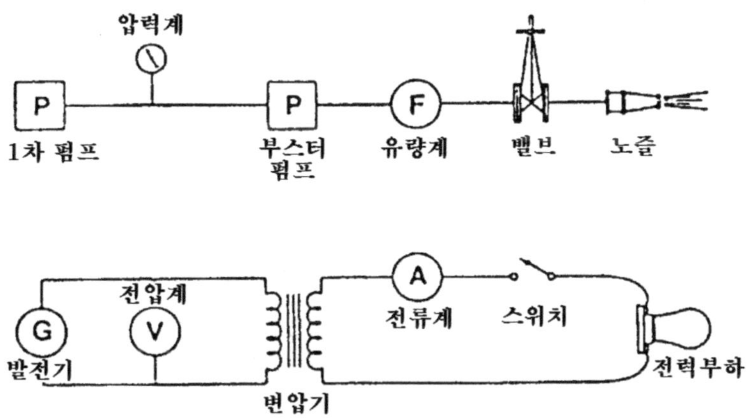


〈그림 1-12〉 배관계통과 전력계통의 비교

(다) 전류의 흐름

파이프 내에서 물이 흐르는 것과 같이 전선을 따라 전자가 이동하는 것을 전류라 하며, 물의 흐르는 양을 유량계로 측정하는 것과 같이 전류의 흐름을 전류계로서 측정한다.

(라) 전류의 조절

배관의 물은 밸브에 의하여 흐르기도 하고 잠겨 지기도 한다. 전력계통에서는 이러한 역할을 스위치가 함으로써 전류의 흐름을 통전 및 차단한다.

(마) 저항

파이프에 물이 흐를 때 그 내부 마찰로 인하여 수압이 떨어지며 파이프 굵기가 클수록 많은 물을 공급할 수 있다. 전력계통에서는 이러한 마찰을 저항이라 하며, 이 저항에 의하여 전압강하가 발생된다. 전선은 그 굵기가 클수록 파이프와 마찬가지로 많은 양의 전류를 흘릴 수 있다.

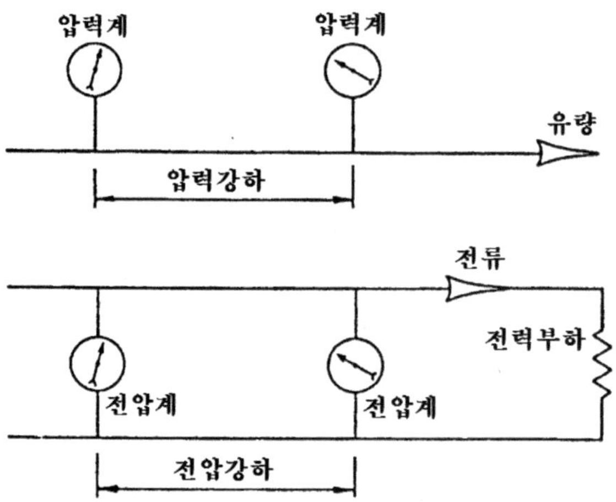


〈그림 1-13〉 압력감소와 전압강하의 비교

### (2) 전기의 기본공식

전기의 가장 기본이 되는 공식은 옴의 법칙으로서 전압과 전류와 저항과의 관계를 나타내는 것이다.

$$V = IR$$ (여기서, V: 전압, I: 전류, R: 저항)

전등과 같은 전기기계기구는 전류가 흐름으로 인하여 에너지를 소비하게 된다. 즉 100 W 전구는 60 W전구보다 더 많은 전기를 사용함으로써 더 밝다.

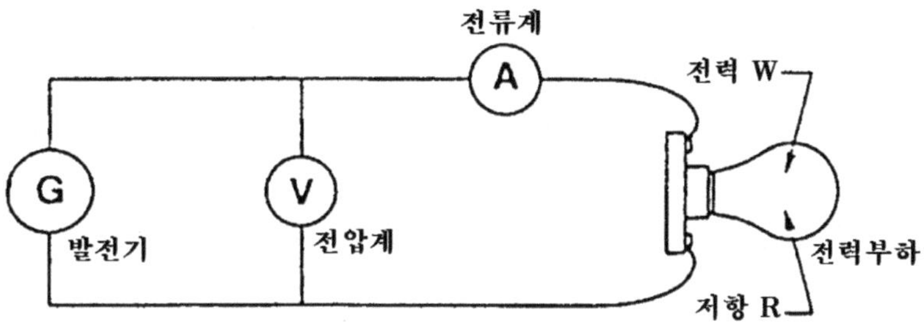


〈그림 1-14〉 전류, 전압, 전력의 관계

이러한 전력과 전압, 전류, 저항과의 관련법칙은 다음과 같다.

$$W = I^2R = IV \text{ 또는 } \frac{V^2}{R}$$

간혹 모터 또는 기타 전열기의 명판의 기기 정격이 지워져 분간하기 어려운 경우가 있다. 그러나 이 기기에 흐르는 전류는 그 내부저항을 측정함으로써 추정할 수 있으므로, 저항성분으로 구성된 전열기는 테스터로 측정하여 대략적인 전류의 산출이 가능하나, 모터, 변압기와 같이 코일 성분으로 구성된 기기는 일반 테스터로 측정하여 전류를 산출할 수 없다.

두 대의 히터가 그림과 같이 연결되었을 때 전선에 흐르는 전류를 산출하여 보기로 한다. 이때의 전압은 110 V이며, 히터 A의 저항은 10Ω, 히터 B의 저항은 11Ω이다.

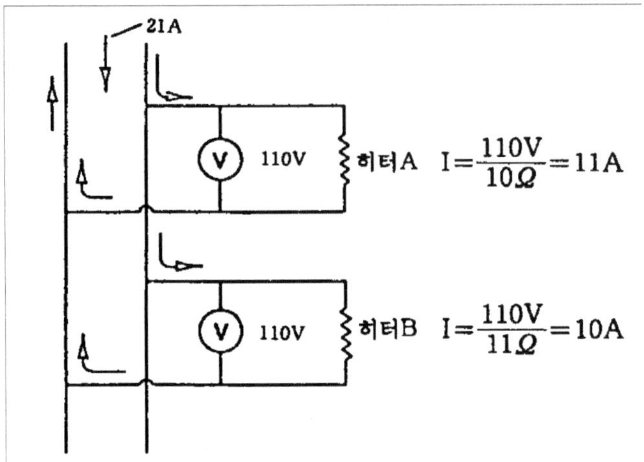


〈그림 1-15〉 저항의 병렬연결에 의한 전류

즉, 전선에 흐르는 전류는 22A(11+10)가 흐르게 된다.

### (3) 전기설비의 점화원

(가) 차단기의 설치

화재의 원인이 전기에 의한 것인가를 규명하려면, 우선 전기설비에 관한 기초지식이 필요하다. 화재가 많이 발생되는 주택과 빌딩의 전기설비는, 대체로 220 V로서 단상 또는 단상 3선식으로 전력을 공급받도록 변압기, 전선, 배선용 차단기, 퓨즈 및 전력량계에 의하여 구성된다. 배선용 차단기 또는 퓨즈가 내장된 커버나이프 스위치는 분전반으로 구성되어, 그 내부에 주 차단기를 설치함으로써 전력전체를 공급하거나 차단하는 역할을 하며, 나머지 분기용차단기 또는 커버나이프 스위치는 이보다 작은 정격으로 분기회로에 설치된다. 분기회로의 차단기 또는 퓨즈는 15A 또는 20A 정격으로서, 각종 전기기계기구에 흐르는 전류를 제한하여 화재예방의 역할을 하고 있다.

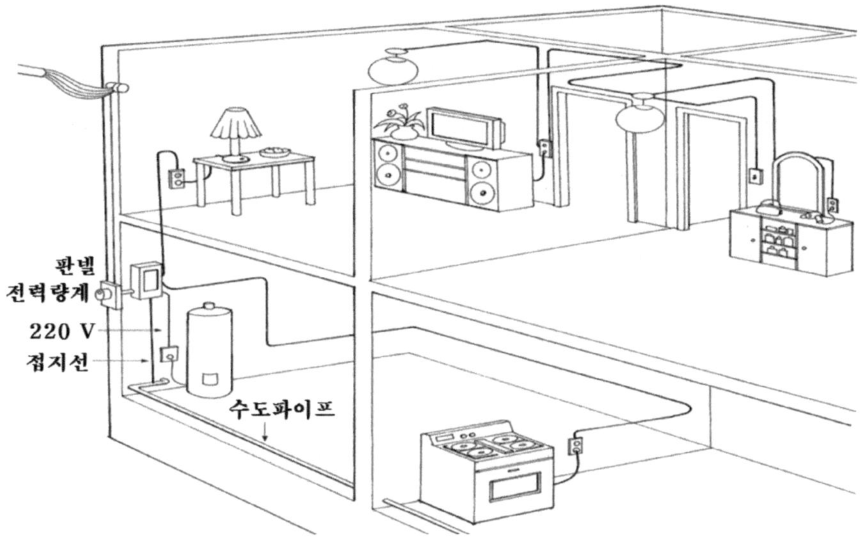


〈그림 1-16〉 건물의 전기설비

(나) 누전

전기는 기본적으로 2가닥의 전선이 루프, 즉 폐회로를 구성하여 흐르도록 되어 있는데, 전류가 회로의 전선으로 흐르지 않고 전선 밖으로 흐르게 되면 사고가 발생된다.

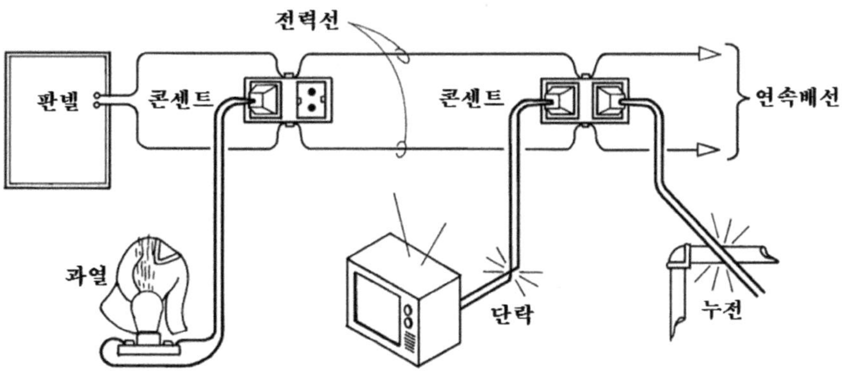


〈그림 1-17〉 전기점화요인

### (4) 전기점화

전기에 의한 점화 가능성을 예측하는데 있어서, 다른 점화원에 우선하여서도 아니되고, 다른 점화원보다 뒤져서도 아니된다. 화재 발생지점 또는 그 근처의 전선 또는 전기기기는 그 화재가 반드시 전기에 의한 것임을 의미하지는 않는다. 간혹 화재가 절연을 파괴하거나 기기 또는 전선의 형상을 변형시켜 버리기 때문에, 주의깊게 조사하지 않으면 잘못 판단할 수도 있다.

#### (가) 전기의 열량

전선 또는 어떤 물체에 전류가 흐르면 열이 발생되는데, 이 열량은 전류가 흐르는 물질의 저항과 전류에 의하여 결정된다. 이러한 열량을 이용한 대표적 전기기기가 히터인데, 전기를 열로 변환토록 보강된 것이다.

#### (나) 전기기기의 올바른 사용

전선과 전기기기는 올바로 사용되거나, 퓨즈 또는 차단기에 의하여 정확히 보호된다면 전기에 의한 화재를 예방 할 수 있겠으나, 인화성 물질이 존재하는 곳에서는 특별한 수단이 강구되지 않는 한 전기 자체가 점화원이 될 수 있다.

#### (다) 차단기의 정격

퓨즈, 차단기가 정확히 선정되어 설치되어 있다면 전선이 과열되어, 발화점에 도달하기 이전이나, 단락사고 발생시에도 퓨즈, 차단기는 동작되어 화재를 예방할 수 있다.

그러나 정격이하의 가는 전선으로 전기를 사용하는 경우는 전선이 과열되어도 퓨즈, 차단기가 동작하지 아니하면, 전류의 크기가 작은 경우라도 간헐적 사고가 지속되면 역시 퓨즈, 차단기는 동작되지 않으므로 화재의 위험은 남아있게 된다.

(라) 전기스파크

대체로 전기에 의한 점화원은 아크와 스파크이며, 이러한 점화원 주위에 인화성 가스, 증기가 존재하게 되면 화재, 폭발이 발생하게 된다. 고압 또는 용량이 큰 전기설비의 아크, 스파크는 그 에너지가 매우 크므로 점화의 위험성이 높으며, 저압, 저전력회로에 있어서도 보호가 정확하지 않을 경우엔, 아크, 스파크의 반복으로 역시 주위의 인화성 물질을 점화시킨다.

## 2-4. 전기사고의 형태

### (1) 단락

전선이나 전기기계 기구의 절연체가 파괴되면, 파괴된 절연체로 막대한 전류가 흐르게 되는데 이것을 단락전류라 한다. 광범위하게 적용되는 과전류의 정의에 단락전류가 포함될 수 있으나, 과부하가 장기간에 걸친 사고전류임에 비하여 단락전류는 짧은 시간에 나타나는 사고전류라는 점에서 구분하여 설명할 수 있다. 단락사고가 발생되면 그 점에서 발생된 아크로 인하여 주위의 인화성 물질을 점화시키므로 화재의 원인이 된다. 전선의 단락원인으로 가장 일반적인 것은 동일개소에 계속적 또는 단속적으로 가하여진 외력에 의한 절연파괴이다. 예를 들면 전주나 조영재의 전선에 스테플을 강하게 박으면 전선피복이 손상되어, 이 부분의 전선이 경년변화에 의하여 파괴되므로써 단락으로 진행된다.

이 이외에도 단락사고 발생형태가 여러가지가 있지만, 코일의 층간단락이 발화원인으로 되는 경우가 있다. 즉, 전동기, 변압기의 코일 권선간에 층간단락이 발생되는 것으로서 코일의 권수가 감소하기 때문에 전류가 증가하여 발열량이 크게 되지만, 코일로서의 작용은 감소하게 된다. 전동기에서는 출력이 저하되고, 변압기에서는 1차측에서 층간단락이 발생되면 2차측의 전압이 상승되어 전류가 증가한다.

### (2) 과부하

전선에 전류가 흐르면 줄 열이 발생되는데, 발생된 열이 충분히 방열되면 발화의 위험이 없으나, 그러하지 아니하고 열이 축적되어 온도가 상승하면 화재의 원인이 된다. 그러므로 전선에는 그 전선의 특성 및 주의조건에 따라 안전하게 흘릴 수 있는 최대전류가 결정되는데, 이것을 전선의 허용전류라 하며, 이 전류를 초과하여 많은 전류가 흐르는 것을 과전류라 한다. 과전류는 주로 전기를 무리하게 많이 사용함으로써, 즉 과부하상태로 전기를 사용함으로써 발생하게 된다. 예를 들면, 콘센트에서 문어발식으로 플러그를 연결하여 전기를 사용한다든지 또는 전기기계기구에 정격이상의 높은 전류가 장시간 흐른다든지 하는 경우이다.

### (3) 누전

누전이란 전류가 정상적인 경로를 통하지 않고, 그 이외의 경로로 빠져나가는 현상으로서 광범위한 일상적 용어이다. 이렇게 수돗물이 누수되듯 빠져나가는 누전은 여러 가지 형태가 있으며, 어떠한 의미로서는 대부분의 사고전류를 의미하기도 한다. 전선 또는 전기기기에서 누전된다함은, 물론 대지로 전류가 흐른다는 것인데 이러한 누전전류가 화재의 원인이 되는 것은 주로 아크, 스파크로 인한 것이다.

사례로는 전선의 절연열화로 전선의 전류가 아크, 스파크의 형태로 금속제 조영재를 통하여 누전되는 경우와, 사고로 인하여 전선의 충전부가 접지된 전기기기 금속체 외함으로 접촉될 때 발생되는 지락사고에 의한 발화가 있다. 그러나 전선과 대지사이의 정전용량에 의하여 평상시 대지로 누설되는 전류 또는 코로나 방전은 일종의 자연현상으로서 누전의 정의에는 포함될 수 있으나 화재의 발생요인은 되지 못한다.

### (4) 반단선

반단선이란 코드의 전선이 절연피복 내에서 끊어짐, 이어짐이 반복되는 상태를 말한다. 전선의 특정개소에 이러한 현상이 발생되면 절연피복이 파손되어 단락의 원인이 되지만 경우에 따라서는 심선만 끊어질 수 있다.

(가) 반단선 현상

코드에 반단선이 발생되면 다음과 같은 현상이 일어난다.

① 코드가 움직일 때마다 전기기계기구가 동작, 부동작을 반복한다.
② 부하상태에서 단선부문을 움직이면 내부에 아크가 발생하고 약한 음이 발생한다.
③ 단선부분의 피복에 열이 발생하며, 이상한 냄새가 난다.

(나) 발화

반단선은 대부분이 코드에서 발생하는 물리적 단선이기 때문에 단선 간격이 짧아 코드가 움직일 때마다 끊어짐, 이어짐이 반복되면 아크가 연속적으로 발생된다. 이러한 상태에서 장시간 사용하면 절연피복 내부에 탄화된 부분으로 전류가 흐르기 시작하여 결국 선간단락이 되는 경우가 있다. 또한 한번 단선된 전선은 그 일부가 접촉해 용착하면 일종의 과부하상태로 되어 코드가 국부적으로 과열되는 경우도 있다.

〈그림 1-18〉 반단선이 생긴 코드의 단면도

### (5) 탄화현상

#### (가) 절연열화에 의한 탄화

전선 및 배선기구의 절연체는 그 대부분이 유기질로 되어있어 오랜 기간이 지나면 절연성이 감소된다. 뿐만아니라 유기질 절연체는 고온의 공기유통이 나쁜 곳에서 가열되면 탄화과정을 겪어 도전성을 띄우게 된다. 이러한 장소에 전압이 걸리면 미소전류에 의한 국부 발열로 탄화현상이 누적적으로 촉진되어 전류가 점점 증가됨으로써 화재의 원인이 되고 있다. 이 현상은 단자과열, 아크 등의 현상이 발생될 때 나타나기도 한다. 탄화현상시 잔존되어 있는 탄화물의 저항치는 수 Ω에서 수백 Ω정도로 도전성을 띄고 있다. 특히 전기에 의한 탄화는 다른 조건에 의한 탄화에 비하여 절연성이 적으므로 더욱 쉽게 탄화된다.

#### (나) 트래킹 현상과 가네하라 현상

탄화현상과 관계가 있는 것으로 트래킹(Tracking) 현상과 가네하라 현상이 있으며, 양자는 절연체 표면에 탄화 도전로가 생성되는 점은 비슷하다. 트래킹 현상은 전기재료의 절연성능을 약화시키는 열화의 일종으로 검토되어 왔으며, 탄화도전로의 생성이 단락이나 지락이라는 절연파괴 현상을 초래하여 발화하는 메커니즘에 대하여는 언급하지 않으나, 가네하라 현상은 발화까지의 현상을 포함하는 것이 서로 다른 차이점이다. 양자의 명확한 구별은 밝혀져 있지 않지만 화재원인 조사에서 전기기계·기구에 나타난 경우를 트래킹 현상, 전기기계·기구 이외에서 나타난 경우를 가네하라 현상으로 구분하는 경향이 있다. 또한, 탄화현상이 트래킹 현상과 가네하라 현상을 포함한 것으로 정의하기도 한다.

〈표 1-4〉 탄화현상의 정의

| 탄화현상(Graphite 현상) | |
|---|---|
| 트 래 킹 현 상 | 가 네 하 라 현 상 |
| 전기제품 등에서 충전 전극간의 절연물 표면에 어떤 원인으로 탄화전로가 생성되어 결국은 지락, 단락으로 발전, 발화하는 현상 | 누전회로에 발생하는 스파크 등에 의하여 목재 등은 탄환도전로가 생성되어 도전로(導電路)가 증식 확대되어 발열량이 증대 발화하는 현상 |

## 2-5. 아산화동증식 발열현상

전기회로 중간에는 금속도체 상호 접촉이나 접속개소가 많이 있다. 이러한 개소는 조임 접촉 불량이나 이완 등 다양한 요인에 의해 접속이 불완전하게 되기 쉽고, 이 부분의 저항이 크게 되어 여기에 전류가 흐르면 부분과열이 발생되어 종종 화재원인으로 된다. 이 때문에 대전류를 흐르는 전선의 접속에는 상호간을 꼬임과 납땜, 작은 경우에는 슬리브라고 부르는 동판으로 전선을 연결해 사용하는 슬리브 조인트 등이 있다. 또 전원과 단자는 단자의 구멍에 연결 납땜 접속하는 것도 있다.

### (1) 접촉 불량 발생개소와 그 원인

일반적으로 접촉 불량으로 되기 쉬운 부분의 주된 원인은 다음과 같은 것이 있다. 개폐기 등의 배선기구 단자와 전선 접속부에는 납땜 접속이나 압착가공 또는 나사, 볼트에 의한 접속이 있다. 이중 특히 나사 등을 이용한 조임 접속에는 접속시 조임 불량이나, 조임 후 이완 등에 의해 접촉 불량을 일으키는 것이 많다.

이완의 원인은 주로 진동에 의한 것이다. 또 나사 등이 전선과의 접촉면에서 부식되거나 개폐기의 1단자에 다수의 선을 접속해 여기에서 직접 분기회로를 이은 경우 등 비전문가에 의한 공사시에 접속불량으로 될 수도 있다.

개폐기나 콘센트의 날받이 부분에는 날받이를 고정하는 나사이완, 플러그의 중간만을 꽂을 경우 또는 날받이의 변형 등이 접촉 불량의 주된 원인이다. 이 경우 초기에는 화재를 일으킬 만큼의 발열은 없지만 같은 상태가 지속되면 고온, 저온 반복에 따른 작용이나 탄성반복에 의해 날받이의 탄성이 감소, 접촉압력이 저하되어 접촉상태를 점차 악화시킨다.

그 외의 각종 스위치류, 차단기 및 릴레이 등의 접점은 개폐기의 불꽃에 의해 점점 나쁘게 되어 접촉 면적이 감소된다. 이 경우도 발열과 냉각이 반복되면 접점을 구성하고 있는 금속관의 탄성력이 약화되어 접촉 불량을 촉진하게 된다.

### (2) 접촉불량에 의한 발열

금속제의 접촉저항은 통상 0.1Ω 이하이지만 외관상은 접촉면적의 감소, 접촉력의 저하나 산화 피막의 형성에 따라 접촉저항은 증가한다. 접촉저항이 증가하면 그것에 비례해 주울열도 크게 되어 접촉부의 국부적인 발열을 가져온다. 계속적인 발열은 산화피막을 형성하게 되어 접촉부의 온도는 더욱더 높아지고 접촉하고 있는 가연물을 발화시키게 된다. 이 때 경험적으로 약 10 A를 초과하는 전류가 흐를 때가 많다.

### (3) 아산화동 증식 발열현상

일반적으로는 도체 접촉저항이 증가해 접촉부가 과열하면 접촉부 표면에 산화물의 막이 형성된다. 이때 생긴 산화막은 도체 내부로 진행하는 것은 아니다. 도체가 동 합금의 경우 표면에는 통상 산화동(제1산화동, CuO)이 생기며 때로는 아산화동($Cu_2O$)이 생기는 것도 있다. 아산화동을 생성시키면서 발열하는 현상을 아산화동 증식 발열현상이라고 부른다.

(가) 현상의 실험

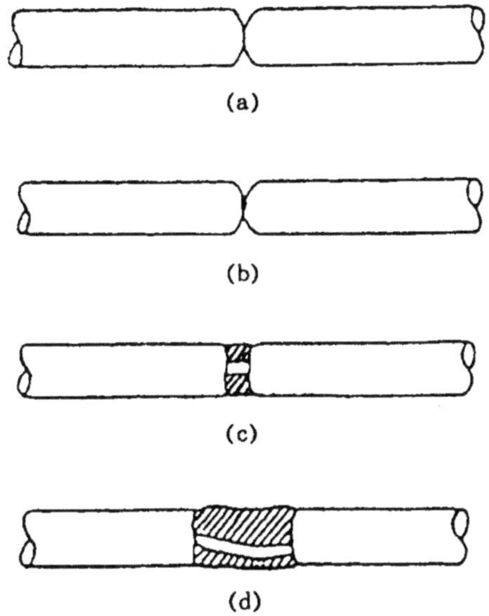

〈그림 1-19〉 아산화동 발열현상

앞의 그림처럼 직경 1∼2 ㎜의 동선 2개를 접촉시켜 1.5∼2A 정도의 작은 전류를 흘리면서 동선을 흔들면 전선의 붙음, 떨어짐의 상태가 반복되어 불꽃을 발생한다. 그 조작을 몇 십회, 몇 백회 반복하면 (b)처럼 접점에 작은 발광물이 나타나게 된다.

발광물이 생기면 바로 동선을 움직이는 것을 멈추고, 전선이 붙은 상태에서 고정한다. 이 상태에서 잠시 관찰하면 처음에는 접촉부에 희미하게 보이는 빨간불이 서서히 크게 되어 이것을 확대경으로 보면 (c)처럼 2개의 동선 간에는 흑색의 물질이 생성되어 이것이 점점 크게 되는 것을 알 수 있다.

이 검은 덩어리 부분이 아산화동이다. 띠의 상태로 붙은 아산화동의 층을 따라 전류가 흐르는 회로가 형성되고, 양단의 전극을 연결한 모양에서 발열하는 경우도 있다.

아산화동의 커지는 과정을 더욱 상세히 관찰하면 띠 모습의 발열부 선단이 백색을 띄며, 특히 강하게 빛나 생물처럼 운동을 해 끊임없이 움직인다. 그리고 띠 모습의 발열부 전체도 덩어리인 반면, 측면 또는 속으로 각각 그 위치를 이동해 간다. 그 때 대상 발열부의 끝을 현미경으로 보면 동이 덩어리 속으로 들어간 모습이 관찰된다.

앞에서 기술한 조건하에서 아산화동의 성장속도는 시간당 대략 2~3 ㎜ 정도이다. 이 현상은 직류에서도 발생하지만 아산화동의 증식은 양극 방향으로만 있고, 음극 방향으로는 증식하지 않는다.

(나) 아산화동의 외관적 관찰

아산화동은 생성과정에서 표면에 산화동의 막이 생기고 화재현장의 것은 더욱 더 탄화물이 부착되어 있기 때문에 덩어리를 외부에서 관찰하는 것만으로 식별하는 것은 곤란하다. 아산화동은 대단히 깨지기 쉬워 집게 등으로 가볍게 집으면 부서진다. 그리고 분쇄물의 표면은 은회색 금속광택을 가지고 있고, 이것을 현미경으로 20배 정도로 확대해 보면 루비에 가까운 유리결정이 보인다. 이 중 특히 적색의 결정은 아산화동 특유의 것이 있고 발화부분에 닿은 도체 접속부에서 이것이 보이는 것은 발화원인을 추정하는 것으로 대단히 유용한 물적 증거가 된다.

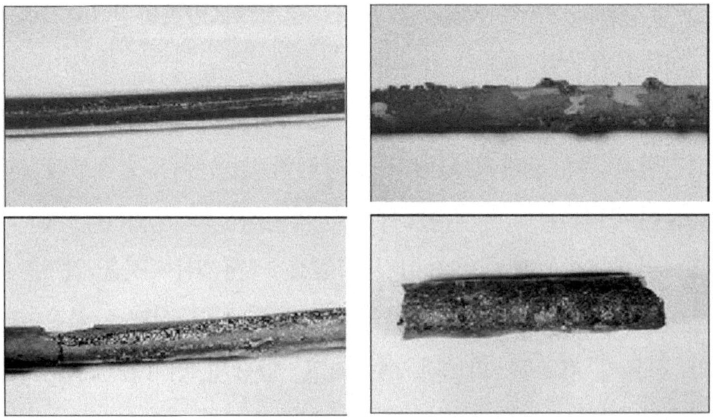

1.6mm 전선, 3시간 가열 (정상, 400℃, 900℃, 1100℃)

〈그림 1-20〉 열화전선의 표면상태

700 ℃: 크래킹, 900 ℃: 쌍정입자, 1100 ℃: 탄화물

〈그림 1-21〉 열화전선의 결정조직

(다) 아산화동의 저항 특성과 발열온도

아산화동은 반도체처럼 통상 도체와 다르게 부저항 온도계수를 가진다. 아래 그림은 직경 2 ㎜, 길이 7 ㎜의 아산화동의 전기저항 온도변화를 표시한 실험치이다. 그림에서도 알 수 있는 것처럼 상온 부근에서는 큰 저항치를 가지고 있지만 온도 상승과 함께 저항은 현저히 감소하고 1,050℃ 부근에서 극소로 된다. 이로부터 아산화동 증식 발열현상에는 국부적으로 1,000℃를 초과하는 발열이 있는 것으로 생각되어진다.

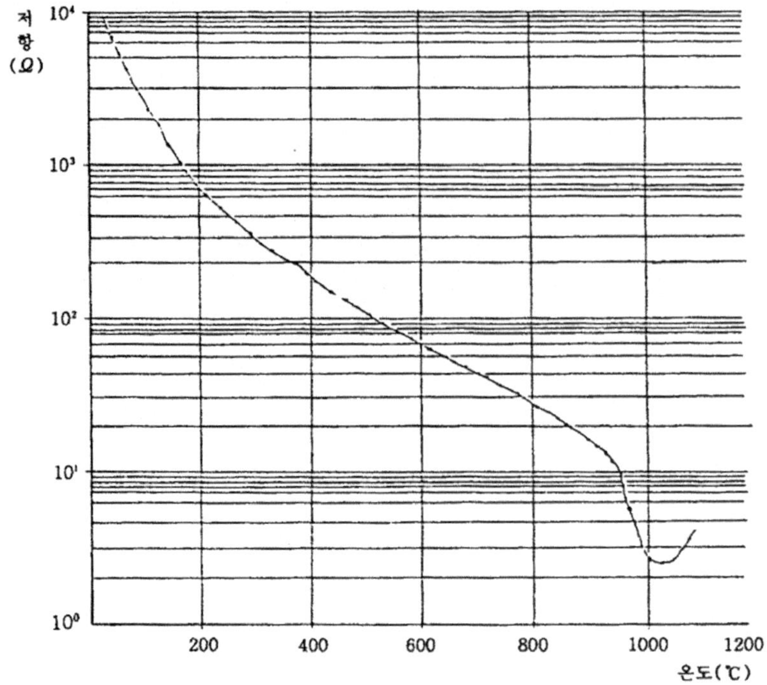


〈그림 1-22〉 아산화동의 저항온도 특성

아산화동 증식 발열현상이 발생하기 위해서는 도체 굵기가 일정 범위의 것이어야 하고, 도체 굵기에 따라 전류치의 상하 한계치가 있다. 또한, 경험적 또는 실험적으로 현상발생이 확인되었더라고 그 조건 범위 내에 있다고 반드시 발생하는 것은 아니며, 접촉저항에 의한 발열과 비례해 발생하는 희귀한 현상이다.

### (4) 발화기구

접촉저항에 의한 발열, 아산화동 증식 발열현상의 어느쪽 경우에도 접촉개소는 상당히 과열하기 때문에 이 부분에 가연물이 접촉되었으면 당연히 발화한다. 그러나 접촉 불량은 개폐기 등의 배선기구 단자와 전선의 접속부에서 발생하기 쉽고, 또한 이러한 기구가 자기 등의 불연재로 만들어져 있는 것도 있기 때문에 반드시 발연개소에 가연물이 직접 접촉해 있는 것은 아니다. 그러나 이런 경우에도 동선이나 단자판 또는 퓨즈를 통한 전도열에 의해 전선피복, 배선기구의 가연성 절연체 및 조영재에서 발화한다. 과열부분 면적이 적다든지 전도에 의해 온도가 저하하기 때문에, 순간적으로 불꽃이 일어나는 것은 적으며, 군소 발화형태를 띠는 것이 일반적이다.

다음 그림은 정격 15 A의 커버나이프 스위치 단자부에서 아산화동 증식 발열현상이 발생할 때의 온도 변화이며, 스위치 표면의 온도가 부하전류 2 A일 때 230 ℃, 7∼8 A로 되면 450 ℃ 정도에 달했다.

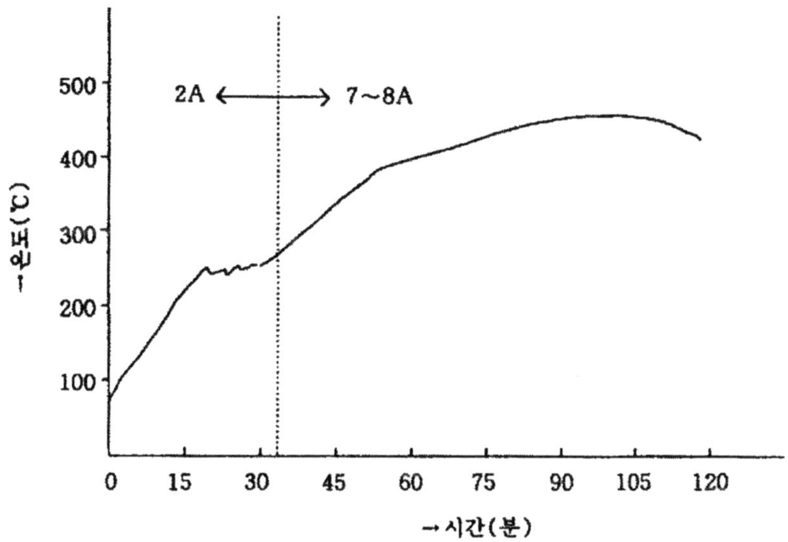


〈그림 1-23〉 15 A 커버나이프 스위치의 이면 온도

## 2-6. 아크·스파크와 과열

### (1) 일반사항

전기에 의한 점화의 가능성은 과열 및 아크, 스파크에 의한 것이 대부분이다. 아크란 높은 온도의 방전현상이며, 스파크란 아크에 의하여 발생된 작은 발광입자의 확산이므로 아크가 발생하면 그 주위가 매우 높은 온도와 압력이 형성되게 된다. 그러나 아크, 스파크가 발생된다고 항상 화재의 원인이 되는 것은 아니다. 아크, 스파크와 같은 점화원과 그 주위의 일정한 농도의 인화성물질 등이 적절히 조성되어야 화재가 발생하기 때문이다. 아크, 스파크는 다음과 같이 대략 4 가지로 구분할 수 있다.

#### (가) 접점의 개폐

일상적으로 사용하는 스위치, 모터 또는 기타 아크를 발생하는 전기기기는 정상적으로 동작될 때에 아크, 스파크를 발생한다.

#### (나) 사고

전기기기 또는 전기설비의 오동작, 파손 및 고장시 다른 전선 또는 접지된 물체에 접촉되면 아크가 발생된다.

#### (다) 절연열화

전선의 절연물진에 탄화된 부분이 있는 경우, 절연물체의 온도상승에 의하여 탄화된 부분으로 아크가 발생된다.

#### (라) 정전기

정전기가 서로 다른 극성으로 두 물체에 대전된 경우에는 두 물체사이에서 여러 가지 형태의 방전이 일어난다.

### (2) 정상적으로 발생되는 아크

(가) 아크와 비점화

화재자체는 대체로 충전된 도체 또는 전기기기가 연소할 경우에 아크를 발생케 한다. 그러므로 아크흔적이 있었다고 해서 그 화재가 아크로 인한 것이라고 단정 지을 수는 없다. 검정 합격품과 같은 양호한 전기기기가 올바르게 설치된 경우에는 비록 그 주위에 인화성 물질이 있었다 해도 전기기기 내의 아크로 인하여 점화되지는 않는다.

(나) 아크와 점화

정상적으로 발생된 아크에 의해 점화된 경우는 다음과 같다.

① 인화성 물질이 취급되는 장소에 일반구조의 전기설비가 설치되어 있고,
② 상기 설비가 화재발생시 동작되었으며,
③ 기타 다른 점화원이 없는 경우로 볼 수 있다.

### (3) 사고시 발생되는 아크

(가) 아크와 화재원인

전기설비의 사고, 오동작, 파손에 의하여 아크가 발생될 수 있는데 화재 발생시는 그 화재로 인하여 절연이 파괴되어 주변의 접지된 전선관, 케이블 트레이에 충전부가 접촉됨으로써 아크가 발생한다. 전기기기 외함과 전선이 용융되어 구멍이 나거나, 전선이 용융 또는 염주알 형태로 된 경우는 아크에 의한 것이 확실하나, 그 아크가 화재의 원인이라고는 단정할 수 없다.

(나) 아크로 인한 점화

사고시 발생된 아크에 의해 점화될 수 있는 경우는 다음과 같다.

① 물리적 손상, 충전부에 물이 스며들거나 도체가 접촉되는 등의 외부 영향

이 아크를 발생시킬 수 있으며, 정상적인 전기기기의 전압에 의해서는 아크가 발생하지 않는다.

② 의심이 가는 전선 또는 전기기기의 스위치가 켜진 상태로 있어야 한다.

③ 작은 전류 또는 간헐적 사고전류는 퓨즈, 차단기와 같은 과전류 보호장치를 동작시키기 않으므로, 점화될 만큼의 충분한 열을 발생시킨다.

④ 인화성 물질이 취급되는 화재발생장소에 아크가 발생되어야 한다. 예를 들면, 알루미늄 전선의 스파크는 확산될 때 고온으로 연소되지만, 구리 또는 철에서 발생되는 스파크는 확산될 때 냉각된다. 그러므로 알루미늄에서 발생되는 스파크가 인화성 물질을 점화시킬 확률이 높다.

⑤ 인화성물질을 점화시키려면 아크가 발생하는 기간이 어느 정도 있어야 한다. 이 기간은 과전류 보호장치가 잘못되어 있거나 접지불량 또는 전선의 규격 불량에 의하여 늘어나게 된다.

### (4) 단자과열

#### (가) 단자의 단말처리

전선이 터미널에 연결되는 단자에는 항상 과열될 요인을 갖고 있다. 단자에서 전선의 단말처리가 올바로 되어있다면 단자의 접촉저항이 낮아져 과열되지 않으나, 단자가 견고히 조여지지 않았거나 터미널 압착이 부적절하였을 때에는 발열되어 전선의 절연체와 같은 플라스틱 물질을 점화시킬 수 있다. 또한, 단자에 연결된 전선이 과열될 수 있는 경우는 다음과 같다.

① 과열된 단자가 계속해서 과열이 증가하는 경우

② 스위치의 접촉 불량으로 과열된 단자와 같이 과열이 증가하는 경우

③ 콘센트에 플러그를 헐겁게 연결하여 접촉부분이 과열된 경우

#### (나) 단자의 과열

과열된 단자가 화재의 원인이 될 수 있는 경우는 다음과 같다.

① 단자의 일부분이 국부적으로 과열된 경우
② 전선 또는 단자의 색이 변했거나, 파였거나 부식된 경우
③ 전기기기의 외함과 가연성 지지물 표면이 접촉되는 곳이 심하게 탄화된 경우
④ 동일한 외함 내부의 단자 일부가 다른 단자에 비하여 불량 상태인 경우
⑤ 평상시 전기가 통하지 않는 금속부분이 파였거나, 부식되거나 불량 상태인 경우

(다) 단자에서의 점화

과열된 단자로부터 점화되려면 다음과 같은 조건이 있어야 한다.

① 전등과 같은 전기기기가 화재당시 해당 단자에 전력이 공급되고 있어야 한다. 콘센트와 같은 접속단자는 평상시 전압은 걸려 있지만, 전기를 사용하지 않는 한 전류가 흐르지 않으므로 과열되지 않는다.
② 단자 또는 전기기기 외함에 일정한 농도의 인화성 물질이 있어야 한다.

### (5) 전선과열

(가) 허용전류

전선에 전류가 흐르면 열이 발생되므로 전선의 허용전류는 전선 절연체의 온도특성, 전선의 굵기, 전선의 경로 및 주위온도에 의하여 결정되어야 한다. 전선에 허용전류 이상으로 많은 양의 전류가 흐르면 이를 차단하도록 회로에 차단기 또는 퓨즈 등의 과전류 보호장치가 설치되어 있으나 정확히 설계되지 않았다면 전선이 과열되어 화재를 발생시킬 수 있다.

(나) 전선의 과열

전선의 과열이 화재원인이 되는 경우는 다음과 같다.

① 전선의 절연체가 내부로부터 손상된 즉, 전선 절연체가 부풀거나 녹아내린 경우 또는 절연체가 탄화된 경우
② 퓨즈 대신 동선을 사용하는 등의 잘못된 과전류 보호장치에 연결된 전선이 있는 경우
③ 정격 이상으로 문어발식 전기를 사용하는 경우
④ 전선이 포설된 조영재가 탄화된 경우

(다) 전선과열과 점화

전선과열로 인한 점화 조건은 다음과 같다.

① 전선에 전류가 흐르고 있어야 한다.
② 과부하 또는 단락, 지락 사고에 의한 전선의 과전류
③ 과전류 보호장치 부적절
④ 인화성 물질의 존재

## 2-7. 전선에 나타나는 현상

### (1) 아크의 형태

(가) 전선의 아크

전선에 아크가 발생되면 항상 그 흔적이 있는데 기계적 아크나 화재에 의한 용융과는 형상이 다르다. 아크 흔적은 그림과 같이 금속이 녹아 파인 자국이 뚜렷하며, 완만한 형태로 파이거나 혹은 돌출부분이 있기도 한데 간혹 돌출부분이 많아 울퉁불퉁한 형태가 되기도 한다. 그리고 아크가 발생된 주위가 변형되지 않으나 아크에 의하여 발생된 용융 금속 가루가 붙어 있을 수 있다. 아크는 전선에 구멍을 만들 뿐만 아니라 전선을 절단하기도 하는데 절단부분은 완만하거나 염주알 형태로 된다. 아크 흔적은 전선의 재질이 동이건 알루미늄이

건 서로 유사하다.

〈그림 1-24〉 아크에 의한 전선의 변형

(나) 아크에 의한 용융

탄화에 의한 아크는 접촉에 의한 아크와는 그 형태가 다양하다. 전자에 의한 아크는 탄화부분의 표면을 용해하거나, 아크와는 다르게 그 형태가 반복됨에 따라 전선을 용단한다. 간혹 아크가 여러 곳에서 발생되기도 하는데 이런 경우 십여 ㎝의 전선이 녹아 끊어지거나 몇 개의 작은 토막으로 분리되기도 한다.

전선관에 포설된 수 m 깊이의 전선이 끊어지거나 전선관 또는 금속판 밑에 구멍이 뚫린 경우도 있다. 탄화된 절연체를 통하여 발생된 아크에 의하여 전선이 끊어지게 되면, 절단된 부분에 전선보다 큰 염주알이 형성되는데, 그 표면은 완만하나 불규칙하게 일그러져 있다. 탄화에 의한 아크의 일반적 형상은 정상적인 도체에 비하여 툭 불거진 염주알 형태로 된다는 것이며, 연선인 경우에는 아크에 의하여 형성된 염주알이 다른 소선을 한 번에 용융시킨다.

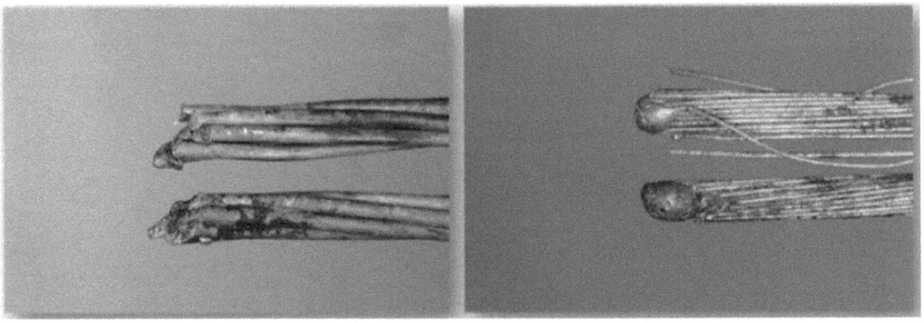

〈그림 1-25〉 아크에 의한 전선의 용융

(다) 연선의 염주알 형태의 용융

연선 또는 코드에서 발생되는 아크는 전선에 구멍을 내기 보다는 전선에 염주알을 형성하여 용단한다.

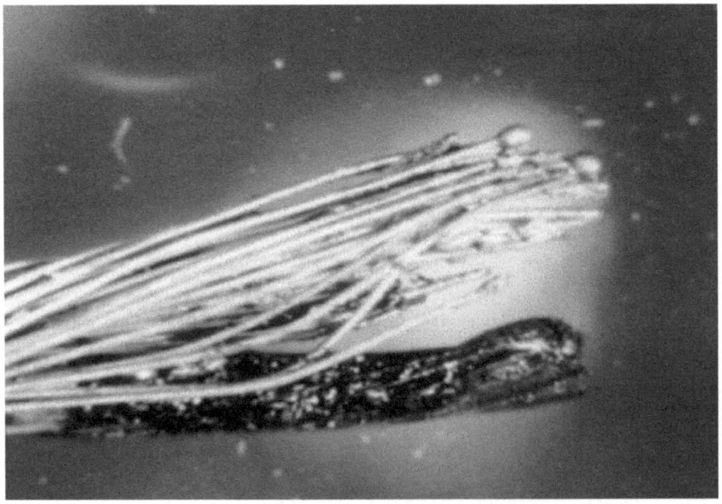

〈그림 1-26〉 아크에 의해 용단된 연선의 염주알 형태

(라) 금속 외함 내의 용융

정션박스 또는 기타 금속 외함 내부에서 발생된 아크는 그 내부 표면에 작은 금속가루가 붙어있는 것을 발견할 수 있다. 금속 외함에 발생된 아크는 그 용융 부분이 불규칙하며, 간혹 전선을 따라 길고 산발적인 현상을 나타낸다.

## (2) 화재로 인한 용융

(가) 화재에 의한 용융

화재로 인한 용융은 그 열원이 전선 전체적으로 영향을 주기 때문에 아크로 인한 용융과는 구별이 된다. 화열로 전선의 구리가 녹으면 그 녹아 흐른 자국은 부풀어 있는데 어떤 경우는 염주알 형태 또는 방울이 되어 아래로 늘어진 형태를 나타낸다. 전선이 화열로 녹는 것은 화열의 온도 및 지속시간과 전선의 포설위치 및 전선피복에 따라 다르다. 화재가 발생하면 전선에 아크가 발생될 수 있는데 이 아크는 과전류 보호장치가 동작될 때까지 지속되므로, 화재가 아크로 인한 것인지 또는 화재로 인하여 아크가 발생되었는지를 판별해야 한다.

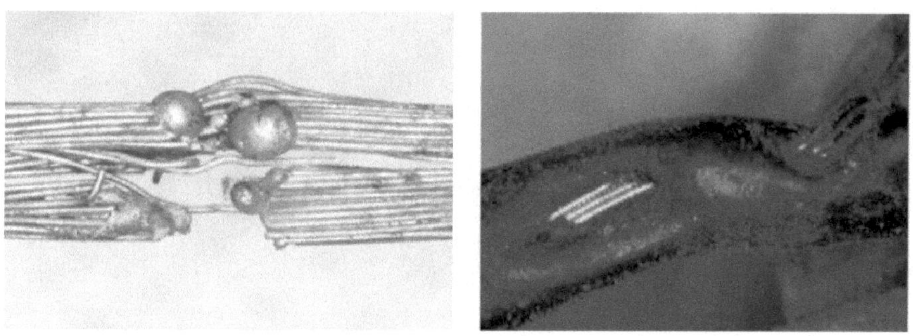

〈그림 1-27〉 화재에 의해 용융된 전선과 표면에 구리가 녹아 내린 자국

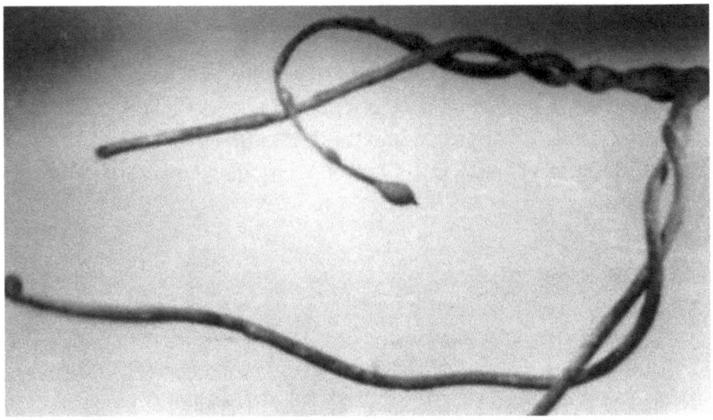

〈그림 1-28〉 화재에 의한 전선의 염주알 형태

(나) 알루미늄 전선의 용융

알루미늄 전선이 화열로 녹을 경우는 동선이 녹는 형태와 구별된다. 알루미늄 전선이 과열되면 튀어져 내려오는데, 전선이 녹아 흐르므로 늘어지는 부분이 불규칙한 형태로 나타난다.

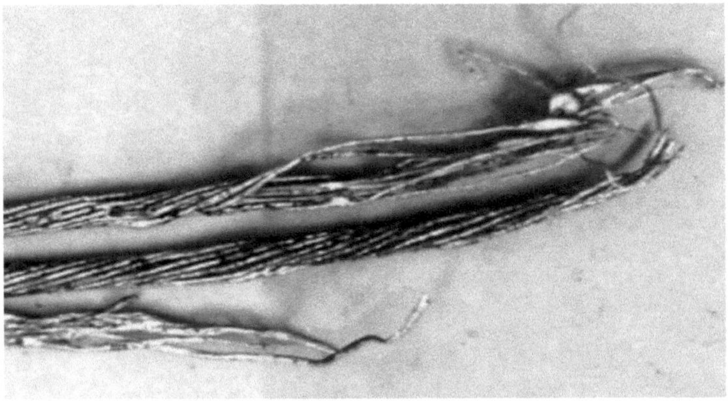

〈그림 1-29〉 알루미늄 케이블의 용융상태

(다) 전선의 옵셋

높은 과전류가 전선에 흐르면 전선 전체가 동시에 용융되는데, 전선이 녹아 끊어지면 자연히 전류는 차단되고 전선이 냉각된다. 전선이 분리되는 곳에는 아래 그림처럼 옵셋(offset)이 생기는데 이러한 현상은 구리선과 알루미늄 전선에서 동일하게 발생한다.

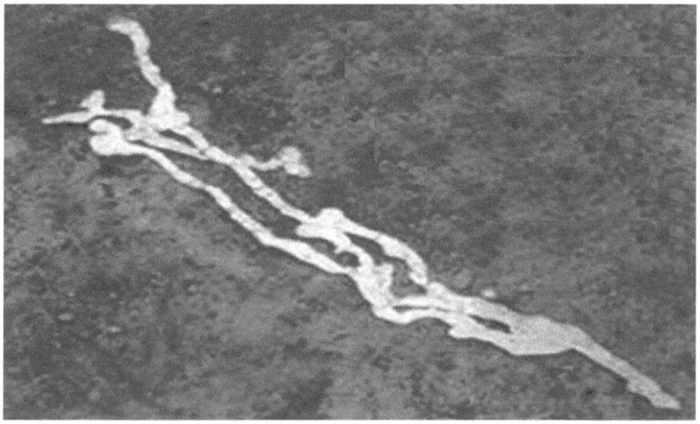

〈그림 1-30〉 알루미늄 전선의 옵셋

### (3) 아크의 발생확인

(가) 차단기의 동작 확인

과전류가 흐른 조짐 즉 옵셋 및 과열된 절연체들이 발견되면 퓨즈, 차단기 등의 과전류 보호장치를 점검해야 한다. 차단기가 차단되었는지는 차단기의 토글 핸들로 알 수 있다. 아크의 흔적이 있었다면 차단기가 투입되어 전류가 흐르고 있음을 나타낸다. 격리된 작은 아크는 그리 쉽게 화재를 발생하지 않으나, 인입선과 같은 대용량 전력에 의한 아크는 화재를 쉽게 발생시킨다.

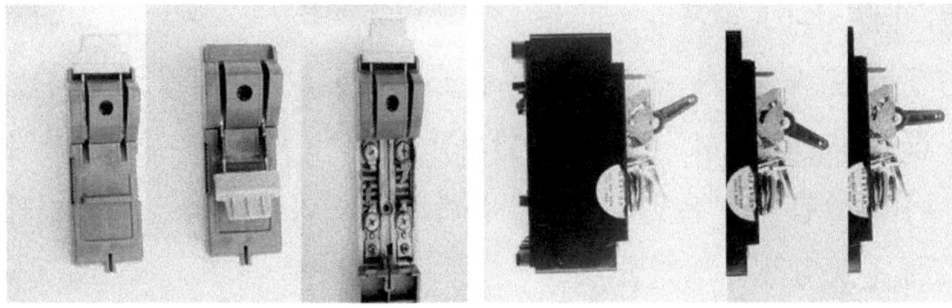

ON OFF 단락 ON OFF TRIP

커버나이프 스위치 배선용차단기(MCCB)

〈그림 1-31〉 차단기의 동작여부

(나) 아크의 흔적

화재에 의한 용융은 아크흔적과 기타 화재발생 당시의 특징을 없애버릴 수 있으므로 아크흔적을 찾지 못했다고 하여 아크가 발생되지 않았다고 판단할 수는 없다. 특히, 알루미늄 전선은 비교적 낮은 온도에서 용융되므로 아크여부를 판단하기가 무척 난해하다.

(다) 물리적 손상

물리적으로 손상된 전선은 그 손상된 형태를 보면 아크에 의한 것이 아님을 알 수 있다. 충격 또는 못, 톱 등에 의해 훼손된 전선은 단락 또는 지락 사고전류 크기에 훨씬 못 미치는 전류 상태에서 화재를 발생시킬 정도로 과열되지는 않는다.

## 2-8. 정전기

정전기란 정체되어 있는 전기를 의미하는 것으로서 전력설비를 운용하는 전기 즉, 전류와는 그 발생과정이 서로 다르나 화재·폭발을 야기하는 측면에서는 서로 같은 위험원이다.

### (1) 정전기 발생

정전기는 매우 다양한 형태로 발생한다. 가장 흔히 발생하는 경우는 성질이 다른 두 물체가 서로 상대적인 운동을 할 때 발생한다. 정전기의 발생방식을 정리하면 다음과 같다.

① 서로 다른 성질의 두 물체가 접촉, 마찰, 분리할 때 물체간에 전자의 이동이 발생되어 전자를 잃은 물체는 양전기로 대전되고, 전자를 얻은 쪽은 음전기로 대전된다.

② 대전된 물체주위에 어떤 물체가 주변의 전기장에 영향을 주면, 전기장 내의 전위분포를 변화시키는 동시에 도체 내에서 반대극성을 가진 전하의 분리가 발생된다.

③ 액체를 기계적으로 이온화할 때 분출되어 나오는 입자가 극성을 띄워 대전된다.

④ 기타 용기내부나 관내에서 액체가 교반할 때와 전자의 방출 등에서 정전기가 발생한다.

### (2) 정전기 방전

정전기가 축적되어 점화성(incendive) 방전이 발생하면 화재·폭발의 위험이 있다. 대체로 정전기 방전은 스파크 방전과 코로나 방전으로 크게 양분되는데, 스파크 방전은 과격한 것으로서 두 물체 사이의 공간을 순간적으로 통과하게 되며, 방전 채널의 직경이 아주 작은 것으로서 금속전극사이 또는 양도체 사이에서 발생된다. 반면, 전극이 플라스틱 또는 액화수소의 표면과 같은 절연물질인 경우에는 절연체의 도전율이 낮기 때문에 스파크가 발생될 확률은 적어진다.

반면, 코로나 방전은 스파크 방전과는 달리 공간으로 확산되거나 아주 넓은 범위로 퍼져나가는 것으로서 방전시간이 스파크보다는 길며, 방전전류도 매우 낮다. 그렇기 때문에 정전기로 인한 방전은 점화성 방전이 될 확률은 매우 희박하다.

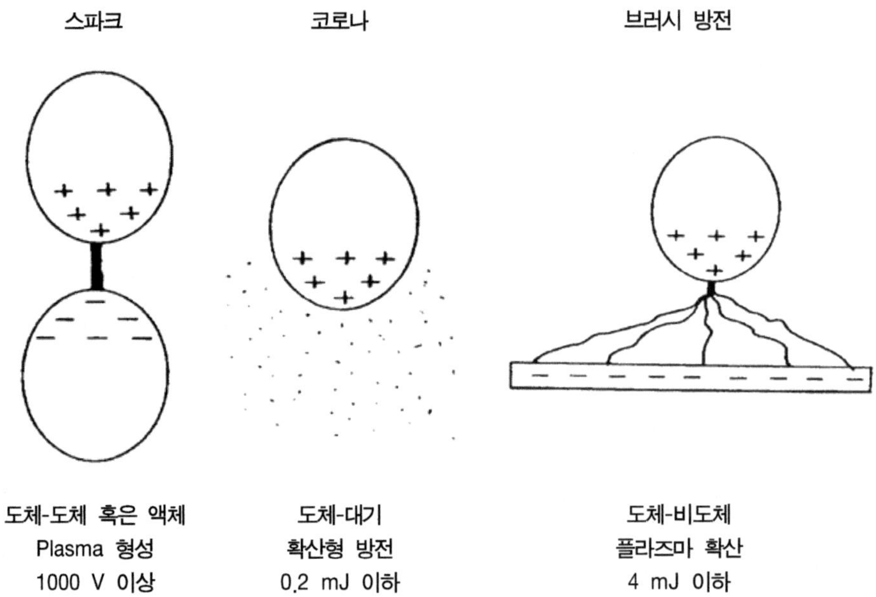


〈그림 1-32〉 정전기의 점화형태 및 특성

# 03 폭발의 개요

## 3-1. 폭발

폭발은 급격히 기체가 발생하여 그 체적이 순간적으로 증대하고 열이나 빛, 소리, 압력, 충격파 등을 일으키는 현상을 말한다. 화학반응에 의하여 일어나는 화학적 폭발과 과충전에 의한 용기파열과 같은 물리적 폭발이 있다. 또한, 기인 물질에 따라 가스폭발, 분진폭발 또는 고체폭발 등으로 나눠기도 한다. 한편, 충격파의 전파속도가 음파보다 빠른 경우의 폭굉과 음파보다 느린 경우의 폭연으로 구분된다.

## 3-2. 폭발의 형태 및 특징

### (1) 물리적 폭발

진공용기의 압괴, 과열액체의 급격한 비등에 의한 증기폭발, 용기의 과압과 과충진 등에 의한 용기파열 등을 들 수 있으며, 물질의 용해열, 수화열 등도 물리적 폭발의 요인이 된다.

### (2) 화학적 폭발

화학반응에 의하여 단시간에 급격한 압력상승을 수반할 때 폭발이 이루어지고, 이러한 화학반응으로는 산화·분해·중합반응 등이 있으며, 폭발시 많은 양의 열이 발생한다.

### (3) 폭발물질에 따른 분류

일반적으로 폭발물질의 형태에 따라 분류하며, 가스폭발, 분진폭발, 미스트폭발, 고체폭발 및 증기폭발 등으로 분류할 수 있다.

〈표 1-5〉 기인물질에 의한 분류

| 구 분 | 예 시 | 특 징 |
|---|---|---|
| 가스폭발 | • 메탄, 수소, 아세틸렌 등의 가연성 가스<br>• 가솔린, 알코올 등 인화성액체의 증기 | • 공기와의 혼합상태에서 점화원으로 인한 산화반응<br>• 용기 등 밀폐공간에서는 분해 · 중합반응 |
| 증기폭발 | • 고압 포화액, 액체의 급속가열<br>• 극저온 액화가스의 수면유출 등 | • 물리적 폭발로서 급속한 기화현상에 의한 체적 팽창<br>• 보일러 등 고압포화수의 급속한 방출<br>• 물 등에 고온의 용융금속 등이 대량 유입 |
| 미스트 폭발 | • 윤활유, 기계유 등 가연성 액체 | • 가연성 액체가 안개상태로 공기 중에 누출되어 가스-공기와의 부유상태 혼합물을 형성하여 폭발 |
| 고체폭발 | • 화약류, 유기 과산화물, 유기발포제 등 | • 위험물질 자체에 갖고 있는 산소와 산화반응으로 폭발 |
| 분진폭발 | • 금속분, 농산물, 석탄, 유황, 합성수지 및 섬유 등 가연성분진 | • 공기 중 부유분진이 연소 하한계 이상의 농도로 유지될 때 점화원에 의해 폭발 |

## 3-3. 폭연과 폭굉

가연성 가스나 인화성 물질의 증기가 폭발범위 내의 어떤 농도에서 반응속도가 급격히 증대하여 음속을 초과하지 않는 경우를 폭연이라 하고, 음속을 초과하는 경우를 폭굉이라 한다. 이 과정에서 발생하는 충격파가 큰 파괴력을 지닌 압축파의 형태로 나타난다. 이러한 폭굉은 모든 가스에서 나타나는 것이 아니고, 특정한 조건에 의해 발생하는데, 음속 이하의 반응속도에서도 큰 파괴력을 갖는다. 대체로 폭굉은 가연성 가스와 공기가 혼합된 넓은 공간에서는 쉽게 발생하지 않고, 좁고 긴 배관 등에서 발생하기가 쉽다.

## 3-4. 비등액체 팽창증기 폭발

### (1) 생성과정

비등액체 팽창증기 폭발(BLEVE : Boiling Liquid Expanded Vapor Explosion)은 다량의 탄화수소계 물질이 방출될 수 있는 특별한 형태의 폭발이다. 방출된 물질이 가연성이라면 증기운 폭발(VCE : Vapor Cloud Explosion)이 발생할 수도 있고, 독성물질이라면 넓은 면적에 걸쳐 퍼질 수도 있다. 비등액체 팽창증기 폭발은 비점 이상의 압력으로 유지되는 액체 저장용기가 파열될 때 발생한다. 용기가 파열되면 용기 내용물의 상당 부분이 폭발적으로 증발하면서 폭발이 발생하며, 그 단계는 다음과 같다.

① 액체가 들어 있는 탱크의 주위에서 화재가 발생한다.
② 화재로 인한 열에 의하여 탱크의 벽이 가열된다.
③ 액위 이하의 탱크 벽은 액체에 의하여 냉각되나 액체의 온도는 계속 상승하고, 탱크 내의 압력도 증가한다.
④ 화염이 열을 제거시킬 액체가 없고 증기만 존재하는 탱크의 벽이나 천장에 도달하면, 화염에 접촉하는 부위의 금속온도가 상승하여 구조적 강도를 잃게 된다.
⑤ 탱크는 결국 파열되고, 그 내용물은 폭발적으로 증발한다.

### (2) 방지대책

비등액체 팽창증기 폭발 현상은 탱크에 설치된 안전장치로 압력상승을 낮출 수 없으므로 다음과 같은 예방대책이 필요하다.

① 탱크 외부 벽면은 내화구조로 하여 단열을 한다.
② 탱크 내용물의 누출시 탱크 하부의 체류를 방지하기 위하여 방유제를 경사화하여 탱크지역 외부로 유도한다.

③ 탱크 표면을 냉각시키는 물분무 설비를 설치한다.

④ 탱크의 연료를 원격에서 차단할 수 있는 비상 차단장치를 설치한다.

⑤ 탱크 내용물을 긴급 이송할 수 있는 출하설비를 설치한다.

⑥ 탱크의 압력상승을 방지하기 위한 감압장치를 설치한다.

⑦ 비등액체 팽창증기 폭발예방을 위한 작업자의 비상훈련을 정기적으로 실시한다.

⑧ 가능하면 탱크를 지하에 설치한다.

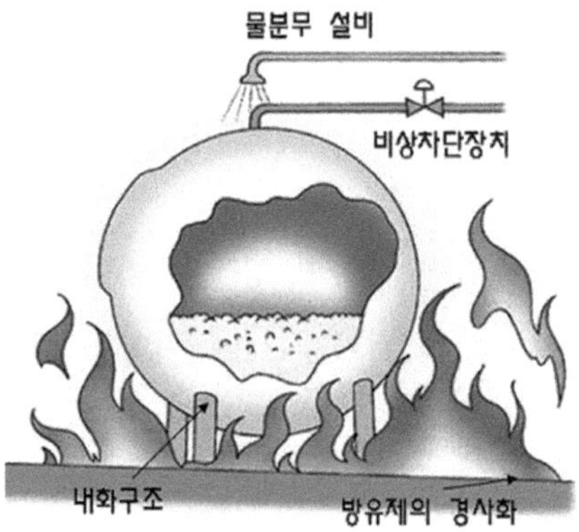


〈그림 1-33〉 비등액체 팽창증기 폭발 예방대책

## 3-5. 증기운 폭발

화학공장에서 가장 위험하고 파괴적인 폭발은 증기운 폭발(VCE: Vapor Cloud Explosion)이며, 이러한 폭발은 다음과 같은 단계로 발생한다.

① 일반적으로 과열로 압축된 액체의 용기가 파열되면서 다량의 가연성 증기가 급격히 방출된다.

② 플랜트에서 증기가 분산되어 공기와 혼합이 되면서 확산된다.

③ 증기운이 점화되어 일시에 폭발한다.

# 연_습_문_제

1. 1atm에서 연소상한계가 11.0 vol%인 물질이 압력이 상승하여 게이지압으로 6.2 MPa 이 되었을 때 상한계는 어떻게 변할까?
압력변화에 대한 연소 상한계의 경험식은 다음과 같다.

$$UFL_p = UFL + 20.6(\log P + 1)$$

여기서, P는 절대압력, UFL은 1atm에서 가스의 연소 상한계이다.

**풀이**

1atm = 0.1013 MPa 이므로
절대압력 P = 6.2 + 0.1013 = 6.3013 MPa
$UFL_p = UFL + 20.6(\log 6.3013 + 1) = 11.0 + 37.1 = 48.1$ vol%

2. 프로판 가스의 폭발 하한치가 2.1 vol %라면, 화재예방을 위한 최소 산소농도는 얼마인가?

**풀이**

$C_3H_8 + 5\ O_2 \rightarrow 3\ CO_2 + 4\ H_2O$
(1 mol : 5 mol)
$\therefore$ MOC = 2.1 × 5/1 = 10.2 vol %

### 3. 폭연과 폭굉의 차이에 대해 설명하라.

**풀이**

가연성 가스나 인화성 물질의 증기가 폭발범위 내의 어떤 농도에서 반응속도가 급격히 증대하여 음속을 초과하지 않는 경우를 폭연이라 하고, 음속을 초과하는 경우를 폭굉이라 한다. 폭굉은 모든 가스에서 나타나는 것이 아니고 특정한 조건에 의해 발생하는데, 대체로 폭굉은 가연성 가스와 공기가 혼합된 넓은 공간에서는 쉽게 발생하지 않고, 좁고 긴 배관 등에서 발생하기가 쉽다.

### 4. 비등액체 팽창증기 폭발의 발생단계를 설명하라.

**풀이**

비등액체 팽창증기 폭발은 비점 이상의 압력으로 유지되는 액체 저장용기가 파열될 때 발생하며, 그 단계는 다음과 같다.

① 액체가 들어 있는 탱크의 주위에서 화재가 발생한다.
② 화재로 인한 열에 의하여 탱크의 벽이 가열된다.
③ 액위 이하의 탱크 벽은 액체에 의하여 냉각되나 액체의 온도는 계속 상승하고, 탱크 내의 압력도 증가한다.
④ 화염이 열을 제거시킬 액체가 없고 증기만 존재하는 탱크의 벽이나 천장에 도달하면, 화염에 접촉하는 부위의 금속온도가 상승하여 구조적 강도를 잃게 된다.
⑤ 탱크는 결국 파열되고, 내용물이 급격히 증발하면서 폭발한다.

PART

# 02

# 폭발위험장소의 구분

# 01 폭발위험장소의 개요

## 1-1. 폭발위험장소 개념의 도입

미국의 석유협회 API 및 화재보험협회 NFPA에서 사용하고 있는 "Division"에 의한 지역구분은 누출원이 정상운전 상태에서 존재하는지, 비정상운전 상태에서 존재하는지, 아니면 존재하지 않는지에 따라 폭발위험장소를 구분하고 있다. 이는 정상상태와 비정상 상태에 대한 상세한 설명을 바탕으로, 누출 가능성이 증가하면 추가적 안전대책이 필요하다는 개념에서 출발한 것이다.

과거 1950년~1960년대에 개발된 Division 개념은 인화성가스 또는 증기가 펌프, 밸브, 계장설비 등으로부터 누출된다는 가정에서 비롯되었으나, 최근에는 봉입(Seal) 기술이 발달하여 이들 설비에서 누출될 가능성은 거의 없다. 그러나 환경에 관한 사회적 관심과 안전규제에 의한 여러 요구사항에 직면하고 있고, 방폭설비의 가격도 그다지 높지 않아 대부분의 현장에서 Division 1과 Division 2 지역에 설치되는 방폭설비를 별도의 구분없이 거의 동일한 수준의 방폭설비를 전 지역에 설치하고 있다.

이러한 방식은 생각과는 달리 오히려 위험성을 증가시킬 수가 있다. 우선 넓은 지역에서 사용되는 다양한 인화성 물질에 적합한 장비를 선정하기가 어렵고, 넓은 폭발위험장소에 설치된 방폭설비의 운전, 보수 등에 있어서 더 많은 문제점을 야기할 수 있다. 이러한 문제점의 증대는 위험지역을 과도하게 넓게 설정하는 것이 안전한 방법이라는 보편적 생각보다 오히려 설치, 운전, 보수 등의 문제점으로 인해 위험성이 더 높아질 수도 있다는 것이다.

반면, 유럽의 경우 1960년대부터 위험지역에 대한 구분을 "Zone"으로 표기하고 있으며, 위험지역을 북미지역의 2개 부분보다 좀 더 세분화하여 3개 부분으로 적용하고 있다. 이는 Division 2와 Zone 2의 지역은 거의 같으나, Division 1과 대부분 일치하는 Zone 1과, 일부 지역에 대하여 달리 적용되는 Zone 0이 있다.

연속적으로 가스가 누출되는 장소의 경우 Division의 방법에서는 일반적인 방폭전기설비를 설치할 수 있으나, Zone 개념을 도입한 경우에는 안전성을 좀 더 향상시킨 보호방법을 선정하도록 하고 있다.

이 두 가지의 적용방법은 많은 부분에서 논쟁을 야기할 수 있고, 어느 방법이 더 안전한지 또는 더 이점이 많은 지를 검토할 필요가 있다.

Zone이던 Division이던 전기설비 설치에 있어서 규격을 제대로 적용하는 경우에는 모두 안전하다는 것이 경험적으로 증명되고 있다. 이러한 이유로 인해 미국의 경우 Division에서 반드시 Zone으로 바꾸어 적용하기를 강제화하고 있지는 않다. 그러나 신규설비의 설치시에는 Zone의 방법도 충분히 검토하여 적용할 수 있도록 요구하고 있다.

미국에서는 Division에서 Zone 개념으로 규격을 계속적으로 수정하고 있으며, Division에 적합한 전기설비는 Zone 개념의 지역에서도 사용할 수 있도록 하고 있다.

## 1-2. 폭발위험의 정도에 대한 평가

폭발위험장소의 구분은 일반적으로 위험도를 평가하여 이 결과에 따라 위험지역을 구분하고 있다. 위험도는 사고가 발생할 확률과 사고로 인한 피해크기를 함께 고려하는 것으로서 다음과 같이 일반적으로 표현된다.

위험도 = 사고발생확률 × 피해의 크기

만약 사고발생확률이 "0"이면 피해의 크기가 아무리 크더라도 위험도의 값은 "0"이다. 반대로 피해크기가 "0"이면 발생확률과 관계없이 위험도는 "0"이 된다. 그러므로 위험도에 의한 위험지역 구분을 검토하려면 사고발생확률뿐만 아니라 피해크기에 대해서도 함께 고려하여야 한다.

누출량, 누출물질, 누출위치, 혹은 점화원 등에 따라 사고로 인한 피해의 크기가 전혀 없을 수도 있고, 소형화재, 소형폭발, 대형화재, 혹은 대형폭발이 발생할 수도 있다. 이러한 사고로부터 피해의 결과는 인명피해 또는 물적 피해로 나타나게 된다.

<표 2-1>은 과거 30년간 발생한 주요 100대 화재·폭발사고에 대한 평균 피해액을 조사한 것이다.

**〈표 2-1〉 100대 화재·폭발사고에 대한 평균 피해액**

| 백분율 | 설비명 | 평균손실액 |
|---|---|---|
| 46 % | 정 유 | $ 73,700,000 |
| 35 % | 석 유 화 | $ 80,800,000 |
| 7 % | 터 미 널 | $ 39,100,000 |
| 7 % | 가스정제 | $117,800,000 |
| 5 % | 기 타 | $ 40,200,000 |

사고발생확률을 검토하기 위하여 우선적으로 누출원에 대한 검토가 필요하다. 누출원을 파악하는 것은 다른 어떤 작업보다도 많은 노력이 필요하고, 또한 어떤 물질을 누출원으로 고려하여야 하는 지에 대한 의견도 분분한 실정이다. 일반적으로 누출원에 대한 문제를 검토하기 위하여 화재삼각형을 고려하게 된다. 전기 관점에서 누출원에 대한 대책은 점화원을 없애거나, 연료의 누출을 막거나 산소를 제거하는 것이다. 근원적으로 점화원을 없애기 위하여 에너지원의 크기를 제어하는 본질안전방폭구조, 점화원의 크기를 제어하는 압력방폭구조, 실링처리를 통해 점화원을 없애는 방법 등이 사용되고 있다. 또한, 산소를 제거하기 위하여 유입방폭구조 또는 완전봉입구조의 보호방식을 도입하기도 한다. 이외에도 전기부품의 온도상승을 억제하는 방법도 사용되고 있다.

유럽의 Zone 또는 북미지역의 Division에서 적용되는 보호방식도 이러한 원칙에 기초하고 있으며, 이는 위험지역에서의 누출원에 대한 위험관리가 결국 화재·폭발로 인한 피해크기와 누출원에 대한 점화확률의 관계로 귀착이 된다.

미국 산업안전보건청에서는 대폭발을 야기할 수 있는 최소 탄화수소량을 90 톤으로 규정하고 있다. 이는 일반적 판단으로 90 톤의 누출이 있는 경우 대폭발이 발생할 가능성이 50 %로서 사고가능성이 매우 높다는 것을 의미한다. 이를 확장하여 5분 정도의 짧은 시간동안 1 톤이 누출하게 되었을 때  폭발할 가능성은 수학적으로 약 1 % 정도가 된다. 또한 5분 동안 5 톤이 누출되면 7 %의 발생확률, 10 톤에 대해서는 13 %, 15 톤의 누출에 대해서는 18 %로 계산되었다.

<그림 2-1>은 탄화수소 누출량과 대폭발 발생가능확률과의 관계를 나타내고 있다. 물론 이에 대하여 실제 상황에서는 주요 고장시 누출될 수 있는 양과 이에 의한 폭발가능성에 대하여 반대의견도 있을 수 있다.

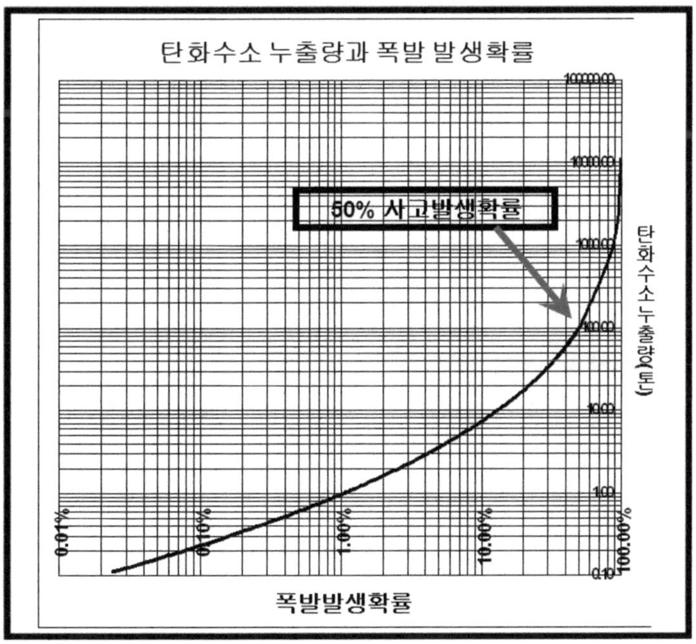


〈그림 2-1〉 누출량과 사고발생확률

합리적인 누출량을 설정하기 위하여 5분 동안 1 톤의 탄화수소가 누출된다고 가정을 하자. 이는 분당 200 kg이 누출되는 양이며, 이 값 이하로 누출이 되는 설비만이 위험지역 구분을 위한 대상설비가 된다. 이 값 이상으로 누출 가능한 설비는 위험지역 구분의 범주에서 취급하지 않고 일반적으로 대폭발 사고예방을 위한 누출 범주에 포함시켜 검토하여야 한다. 그러므로 분당 200 kg의 누출량은 위험지역 구분을 위한 누출량의 상한치로 설정이 된다.

누출량의 하한치를 설정하는 것은 좀 더 복잡하다. 미국 화학공학회의 증기운폭발 모델을 이용한 Prugh 박사의 자료에서 2.5 kg의 누출에 의한 폭발가능확률은 0.000,001,689,38 %로 나타나고 있다. 또한 25 kg에 대한 폭발가능확률은 0.001,178,883,24 %이다. <표 2-2>는 탄화수소의 누출에 의한 폭발가능확률과 일반사고로 인해 사람이 사망할 수 있는 가능확률을 나타내고 있다.

**〈표 2-2〉 누출에 의한 사고발생확률과 일반사고의 사망가능확률**

| 사고형태 | 발생확률 |
|---|---|
| 탄화수소 1 톤 누출시의 폭발 | 0.0107 |
| 흡연으로 인한 사망 (1 갑/일) | 0.005 |
| 탄화수소 0.5 톤 누출시의 폭발 | 0.0039 |
| 행글라이더로 인한 사망 | 0.002 |
| 탄화수소 250 kg 누출시의 폭발 | 0.0014 |
| 자동차 사고로 인한 사망 | 0.00018 |
| 총기사고로 인한 사망(미국) | 0.00001 |
| 탄화수소 25 kg 누출시의 폭발 | 0.0000117 |
| 비행기 사고로 인한 사망 | 0.000007 |
| 낙뢰에 의한 사망 | 0.00000077 |
| 탄화수소 2.5 kg 누출시의 폭발 | 0.0000000169 |
| 유성에 맞아 사망 | 0.000000000011 |

이번에는 위험도의 정의로부터 탄화수소 누출에 의한 폭발사고로 인해 사망자가 반드시 발생하는 경우, 달리 말하면 25 kg 또는 250 kg의 누출량으로부터 폭발이 발생하여 사망자가 발생할 위험도는 일반적으로 인정되는 자동차 운전사고 위험도와 유사하다는 것이다. <표 2-2>에서 알 수 있듯이  누출량 2.5 kg 이하의 위험도는 그 값이 너무 작아 현실성이 없으므로 검토대상에서 제외가 된다.

폭발위험장소의 선정에 관한 검토를 위하여 250 kg 이하의 탄화수소 누출량을 선정하는 것이 합리적이다. 그러나 하한치에 대하여는 아직까지 많은 현장에서 비정상 상태에서의 누출량을 분당 5 kg 이하까지 고려하고 있다. 이 정도의 적은 누출량에 대한 위험도가 현장에서 허용할 수 없는 수준인지에 대하여 검토할 필요가 있다. 이 값은 환경 또는 근로자의 건강측면에서 검토할 경우 타당한 값이나, 대형사고에 관한 검토를 할 경우에는 재고할 필요가 있을 것이다.

여러 문헌에서 지역구분을 위한 누출량 하한치로서 분당 7.5 kg 내지 12.5 kg의 누출량을 제안하고 있다.

<그림 2-2>는 위험지역 반경설정을 위해 사용된 누출량과 이의 사고발생확률을 총체적으로 나타내고 있다. 미국의 규정에서 정하고 있는 대, 중, 소규모의 누출량과 국내 및 IEC 규격에서 요구하고 있는 연속누출, 1차 누출, 혹은 2차 누출원에 대한 범위가 유사함을 알 수 있으며, 반대로 사고발생확률 0.01%, 0.1%, 1%, 혹은 10% 등에 대한 탄화수소의 누출량도 알 수가 있다.

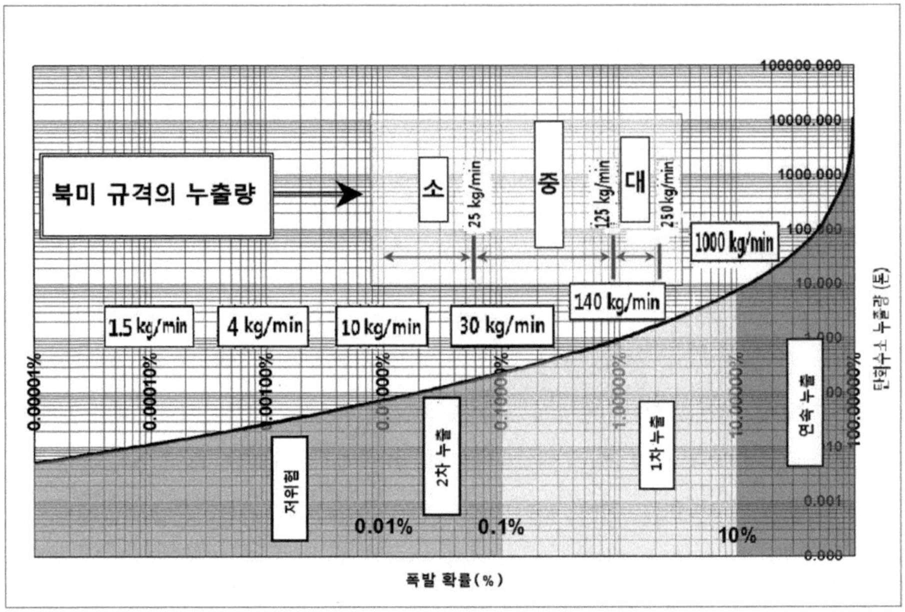


〈그림 2-2〉 위험지역 반경설정에 사용된 누출량의 사고발생확률

<그림 2-2>에서 나타낸 0.01%, 0.1%, 혹은 10%의 확률 값을 누출등급에 따라 연간 운전시간 대비 사고발생이 가능한 위험분위기 발생시간으로 환산하면 <표 2-3>과 같이 표현된다.

〈표 2-3〉 누출 등급과 위험분위기 발생시간

| 누출 등급 | 사고발생확률 | 위험분위기 발생시간 |
|---|---|---|
| 연속 누출 | 10 % 이상 | 1000 시간/년 이상 |
| 1차 누출 | 0.1 % ~ 10 % | 10 ~ 1000 시간/년 |
| 2차 누출 | 0.1 % 이하 | 10 시간/년 이하 |

이와 유사하게 유럽규격에서 정하고 있는 Zone에 대하여 누출 등급과 위험분위기 발생시간의 관계를 다시 적용하면 <표 2-4>와 같이 나타낼 수 있다.

〈표 2-4〉 Zone 지역과 위험분위기 발생시간

| Zone | 누출 등급 | 위험분위기 발생시간 |
|---|---|---|
| 0 | 연속 누출 | 1000 시간/년 이상 (10 % ) |
| 1 | 1차 누출 | 10 ~ 1000 시간/년 (0.1 % - 10 %) |
| 2 | 2차 누출 | 1 ~ 10 시간/년 (0.01 % - 0.1 %) |
| 기타 | - | 1 시간/년 이하 (0.01 %) |

## 1-3. 폭발위험장소의 가스분류

전기기계·기구의 방폭성능은 사용 장소에 체류하고 있는 가스, 증기의 종류에 따라 다르게 적용된다. 예를 들면, 가솔린이 취급되고 있는 장소에 사용되는 전기기기는 수소나 아세틸렌이 취급되는 장소에는 적합하지 않다. 반면, 수소가스가 존재하는 장소에 적합한 전기기기를 가솔린이 취급되는 장소에 사용한다면, 엔지니어링 측면에서 아주 바람직하지 못한 것이다. 이와 같은 이유로 인화성 가스 및 증기를 최대안전틈새와 최소점화전류에 따라 분류하고 있다.

### (1) 최대 안전틈새 (Maximum Experimental Safe Gap)

전기사용이 일반화되지 않은 19세기 말에도 점화원 주위를 스크린이나 미세한 철망으로 격리시키면 점화가 확산되지 않는다는 사실이 알려져 왔다. 이러한 원리를 탄광 내 메탄가스가 체류되고 있는 장소에 적용하였는데, 1815년 Humphry Davy가 고안한 Davy 램프이다. 이는 램프의 주위를 미세한 금속 망으로 둘러싸면 내부의 불꽃이 외부의 메탄가스를 점화시키지 않을 뿐만 아니라, 위험가스의 존재를 탐지하는데 사용되기도 하였다.

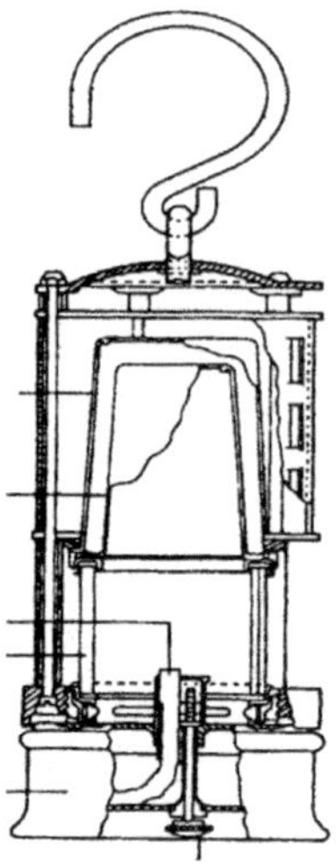


〈그림 2-3〉 Davy 램프

이러한 원리를 이용하여 가연성 물질을 연소할 경우 다른 쪽으로 확산되지 않는 최대 틈새가 있음을 규명하였다. 즉 어떠한 전기기계·기구의 용기접합면의 틈새가 길이에 비하여 아주 작을 경우 용기 내부에서 가연성 물질이 점화되더라도 그 폭발화염이 용기 외부로 확산되지 않음을 밝혔는데 이 틈새를 실험으로 결정한 것이 최대안전틈새이다. 이 틈새의 값은 가스나 증기를 분류하는데 사용되는 중요한 요소 중의 하나이며, 이를 결정하는데 사용되는 실험기기는 <그림 2-4>에서와 같은 국제적으로 공인된 실험기기로 결정하였다.

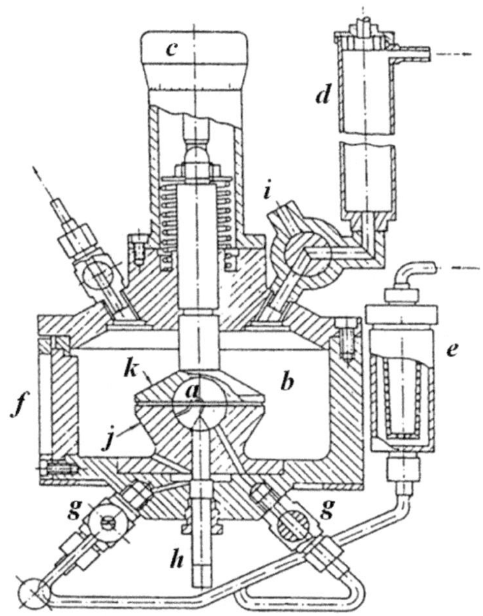


a. 내부용기
b. 외부용기
c. 지지대(Micro meter)
d. 펌프
e. 화염방지기
f. 관측창
g. 공급밸브
h. 전극
i. 배출밸브
j. 틈새조정 (고정부)
k. 틈새조정 (조정부)

**〈그림 2-4〉** 안전틈새 정하는 실험기기 (IEC60079-1A)

<그림 2-4>는 *a*, *b* 두개의 내·외부 용기로 구성된 구조로서, 내부 용기는 평면의 접합면을 가지며 틈새조정 장치로 틈새를 조정한다. 내·외부 용기 모두에 폭발성 가스 혹은 증기로 채운 후 내부 용기의 가스에 전극의 스파크를 이용해 점화를 시킨다. 외부 용기의 가스에 점화될 때까지 틈새를 미세조정하면서 과정을 반복한다. 외부용기에 점화가 될 때 측정한 틈새가 최대 안전틈새이다.

### (2) 최소 점화전류에 의한 분류

<그림 2-5>와 같이 인덕터는 자체 자기장 내에 전기에너지를 저장한다. 충전

된 유도성 회로에서 스위치를 개방하면 매우 짧은 시간에 전류가 영이 되고, 급격한 전류의 변화는 회로 차단의 양측에 전압을 유도하게 된다. 이 유도효과가 크면 큰 전압을 생성할 수 있고, 회로차단 지점에서 스파크가 발생한다.

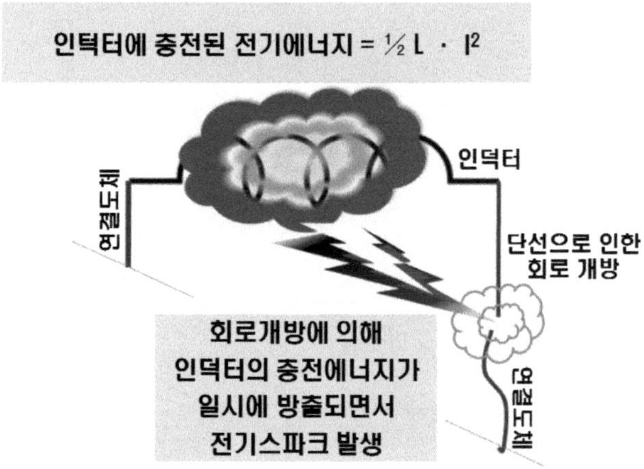


〈그림 2-5〉 최소 점화전류에 의한 전기스파크

이와 유사하게, 충전된 용량성 회로를 연결할 때 커패시터의 방전에너지는 회로차단의 양측에 스파크를 발생시킬 수 있다. 회로연결이 진행되는 동안 양 접점 사이에는 스파크가 생기면서 충전된 에너지가 방전되고, 회로가 완전히 연결이 된 이후 스파크는 소멸이 된다.

유도성 회로의 개방시 발생하는 스파크는 회로 중간에 절연이 되지 않으면 계속해서 스파크가 지속되며, 용량성 회로의 연결시 발생하는 스파크는 물리적으로 회로가 연결된 이후에는 소멸이 된다.

폭발위험분위기에서 사용하는 전기기계·기구 중 주변 가스 또는 증기의 최소 점화전류를 측정하여 전기스파크를 근원적으로 제한하는 본질안전 방폭구조가 있다. 이 경우 메탄가스의 최소점화전류를 기준으로 하여 주변의 대상 가스 또는 증기의 최소 점화전류를 측정하고, 이의 비율로서 가스 및 증기를 구분하기도 한다.

# 02 북미 기준에 의한 폭발위험장소의 구분

## 2-1. 구분절차

미국을 비롯한 북미 규정에서는 폭발위험장소의 구분을 여러 가지 형태의 그림으로 표시하고 있다. 인화성 물질을 취급하는 설비는 누출 가능성이 항상 있다는 것을 가정한 것이며, 상황에 따라 단일 누출원 또는 다중 누출원이 될 수도 있다. 공정설비 중 누출원이 될 수 있는 펌프, 압축기, 탱크 및 열교환기의 플랜지 등 연결부위, 밸브, 피팅 및 계기 등이 폭발위험장소 경계를 정하는 기준이 된다.

그리고 하나의 설비에서 여러 개의 누출원이 있을 수 있으나, 각각의 누출지점에 대해 폭발위험장소를 구분하는 것은 경제적인 측면에서 바람직하지 못하므로, 설비전체를 한 장소로 구분하고 있다.

또한, 대부분의 가스 및 증기가 그러하듯이 증기밀도는 공기보다 무거운 것으로 간주하였다. 그러나 수소나 메탄가스처럼 공기보다 가벼운 것은 쉽게 확산되므로, 이에 대한 별도의 그림을 추가하여 사용한다.

그리고 액화수소나 LNG와 같은 물질이 극저온 상태에서 처음 누출될 때는 저온으로 인하여 공기보다 무거울 수 있으므로 특별한 주의를 요구한다.

### (1) 폭발위험장소 구분의 기본원칙

위험장소의 경계는 사업장의 각종 실험 데이터와 적절한 가중치 등 실제 여건을 조사·분석하여 정하였다. 인화성물질의 취급·저장량 또는 온도에 따라 운전조건이 다르므로, 대단위 정유공장에서 사용되는 폭발위험장소의 경계는 적은 양을 취급하는 소규모 공정설비의 경우보다 더 엄격히 적용할 필요가 있다. 펌프, 교반기 축의 밀봉장치, 배관 플랜지 및 밸브에서 누출될 수 있는 양과 이의 확산범위는 공정 설비의 규모와 유량, 운전압력 등에 의하여 결정된다.

공장 전체를 대상으로 구분할 것인지, 공정 설비별로 구분할 것인지를 결정하는 데는 공정설비의 규모, 유량, 압력 등이 고려되어야 한다. 일반적으로 소규모의 설비는 누출원인별로 폭발위험장소를 구분할 수 있으나, 대단위 고압 플랜트의 경우는 플랜트 전체를 구분하는 것이 바람직하다. 북미규정에서는 인화성물질의 취급량, 최대운전압력, 최대운전유량에 따라 <표 2-5>와 같이 공정설비를 대, 중, 소로 구분하였다. 그리고 규모가 "소"이고 최대운전압력이 "대"에 해당할 경우에는 양자 중 폭발위험장소를 넓게 설계하는 "대"를 선정하도록 하고 있다.

〈표 2-5〉 설비의 규모, 최대운전압력, 최대운전유량의 구분

| 구 분 | 단 위 | 소/저 | 중 | 대/고 |
|---|---|---|---|---|
| 규 모 | $m^3$ | 18이하 | 18∼93 | 93 초과 |
| 최대운전압력 | $kg/cm^2$ | 7 이하 | 7∼35 | 35 초과 |
| 최대운전유량 | ℓ/분 | 380 이하 | 380∼1900 | 1,900초과 |

### (2) 폭발위험장소의 구분절차

#### (가) 취급·저장물질의 검토

공정 내의 취급·저장물질이 아래의 사항 중 어느 조건 하나라도 해당되면 폭발위험장소를 검토하여야 한다.

- 인화성 액체 또는 가스가 존재하는 경우
- 인화성 물질이 인화점 이상에서 취급 또는 저장되는 경우

#### (나) 폭발위험장소의 등급구분

인화성물질에 대한 폭발위험장소 구분이 필요한 경우 다음 기준에 따라 위험등급을 구분하여야 한다.

① 0종 장소

아래 사항 중 어느 조건 하나라도 해당되는 경우에는 0종 장소로 구분한다.

- 인화성물질을 저장하는 용기내부 공간이 불활성가스로 채워지지 않은 경우
- 인화성 물질이 연속 또는 장기적으로 공기 중에 노출되는 경우

② 1종 장소

아래 사항 중 어느 조건 하나라도 해당되면 1종 장소로 구분한다.

- 정상운전 조건하에서 위험분위기가 존재할 수 있는 경우
- 보수, 수리 또는 누출로 인하여 위험분위기가 빈번히 발생될 수 있는 경우
- 공정의 기기, 용기, 배관의 사고로 인해 인화성물질의 누출과 동시에 전기설비의 사고를 야기할 수 있는 경우
- 환기가 부적절한 지역 내의 배관에 인화성물질이 존재하고, 배관에서 누설이 발생 가능한 경우
- 인화성 증기 또는 가스가 축적될 수 있는 바닥면 이하의 장소가 있는 경우

③ 2종 장소

아래 사항 중 어느 조건 하나라도 해당되는 경우에는 2종 장소로 구분한다.

- 환기가 부적절한 지역 내의 배관에 인화성물질이 있으나, 누설될 것 같지는 않은 경우
- 환기가 부적절한 지역 내의 인화성물질을 처리하는 기기에서, 가스켓 또는 패킹 등의 결함과 같은 비정상적 상황에서만 위험물질이 누출될 수 있는 경우
- 1종 장소 근접장소로서 트렌치, 배관, 덕트 등으로 인화성 증기 또는 가스가 침입할 수 있는 경우
- 환기설비의 고장 또는 비정상인 동작으로 인해 위험분위기를 조성할 수 있는 경우

(다) 폭발위험장소의 범위

폭발위험장소의 종별이 결정되면 해당 폭발위험장소의 범위를 결정하여야 한다. 이때 필요한 폭발위험장소의 범위는 인화성물질의 취급량, 최대운전압력, 최대운전유량 등을 고려하여 2-3절에 예시된 그림을 참조하여 결정한다.

## 2-2. 변전실 및 제어실의 폭발위험장소 관리

각종 전기기계기구 및 제어반을 수용하고 있는 변전실, 제어실 등은 가능한 폭발위험장소로부터 충분히 이격하여 설치하는 것이 이상적이다. 그러나 공간이 비좁아 이격거리를 충분히 확보할 수 없거나, 공정제어 목적상 부득이 폭발위험장소 내에 설치하게 될 경우에는 원칙적으로 변전실 및 제어실의 모든 전기설비를 방폭형으로 사용해야 한다. 그러나 적합한 방폭형 기기의 제작과 과중한 경제적 부담의 문제점으로 인해 현실성이 없다. 따라서 폭발위험장소 내에 위치한 변전실 및 제어실에는 내부에 깨끗한 공기를 불어넣어 실내가 항상 일정한 수준 이상의 양압을 유지토록 한다. 이렇게 함으로써 외부 폭발성 가스의 침입을 방지하여 비위험장소로의 구분이 가능하며, 변전실 및 제어실 전체의 전기설비를 비현실적인 방폭형 전기설비로 설치하는 것을 배제하고 일반 전기설비로 설치하여 사용하는 것이 바람직하다.

### (1) 양압유지

폭발위험장소 내에 있는 변전실 또는 제어실을 양압으로 유지하는 방법에는 냉·난방용 공기조화 설비가 사용되며 다음과 같이 시설한다.

(가) 제어실의 모든 개구부를 닫은 상태에서 내부 압력을 25 파스칼 이상으로 유지한다.

(나) 모든 개구부를 개방한 상태에서 0.3 m/sec 이상의 속도로 실내의 공기를 방출시킬 수 있어야 한다.

## (2) 공기조화 설비

공기조화 설비는 변전실 또는 제어실의 내·외부에 설치할 수 있으나, 외부 또는 제어실 벽면에 설치할 경우에는 방폭형을 사용하여야 하며, 다음과 같이 설치한다.

(가) 가연성 가스 탐지기를 제어실 내에 설치한다.

(나) 공기조화 설비가 양압을 유지하지 못할 경우를 대비하여 방폭형 팬 모터 및 스위치를 설치한다.

(다) 양압용 팬 모터의 전원은 제어실 조작전원 스위치보다 상단회로에서 인출한다.

(라) 제어실이 1종 지역에 위치한 경우에는 양압 실패 시 강제송기를 하도록 하고, 모든 제어전원이 차단되어야 한다. 만약 공정의 특성상 제어전원을 차단하지 못하는 경우에는 양압을 위한 공기조화 설비를 다중화 해야 한다.

(마) 가스감지기 및 연기감지기로 인화성 증기 또는 가스를 지속적으로 검출하여 경보장치가 동작되도록 하여야 하며, 검출된 경우에는 상황에 따라 공기조화 설비를 정지시킬 수 있어야 한다.

## (3) 공기송급

공기조화 설비의 공기송급은 양압 유지와 근로자의 쾌적함, 인화성 가스의 침입방지를 위한 것이므로 여과장치가 설치되어야 한다.

(가) 공기조화설비의 흡기구는 인화성 증기 및 가스, 기타 오염된 공기가 없는 곳에 설치한다.

(나) 공기 중의 부유입자 및 부식성 증기를 흡수하는 필터를 흡기구에 설치한다.

## 2-3. 폭발위험장소의 구분 예시

### (1) 인화성 액체를 취급하는 옥외 지표면의 누출원

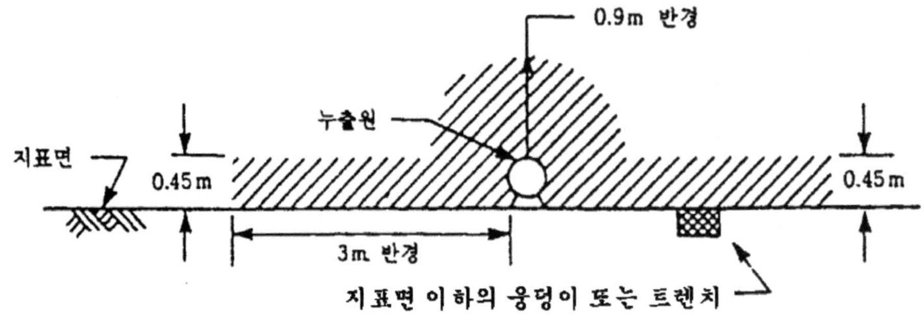


〈표 2-6〉 인화성 액체

| 구 분 | 소 | 중 | 대 |
|---|---|---|---|
| 설비규모 | √ | √ | |
| 압 력 | √ | √ | |
| 유 량 | √ | √ | |

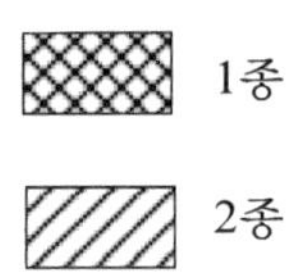

### (2) 인화성 액체를 취급하는 환기가 충분한 옥내 지표면의 누출원

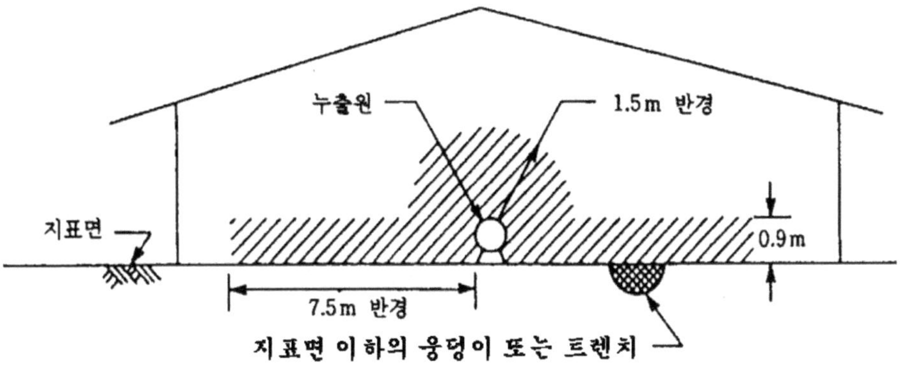


〈표 2-7〉 인화성 액체

| 구 분 | 소 | 중 | 대 |
|---|---|---|---|
| 설비규모 | √ | √ | |
| 압 력 | √ | √ | |
| 유 량 | √ | √ | |

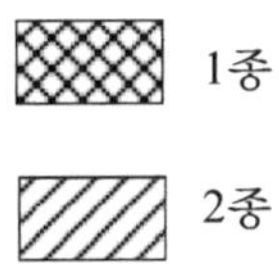

(3) 인화성 액체 또는 가스, 인화성 압축가스 또는 초저온액체를 취급하는 옥외 지표면의 누출원

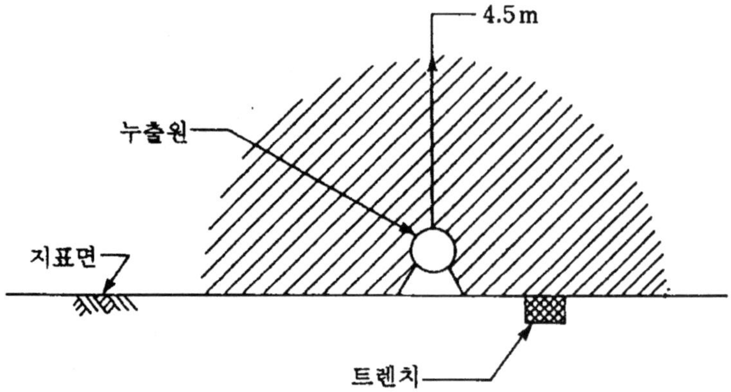


〈표 2-8〉 인화성 액체

| 구 분 | 소 | 중 | 대 |
|---|---|---|---|
| 설비규모 | √ | √ | |
| 압 력 | | √ | √ |
| 유 량 | √ | √ | |

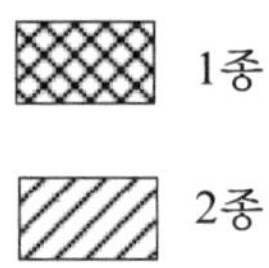

## (4) 인화성 액체를 취급하는 옥외 바닥면의 누출원

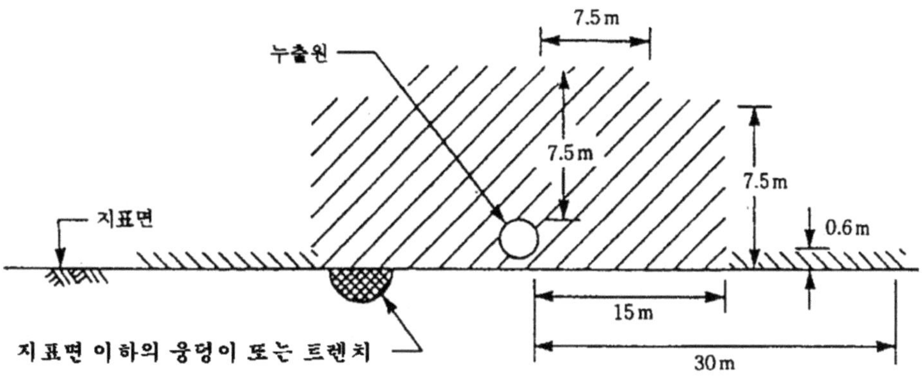


〈표 2-9〉 인화성 액체

| 구 분 | 소 | 중 | 대 |
|---|---|---|---|
| 설비규모 | | | √ |
| 압 력 | | √ | √ |
| 유 량 | | | √ |

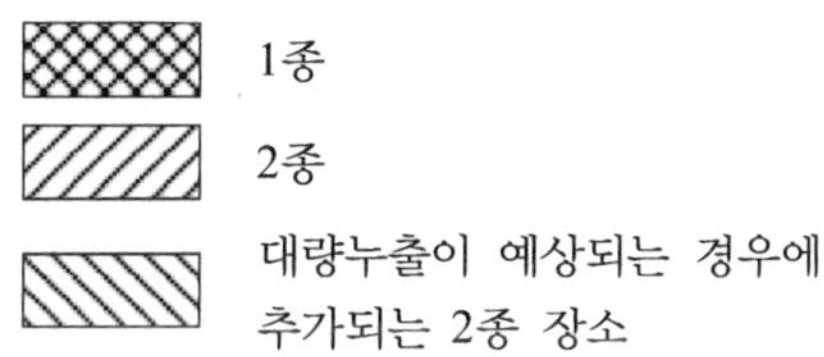

### (5) 인화성 액체를 취급하는 환기가 불충분한 옥내·외의 누출원

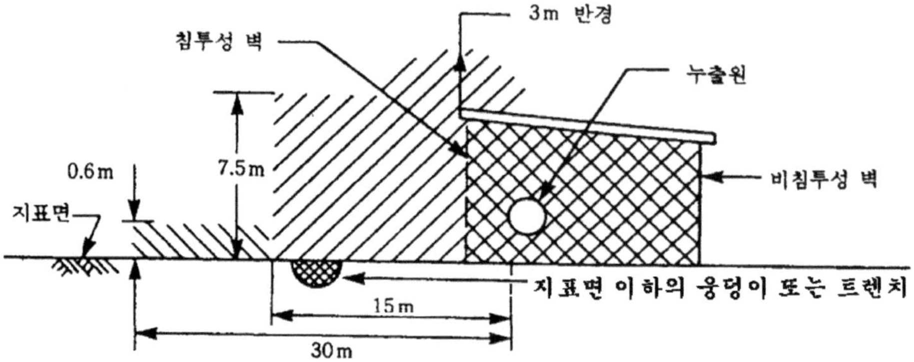


〈표 2-10〉 인화성 액체

| 구 분 | 소 | 중 | 대 |
|---|---|---|---|
| 설비규모 | | √ | √ |
| 압 력 | | | √ |
| 유 량 | | √ | √ |

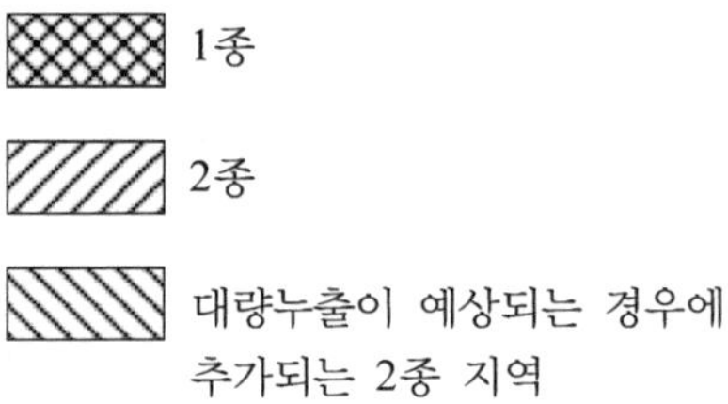

### (6) 인화성 액체를 취급하는 환기가 충분한 옥외의 다중 누출원

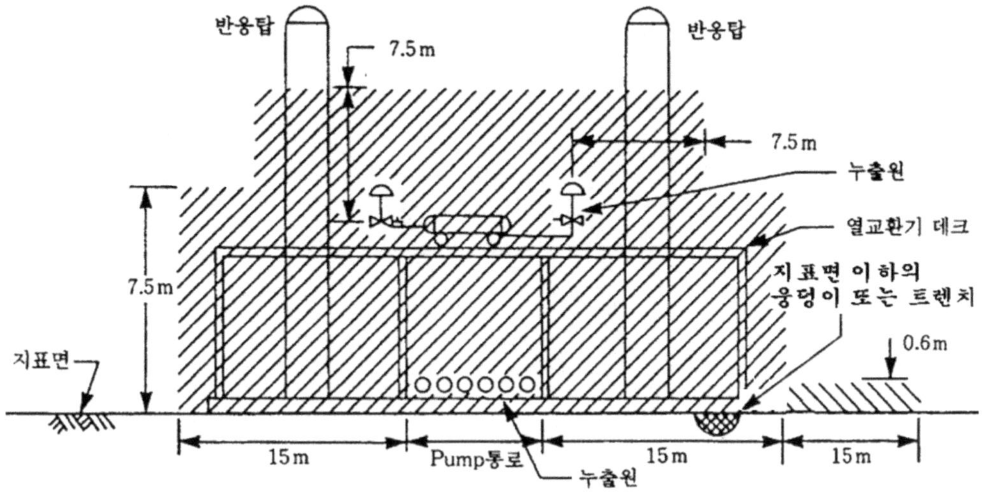


〈표 2-11〉 인화성 액체

| 구　분 | 소 | 중 | 대 |
|---|---|---|---|
| 설비규모 | | √ | √ |
| 압　력 | | √ | √ |
| 유　량 | | √ | √ |

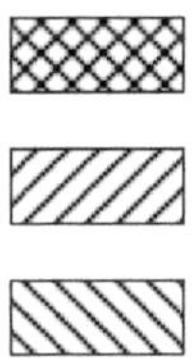

1종

2종

대량누출이 예상되는 경우에 추가되는 2종 지역

(7) 인화성 액체를 취급하는 환기가 충분한 옥외의 다중 누출원

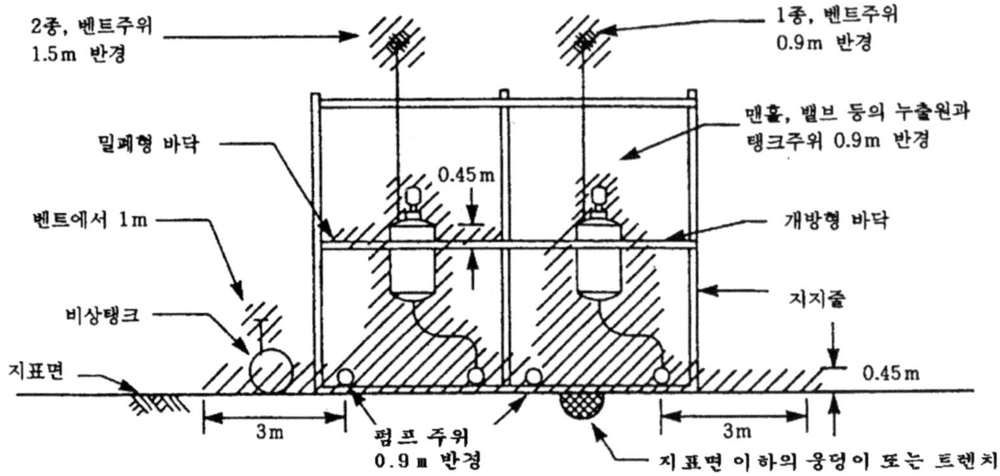


〈표 2-12〉 인화성 액체

| 구 분 | 소 | 중 | 대 |
|---|---|---|---|
| 설비규모 | √ | √ | |
| 압 력 | √ | √ | |
| 유 량 | √ | √ | |

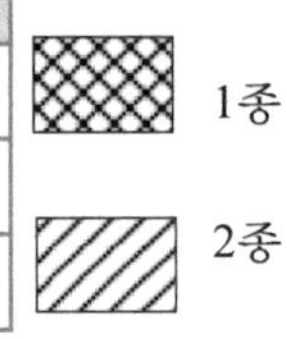

## (8) 인화성 액체를 취급하는 환기 충분한 옥내의 다중 누출원

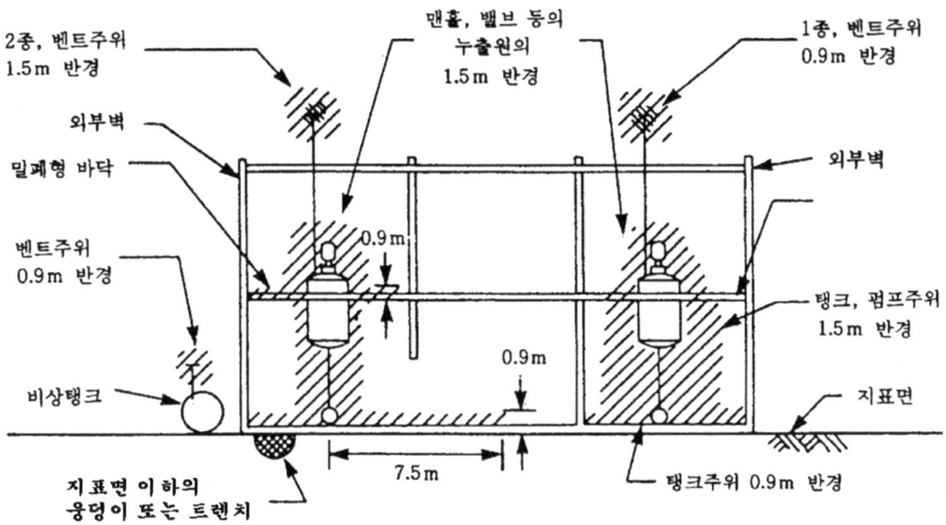


〈표 2-13〉 인화성 액체

| 구 분 | 소 | 중 | |
|---|---|---|---|
| 설비규모 | √ | √ | |
| 압 력 | √ | √ | |
| 유 량 | √ | √ | |

### (9) 가연성 액체를 저장하는 옥외 저장탱크

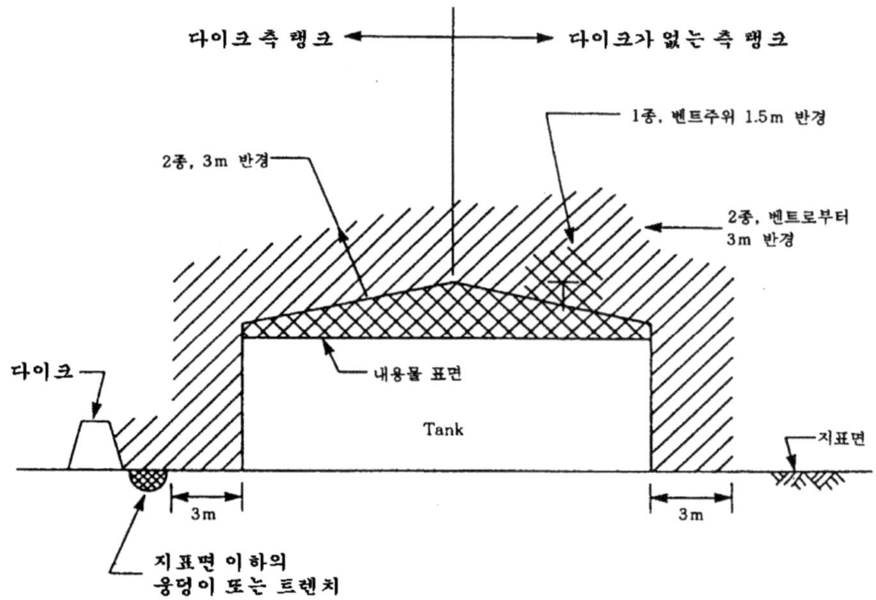


〈표 2-14〉 인화성 액체

| 구　분 | 소 | 중 | 대 |
|---|---|---|---|
| 설비규모 | | √ | √ |
| 압　력 | | | √ |
| 유　량 | | √ | √ |

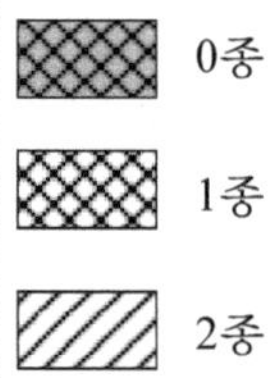

### (10) 액화수소를 환기가 충분한 옥내 또는 옥외에서 저장하는 용기

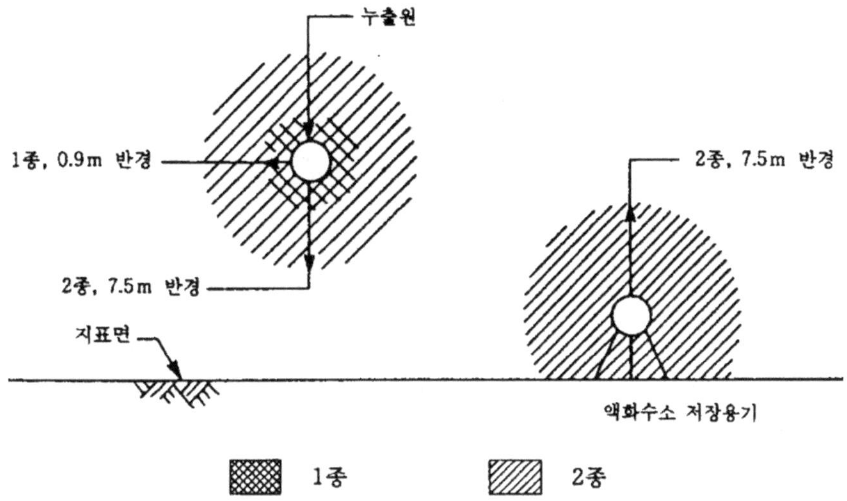


### (11) 수소를 환기가 충분한 옥내 또는 옥외에 저장하는 용기

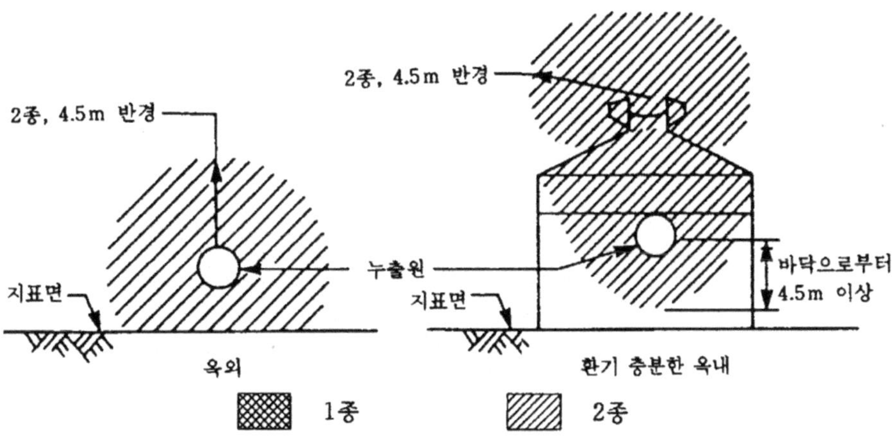

(12) 공기보다 가벼운 가스를 취급하는 환기가 충분한 장소의 압축기 (옥내)

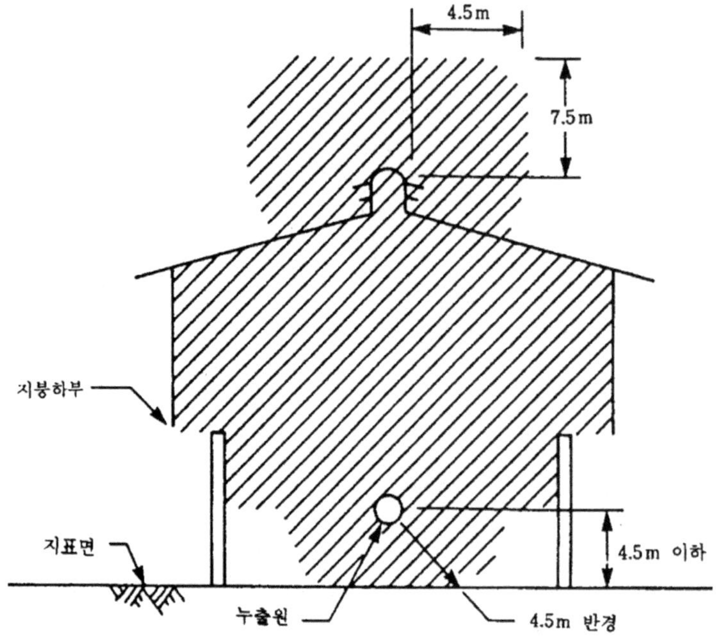


(13) 공기보다 가벼운 가스를 취급하는 환기가 불충분한 장소의 압축기

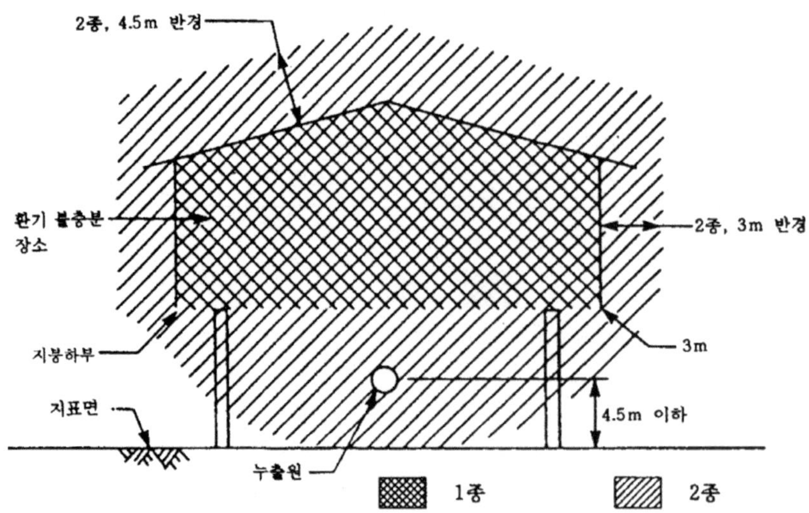

# 2-4. 스프레이, 디핑, 코팅장의 지역구분

## (1) 밀폐지역의 스프레이 장소

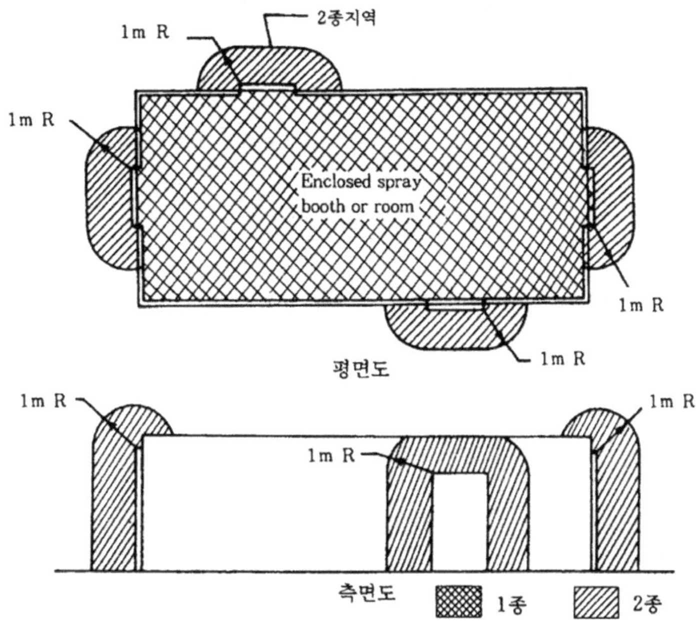


## (2) 개방형 디핑 장소

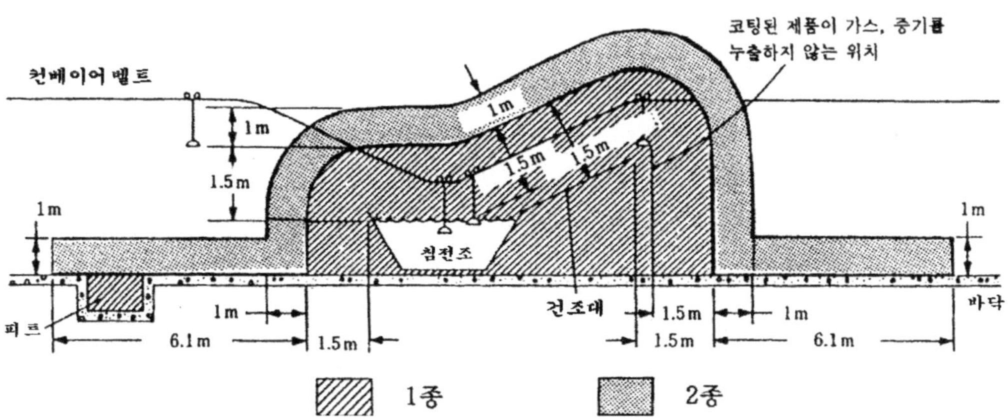

# 03 국내 기준에 의한 폭발위험장소 구분

## 3-1. 폭발위험장소의 설정기준

### (1) 기본원칙

인화성물질을 저장 또는 취급하는 곳의 설비는 정상작동 여부에 관계없이 항상 누출시간 및 양에 의해 결정되는 폭발위험장소의 범위가 최소가 되도록 운영되어야 한다. 그리고 위험분위기가 조성될 우려가 높은 곳에서는 점화원이 될 가능성이 낮은 전기기기의 사용을 우선적으로 선정하는 것이 바람직하다.

또한, 인화성 증기 또는 가스의 누출이 불가피한 공정설비는 가능한 한 정상운전 상태에서는 누출되지 않는 2차 누출등급으로 제한하고, 이것이 곤란할 경우에는 누출량과 누출속도를 최대한 억제하여야 할 것이다. 필요한 경우, 비정상적인 작동 시에도 대기 중으로 누출되는 양을 최소화하여 폭발위험장소의 범위를 줄이기 위해 공정설비의 적정 배치를 검토하는 것도 필요하다.

### (2) 인화성물질의 특성 검토

폭발위험장소를 구분할 경우에는 먼저 사용물질의 기초적 사항을 고려하여야 한다. 인화성 증기 또는 가스가 누출되었을 때 폭발위험분위기를 형성하는 범위는 비중에 따라 달라진다. 즉, 공기보다 가벼운 증기 또는 가스는 급속히 상부 방향으로 확산될 것이고, 공기보다 무거운 경우에는 지표면을 따라 서서히 확산되는 경향이 있다. 그러므로 폭발위험장소의 범위는 비중이 무거운 쪽이 더 넓게 나타난다. 그리고 압축되어 액체 상태로 취급·저장되는 가스는 누출되는 즉시 기화·팽창되면서 공기보다 무거운 가스와 유사하게 지면을 따라 확산될 것이다. 또한, 일반적으로 -101℃ 이하에서 취급되는 초저온 액체 혹은 초저온 액화가스는 소량누출 시에는 누출 즉시 기화·팽창을 하게 되나, 다량누출 시에는 인화성 액체와 같이 액체 상태를 유지하여 수평방향으로 이동한 후 주위 열을 흡수함에 따라 수직방향으로 기화하게 된다.

## 3-2. 폭발위험장소의 선정 절차

### (1) 누출원의 파악

폭발위험장소 설정을 위한 기본요소는 누출원의 파악과 누출등급의 결정이다. 폭발위험분위기는 인화성 증기 또는 가스가 공기 중에 존재할 경우에만 생성되기 때문에 이 물질이 해당 장소에 존재할 수 있는지를 파악하여야 한다. 즉, 인화성물질이 공정설비 내에 저장되어 있는 경우, 설비 내부의 증기나 가스의 존재 여부와 이의 누출로 외부에 위험분위기를 형성시킬 수 있는지를 검토하여야 한다.

(가) 탱크 · 펌프 · 배관 · 용기 등 공정설비의 모든 구성요소는 잠재적인 인화성물질의 누출원으로 간주한다. 다만, 이들 구성요소가 인화성물질을 저장하지 않거나 전체 배관이 용접되어 대기 중으로 방출할 가능성이 전혀 없는 경우에는 누출원으로 고려하지 않는다.

(나) 인화성 증기 또는 가스가 누출되는 경우, 누출빈도와 지속시간에 의한 누출등급을 정할 필요가 있다. 누출등급은 "연속," "1차," "2차"로 구분되며, 이는 위험장소의 형태와 범위에 영향을 미치는 누출량과 기타 요소를 결정하는데 필요하다.

(다) 실험실에서처럼 누출될 수 있는 인화성물질의 양이 매우 작은 경우에는 폭발위험장소를 설정하는 것이 적절하지 않을 수 있다. 이러한 경우에는 사용물질과 관련된 위험성을 평가하여, 인화성 증기 또는 가스의 단기간 소량 누출에 대해 위험물질의 차단 및 환기 등의 별도 안전대책을 수립하여 시행하는 것이 더 효과적일 것이다.

(라) 소각로, 화로, 보일러, 가스터빈 등 가스 등을 태우는 공정설비에서의 폭발위험장소 구분은 퍼지주기, 기동 및 정지조건을 고려한다.

(마) 액체가 분사되어 미스트를 형성하는 경우에는 인화점보다 낮은 온도에서도 점화가 될 수 있으므로, 미스트 구름(cloud)이 생성되지 않도록 한다.

### (2) 누출원의 누출등급

누출등급은 누출형태에 따라 세 등급으로 분류하며, 누출원은 3가지 누출등급 중의 하나 또는 그 이상이 조합된 형태로 존재할 수 있다.

(가) 연속 누출원

연속 누출은 연속적 또는 장기간 발생할 수 있는 누출을 말한다.

① 대기 중으로 연속 누출시키는 고정지붕식 저장탱크 내부의 인화성 액체 표면

② 대기 중에 개방되어 있는 유수분리기와 같은 인화성액체의 표면

(나) 1차 누출원

1차 누출은 정상작동 중에 주기적 또는 때때로 발생할 수 있는 누출을 말한다.

① 정상작동 중 인화성물질이 누출될 수 있는 압축기 · 밸브 · 펌프 등의 기밀부

② 정상작동 중 인화성물질이 누출될 수 있는 시료 채취점과 같은 저장용기의 배출구

③ 정상작동 중 인화성물질이 누출될 수 있는 안전밸브와 통기구

(다) 2차 누출원

2차 누출은 정상작동 중에는 발생하지 않으나, 발생할 경우에는 간헐적이거나 단시간 동안의 누출을 말한다.

① 정상작동 중에는 인화성물질의 누출이 예상되지 않는 압축기 · 밸브 · 펌프 등의 기밀부

② 정상작동 중에는 인화성물질의 누출이 예상되지 않는 플랜지 · 연결부위 ·

파이프 피팅류

③ 정상작동 중에는 대기 중으로 인화성물질의 누출이 예상되지 않는 안전밸브와 통기구

(라) 누출등급의 평가

누출등급의 잘못된 평가는 전체 절차의 결과를 손상시킬 수 있다. 누출등급이 정의되어 있더라도, 실제에 있어서 누출등급을 엄격히 구분하는 것은 쉽지가 않다. 예를 들어, 일반적으로 정상작동 중 발생하지 않는 모든 누출은 2차 누출등급으로 고려하고, 누출 예상기간은 무시하는 것으로 생각한다. 그러나 2차 누출등급의 개념은 짧은 기간 동안만 누출이 지속된다는 가정에 기초한 것이다. 이는 잠재적으로 지속 가능한 누출사고가 누출 시작 후 즉시 감지되고, 이에 대한 시정조치가 가능한 한 빨리 취해진다는 전제를 내포하고 있다. 이러한 가정은 정기적인 감시와 기계의 정비 문제와도 결부된 것이다. 정기적인 감시와 정비가 불량하다면, 누출상태는 발견될 때까지 며칠은 아니더라도 수 시간 동안 지속될 수 있음은 분명하다. 그러나 이러한 감지의 지연이 누출등급을 연속 또는 1차 등급으로 취급해야 된다는 것을 의미하지는 않는다. 오랫동안 누출을 감지하기 어려운 먼 곳에 설치된 설비가 많을지라도, 이러한 설비에 대해서는 합리적인 주기로 감시와 검사가 시행되어야 할 것이다. 그러므로 누출등급의 평가는 설비의 감시 및 검사가 제조업체의 지침, 관련 규정 및 규약, 합리적인 기술적 관행에 따라 타당한 방법으로 수행될 것이라는 가정에 기초하여 주의 깊게 고려되어야 한다. 지역구분이 불량한 정비를 대신할 수는 없으며, 불량한 정비관행은 지역구분의 기준 자체를 손상시킬 수 있다는 것을 명심해야 한다.

1차 누출등급의 정의에 명확하게 적합한 누출의 경우가 많다. 그러나 누출의 특성을 자세히 검토해 보면 누출원 주변에서 폭발분위기가 존재하지 않는다는 것을 합리적으로 확신할 수 없는 경우가 매우 자주, 그리고 매우 예측하기 어렵게 발생된다는 것을 알 수가 있다. 이러한 경우에는 1차 누출등급보다 오히

려 연속 누출등급의 정의가 더 적합할 수 있다. 따라서 연속 누출등급의 정의는 연속누출뿐만 아니라 매우 자주 발생하는 누출도 포함하고 있다.

### (3) 누출량의 계산

누출량이 크면 클수록 폭발위험장소의 범위는 커진다. 누출원이 주어지는 경우 누출량은 누출율에 따라 증가하며, 공정설비에서의 누출율은 공정압력과 기하학적 구조와 관련된다. 인화성 액체의 경우, 인화점이 최고 사용온도보다 높을 경우에는 위험분위기가 생성되지 않지만, 인화점이 낮을수록 위험장소의 범위는 넓어지게 된다. 그러나 인화성 액체가 분사되어 안개 형태로 누출될 경우 인화점 이하에서도 폭발위험분위기가 형성될 수 있다. 또한, 온도의 증가에 따라 증기압은 증가되고, 이 증기압의 증가는 증발량을 많게 하여 누출량을 증가시킨다.

#### (가) 누출원이 개방된 액체표면인 경우

대부분의 액체온도는 끓는점보다 낮으므로, 증기 누출량은 주로 다음 변수들에 의하여 결정된다.

- 액체 온도
- 증발표면의 치수
- 액체 표면온도에서의 증기압
- 환기

#### (나) 누출원이 거의 순간적으로 증기로 되는 액체인 경우

분출된 액체의 순간적인 증기화에 의한 누출량은 액체의 유량과 같고 다음 변수에 의하여 결정된다.

- 액체 압력
- 누출원의 기하학적 모양

(다) 누출원이 가스혼합물 누출인 경우

가스 누출량은 다음 변수에 의해 영향을 받는다.

- 가스를 저장하고 있는 설비 내의 압력
- 누출원의 기하학적 모양
- 누출된 혼합물 내의 가연성가스의 농도

(라) 누설공의 크기

시스템에서 누출을 추정할 때 가장 중요한 요소는 누출공의 크기이다. 누출된 가연성 물질의 누출속도는 궁극적으로 위험장소의 종류 및 위험지역의 범위를 결정하게 되며, 누출속도는 누출원 반경의 제곱에 비례한다. 누출공 크기의 하향 추정은 누출속도의 과소 평가로 나타나지만, 상향 추정은 안전측면에서는 받아들일 수 있겠으나 위험지역의 범위가 과도하게 클 수 있기 때문에 주의하여야 한다. 그러므로 누출공의 크기를 추정할 때 균형잡힌 접근방식이 필요하다. 누출원의 반경을 사용할 때 실제 현장에서는 구멍이 원형이 아니므로, 등가적인 면적으로 보상하기 위한 누출속도를 감소시키는 방출계수가 사용되기도 한다. 일반적으로, 연속 및 1차 누출에 대한 누출공의 크기는 누출원의 크기 및 형태, 예를 들어 상대적으로 조건예측이 가능한 벤트 및 브리더 밸브 등에 의해 정의된다. 적용 가능한 누출공 크기의 예시가 <표 2-15>에 나타나 있다. 도표의 범위 값 중 작은 값은 고장 가능성이 낮은 이상적인 조건, 예를 들면 설계 용량보다 훨씬 낮은 조건에서 운전하는 경우에 선택하게 된다. 반면, 범위 중 높은 값은 고장 가능성이 높은 설계 용량에 가까운 운전조건이거나 진동, 온도 변화, 혹독한 환경조건 또는 가스의 오염 등의 악 조건에서 운전할 때 선택한다. 일반적으로 무인설치는 심각한 사고 시나리오를 예방하기 위한 특별한 조치가 필요하며, 누출공의 크기를 선정한 근거는 적절히 문서화 되어야 한다.

〈표 2-15〉 2차 누출등급에 관한 누출공 크기의 예시

| 예시 | 누설 조건 | | |
|---|---|---|---|
| | 누출부가 확장되지 않는 조건일 때의 크기 S ($mm^2$) | 누출부의 부식처럼 확장 조건일 때의 크기 S ($mm^2$) | 누출부의 분출처럼 최악 조건일 때의 크기 S ($mm^2$) |
| 압축 섬유질 또는 유사한 가스켓을 갖는 플랜지 | ≥ 0.025 ~ 0.25 | > 0.25 ~ 2.5 | 두 볼트간의 간격 × 가스켓 두께 (보통 1mm 이상) |
| 나권형 또는 유사한 가스켓을 갖는 플랜지 | 0.025 | 0.25 | 두 볼트간의 간격 × 가스켓 두께 (보통 0.5 mm 이상) |
| 환형 연결접속 | 0.1 | 0.25 | 0.5 |
| 50 mm까지의 소구경 연결(1) | ≥ 0.025 ~ 0.1 | > 0.1 ~ 0.25 | 1.0 |
| 밸브 스템 패킹 | 0.25 | 2.5 | 2.5 $mm^2$ 이상의 제작자 자료에 따름(5) |
| 압력 릴리프밸브(2) | 0.1 (orifice section) | NA | NA |
| 펌프와 압축기(3) | NA | ≥ 1 ~ 5 | 5 $mm^2$ 이상의 제작자 자료 또는 공정 자료에 따름(4 및 5) |

주 1 소구경 배관의 링 연결, 나사연결, 압축연결 (예로서, 금속 압축이음매), 래피드 연결시 제안하는 누출면적
주 2 이 항목은 밸브의 완전개방을 의미하는 것이 아니라 밸브 구성요소의 고장으로 인한 여러 형태의 누설을 의미한다. 특정의 경우에는 제안된 값보다 더 큰 누출공 면적이 요구될 수도 있다.
주 3 왕복 압축기 주 - 압축기의 프레임과 실린더에서는 일반적으로 누설되지 않지만 피스톤 로드의 패킹 및 공정시스템의 다양한 파이프 연결부위에서 누설된다.
주 4 제조업체의 자료 - 고장시 제조업체와의 협력은 (예로서, 밀봉장치와 관련된 상세도면의 이용) 고장의 영향을 평가하기 위해 필요하다.
주 5 공정자료 - 특정 상황 (예를 들어, 예비검토) 에서는 허용 가능한 가연성물질의 최대 누출속도를 결정하기 위하여 운전조건이 부족한 제조업체 자료를 보완할 수 있다.
주 6 기타 일반적인 값은 특정 조건에 관한 국가 또는 산업규격에서 찾을 수 있다.

### (4) 누출량의 계산 예시

다음의 예시는 인화성 액체와 가스의 개략적인 누출량을 제시하고 있다. 누출량을 좀 더 상세하게 추정하기 위하여 개구부의 특성, 예를 들면 방출계수나 방출형상에 대한 검토가 필요하다. 그러나 이러한 계수 값을 고려하지 않고 계산된 결과는 보수적인 설계를 위하여는 충분히 이용가능하다.

(가) 액체의 누출율

액체의 누출율은 다음의 식에 의해 간략히 추정할 수 있다.

$$\frac{dG}{dt} = S\sqrt{2\rho \Delta p}$$

여기에서,

$\frac{dG}{dt}$: 액체의 누출율 (시간당 질량, kg/s)

$S$ : 액체가 누출되는 개구부의 면적 (표면적, $m^2$)

$\rho$ : 액체의 밀도 (부피당 질량, $kg/m^3$)

$\Delta p$ : 누출부위에서의 차압 (Pa)

(나) 가스의 누출율

압축가스의 밀도가 액화가스 밀도보다 낮은 경우에는 저장용기로부터의 가스 누출이 단열팽창에 의해 진행될 것이다. 가스용기 내부의 압력이 임계압 $p_c$보다 높은 경우에는 가스의 누출속도가 음속 이상이 된다.

$$p_c = p_o \left[\frac{\Upsilon + 1}{2}\right]^{\Upsilon/(\Upsilon - 1)}$$

여기에서,

$p_o$ : 가스용기 외부의 압력

$\Upsilon$ : 단열팽창시의 비열계수

이상적인 가스에 대하여는 방정식 $\Upsilon = \dfrac{M c_p}{M c_p - R}$ 가 사용된다.

여기에서,

$c_p$ : 정압상태에서의 잠열 (J $kg^{-1}K^{-1}$)

$M$ : 가스의 몰 질량 (kg/kmol)

$R$ : 가스상수 (8314 J $kmol^{-1}K^{-1}$)

① **음속 이상의 가스속도를 갖는 가스의 누출율**

음속 이상의 가스속도는 이론적으로 해당 가스의 최대 음속과 같다. 가스의 속도가 음속 이상인 경우 저장용기로부터의 가스 누출율은 다음의 식에 의해 간략히 추정할 수 있다.

$$\frac{dG}{dt} = S p \sqrt{\Upsilon \frac{M}{RT}} \left[ \frac{2}{\Upsilon + 1} \right]^{(\Upsilon+1)/2(\Upsilon-1)}$$

여기에서,

$\dfrac{dG}{dt}$ : 가스의 누출율 (시간당 질량, kg/s)

$p$ : 저장용기 내부의 압력 (Pa)

$\Upsilon$ : 단열팽창시의 비열계수

$S$ : 가스가 누출되는 개구부의 면적 (표면적, $m^2$)

$M$ : 가스의 몰 질량 (kg/kmol)

$T$ : 저장용기 내부의 절대온도 (K)

$R$ : 가스상수 (8314 J $kmol^{-1}K^{-1}$)

방출 부위에서의 가스속도는 음속과 같으며, 다음 식에 의해 계산한다.

$$V_s = \sqrt{\Upsilon \frac{RT}{M}}$$

② 음속 미만의 가스속도를 갖는 가스의 누출율

음속 미만의 가스속도는 해당 가스의 최대 음속보다 작다. 가스의 속도가 음속 미만인 경우 저장용기로부터의 가스 누출율은 다음의 식에 의해 간략히 추정할 수 있다.

$$\frac{dG}{dt} = S\,p\sqrt{\frac{M}{RT}\,\frac{2\Upsilon}{\Upsilon-1}\left[1-\left(\frac{p_o}{p}\right)^{(\Upsilon-1)/\Upsilon}\right]}\left(\frac{p_o}{p}\right)^{1/\Upsilon}$$

여기에서,

$\frac{dG}{dt}$ : 가스의 누출율 (시간당 질량, kg/s)

$p$ : 저장용기 내부의 압력 (Pa)

$p_o$ : 저장용기 외부의 압력 (Pa)

$S$ : 가스가 누출되는 개구부의 면적 (표면적, $m^2$)

$M$ : 가스의 몰 질량 (kg/kmol)

$T$ : 저장용기 내부의 절대온도 (K)

$\Upsilon$ : 단열팽창시의 비열계수

$R$ : 가스상수 (8314 J $kmol^{-1}K^{-1}$)

방출 부위에서의 가스속도는 다음 식에 의해 계산할 수 있다.

$$V_o = \frac{dG/dt}{\rho_o S}$$

여기에서,

$V_o$ : 방출부위에서의 가스속도 (m/s)

$\rho_o = \rho\left(\frac{p_o}{p}\right)^{1/\Upsilon}$ : 저장용기 내부의 가스밀도가 $\rho$일 때의 팽창가스 밀도 ($kg/m^3$)

저장용기 내부의 가스밀도는 다음 식에 의해 계산된다.

$$\rho = \frac{pM}{RT}$$

### 예시 1　인화성 액체의 누출

○ 저장설비 : 아세톤으로 채워진 3 m 높이의 저장탱크
○ 운전조건 : 저장용기 브리더 밸브의 설정치는 +0.05 bar
○ 사고내용 : 저장용기 하부의 플랜지 손상으로 1 $mm^2$의 구멍을 통해 아세톤이 누출

**〈누출율의 계산〉**

$\rho = 790\,kg/m^3$ : 액상 아세톤의 밀도
$S = 10^{-6}\,m^2$ : 누출 단면적
$\Delta h = 3\,m$ : 아세톤의 액체표면과 누출구멍 사이의 높이
$g = 9.81\,m/s^2$ : 중력가속도
$\Delta p_v = 5 \times 10^3$ Pa : 브리더 밸브의 설정치 (저장용기 최고높이에서 최대압력 발생 가정)

누출되는 구멍에서의 최대 차압은

$$\Delta p = \Delta p_v + \rho g\,\Delta h = 5\times10^3 + 790\times9.81\times3 = 2.8\times10^4 \text{ Pa}$$

이때의 누출율은

$$\left(\frac{dG}{dt}\right)_{max} = S\sqrt{2\rho\Delta p} = 10^{-6}\times\sqrt{2\times790\times2.8\times10^4} = 6.7\times10^{-3} \text{ kg/s}$$

### 예시 2　음속 이상의 가스 누출

○ 저장설비 : 수소를 이송 중인 가스배관
○ 운전조건 : 수소가스 배관 내의 온도 20℃, 압력 11 bar
○ 사고내용 : 플랜지 손상으로 2.5 $mm^2$의 구멍을 통해 수소가스가 대기로 누출

**〈누출율의 계산〉**

$p = 11\times10^5$ Pa : 배관 내부의 압력
$T = 293$ K : 절대온도
$M = 2$ kg/kmol : 수소의 몰 질량
$S = 2.5\times10^{-6}$ $m^2$ : 누출 단면적
$\Upsilon = 1.41$ : 수소가스 단열팽창시의 비열계수

여기에서 임계압 $p_c$는

$$p_c = p_o \left[\frac{\Upsilon+1}{2}\right]^{\Upsilon/(\Upsilon-1)} = 10^5 \times \left(\frac{1.41+1}{2}\right)^{1.41/(1.41-1)} = 1.9 \times 10^5 \text{ Pa}$$

$p > p_c$이므로, 누출가스의 속도는 음속 이상이 된다. 그러므로 가스 누출율은

$$\frac{dG}{dt} = Sp\sqrt{\Upsilon\frac{M}{RT}}\left[\frac{2}{\Upsilon+1}\right]^{(\Upsilon+1)/2(\Upsilon-1)}$$

$$= 2.5 \times 10^{-6} \times 11 \times 10^5 \times \sqrt{1.41 \times \frac{2}{8.3 \times 10^3 \times 293}} \times \left(\frac{2}{1.41+1}\right)^{(1.41+1)/[2\times(1.41-1)]}$$

$$= 1.7 \times 10^{-3} \text{ kg/s}$$

## 예시 3 음속 미만의 가스 누출

- ○ 저장설비 : 메탄가스 저장용기
- ○ 운전조건 : 저장온도 -20 ℃, 저장용기의 릴리프 밸브 설정치는 +0.005 bar
- ○ 사고내용 : 저장용기의 오동작으로 10 $cm^2$의 구멍을 통해 가스가 대기로 방출

**〈누출율의 계산〉**

$p$ = $1.005 \times 10^5$ Pa : 저장용기의 내부 압력

$p_o$ = $10^5$ Pa : 대기압

$T$ = 253 K : 절대온도

$M$ = 16 kg/kmol : 메탄의 몰 질량

$S$ = $10^{-3}$ $m^2$ : 누출 단면적

$\Upsilon$ = 1.32 : 메탄가스 단열팽창시의 비열계수

여기에서 임계압 $p_c$는

$$p_c = p_o \left[\frac{\Upsilon+1}{2}\right]^{\Upsilon/(\Upsilon-1)} = 10^5 \times \left(\frac{1.32+1}{2}\right)^{1.32/(1.32-1)} = 1.84 \times 10^5 \text{ Pa}$$

$p < p_c$ 이므로, 누출가스의 속도는 음속 미만이 된다.

$$\frac{p_o}{p} = 0.995$$

그러므로 가스의 누출율은

$$\frac{dG}{dt} = Sp\sqrt{\frac{M}{RT}\frac{2\Upsilon}{\Upsilon-1}\left[1-\left(\frac{p_o}{p}\right)^{(\Upsilon-1)/\Upsilon}\right]}\left(\frac{p_o}{p}\right)^{1/\Upsilon}$$

$$= 10^{-3}\times1.005\times10^{5}\times\sqrt{\frac{16}{8.3\times10^{3}\times253}\times\frac{2\times1.32}{1.32-1}\times\left[1-0.995^{(1.32-1)/1.32}\right]}\times0.995^{1/1.32}$$

$$= 2.8\times10^{-2}\ \text{kg/s}$$

이 경우, 가스누출시의 초기속도는 다음과 같다.

$$\rho = \frac{pM}{RT} = \frac{1.005\times10^{5}\times16}{8.3\times10^{3}\times253} = 0.8\ \text{kg/m}^3$$

$$\rho_o = \rho\left(\frac{p_o}{p}\right)^{1/\Upsilon} = 0.8\times(0.995)^{1/1.32} = 0.8\ \text{kg/m}^3$$

그러므로 초기속도는 $V_o = \frac{dG/dt}{\rho_o S} = \frac{2.8\times10^{-2}}{0.8\times10^{-3}} = 35$ m/s가 된다.

## (5) 환기의 구분

대기 중으로 누출된 가스 등은 농도가 폭발하한 이하로 내려갈 때까지 확산 또는 분산되어 희석된다. 환기는 누출원 주위의 위험분위기를 신선한 공기에 의해 대체하기 위한 공기 이동으로 희석을 촉진시키게 되며, 적합한 환기는 위험장소에 영향을 미치는 위험분위기의 지속을 억제하게 된다. 환기는 대기의 온도차나 송풍기와 같은 강제수단을 이용한 공기 이동에 의한 것으로 자연 환기와 강제 환기 2종류로 구분한다.

### (가) 자연 환기

자연 환기란 대기의 온도차나 바람에 의한 공기 이동에 의해 이루어지는 형태의 환기를 말한다. 자연 환기는 개방된 곳에서 생성되는 폭발위험분위기를 해소시키기에 충분한 환기가 보장되며, 이는 벽 또는 천장에 개구부가 있는 실내에서도 효과적일 수가 있다. 일반적으로, 옥외에서의 환기등급은 최소 풍속이 0.5m/s로 지속된다는 것을 전제로 한다. 그러나 이 풍속은 특정장소에서는 2 m/s 이상일 수도 있고, 0.5 m/s 이하일 수도 있다. 자연 환기의 예로서는 전형적인 개방지역, 옥외 개방상황과 유사하도록 벽이나 천장에 증기 또는 가스의 비중을 고려한 환기용 개구부가 있는 개방 건물 구조, 환기를 목적으로 한 개구부에 의하여 자연 환기가 되는 건물구조를 들 수가 있다.

(나) 강제 환기

강제 환기란 인위적인 수단에 의하여 공기를 이동시키는 환기형태를 말한다. 강제 환기는 주로 방이나 밀폐된 공간에 적용되나, 개방 상태에서 장해물로 인하여 자연환기가 제한되거나 방해되는 것을 보상하기 위해 사용되기도 한다. 그러므로 강제 환기는 옥내환경에 적합한 신뢰성 있는 환기설비로부터 제공받아야 하고, 다음의 요건을 충족시킬 수 있어야 한다.

- 적정 환기를 보장하는 제어와 감시
- 환기용 공기는 비 폭발위험장소에서 흡입
- 설치위치, 누출등급, 누출량에 따라 환기설비의 용량결정 및 설계

추가로 증기 또는 가스는 대부분 공기와 비중이 다르므로, 공기의 이동이 거의 없는 밀폐된 지역의 바닥이나 천장 근처에 축적되는 경향을 보인다. 그리고 장애물에 의한 공기의 이동 감소 또는 소멸로 인해 일부 지역에서 불완전한 환기가 이루어지므로, 강제 환기설비의 설계시 이를 고려하여야 한다. 강제 환기의 예로서는 건물 내의 전체 환기를 개선하기 위해 벽 또는 천장에 환풍기를 설치한 전체 환기와 인화성 증기 또는 가스가 누출되는 공정설비 부위와 폭발위험분위기가 예측되는 곳에 설치하는 국소 환기설비가 있다.

#### (다) 환기등급

폭발위험분위기를 분산시키고 지속적인 환기를 유지하기 위해서는 환기의 정도와 환기설비의 유효성이 필요하다. 예를 들어, 환기의 정도가 폭발위험분위기의 축적을 예방하는 데는 불충분하지만, 위험분위기가 지속되는 것을 억제하는 데는 효과적일 수 있다. 국내 규정에서 환기의 정도를 나타내는 환기등급을 다음과 같은 3 종류로 구분한다.

① 고환기

고환기란 누출원에서의 농도를 순간적으로 감소시킬 수 있는 환기로서, 가스농도를 폭발하한 값 이하로 낮추어 폭발위험장소의 범위를 무시할 정도로 작게 하는 것을 말한다.

② 중환기

중환기란 누출이 진행되는 동안에는 폭발위험장소 내의 농도를 안정된 상태로 제어하고, 누출이 중단된 후에는 더 이상의 폭발위험분위기가 지속되지 않도록 하는 환기를 말한다.

③ 저환기

누출이 진행되는 동안 누출농도를 제어할 수 없고, 누출이 중단된 이후에도 폭발위험분위기의 지속을 억제할 수 없는 환기를 말한다.

### (6) 환기등급의 평가

환기에서 가장 중요한 요소인 환기의 정도는 누출원의 종류와 누출량에 따라 평가가 달라지며, 이는 환기 형태보다는 풍속이나 시간당 공기순환율과 관련된다. 폭발위험장소에서 환기가 증가할수록 폭발위험장소의 범위는 좁아지며, 경우에 따라 무시할 정도로 감소시켜 비 폭발위험장소가 되기도 한다. 또한, 환기등급 평가시에는 과거 입증된 경험 혹은 논리적 계산이나 확실한 가정에 의해 누출원에서의 최대 누출량을 알아야 한다. 인화성 증기 또는 가스의 누출이 중단된 이후 증기 또는 가스 운(cloud)의 크기와 지속시간은 환기에 의해 제어될 수 있으나, 환기등급의 평가에는 한계가 있기 때문에 근사적인 결과만 계산할 수가 있다. 그러므로 안전측면에서 보면 그 결과에 오류가 있을 수 있으므로 안전계수를 항상 사용하여야 할 것이다.

(가) 가상체적 $V_z$의 산정

가상체적은 인화성 증기 또는 가스의 농도가 안전율을 고려한 폭발하한 값의 25 % 또는 50 % 이상인 공간을 의미한다. 이것은 가상체적 끝단에서의 증기 또는 가스의 농도가 안전율을 고려한 폭발하한 값 이하에 있다는 것을 뜻한다.

가상체적 모양과 폭발위험장소의 모양이 항상 동일하지는 않으며, 이는 가상체적의 모양이 환기조건에 의해 영향을 받기 때문이다. 또한, 누출원의 위치와 환기방향에 의해서도 폭발위험장소의 범위는 변할 수 있으며, 환기방향이 수시로 변하는 것도 고려하여야 한다. 따라서 누출원으로부터 폭발위험장소의 범위는 일반적으로 크게 고려하게 된다. 경우에 따라 가상체적의 수배까지 고려하기도 한다. 인화성물질이 누출되는 경우, 이의 농도를 폭발하한 값 이하로 완화시키기 위한 신선한 공기의 양을 계산할 필요가 있다. 이는 다음 식과 같이 계산된다.

$$(dV/dt)_{\min} = \frac{(dG/dt)_{\max}}{k \times LEL_m} \times \frac{T}{293}$$

여기에서,

$(dV/dt)_{\min}$: 신선한 공기의 최소유량(m$^3$/s),

$(dG/dt)_{\max}$: 누출원에서의 최대 누출율(kg/s)

$LEL_m$ : 폭발하한 (kg/m$^3$)

$k$ : $LEL_m$로 표시되는 안전계수(연속 및 1차 누출 : 0.25, 2차 누출 : 0.5)

$T$ : 외기 온도(캘빈, K)

$$LEL_m = 0.416 \times 10^{-3} \times M \times LEL_v$$

단, $M$ : 분자량(kg/kmol), $LEL_v$ : vol%, $LEL_m$ : kg/m$^3$

또한, 누출원이 있는 고려 대상 건물 또는 구조물의 체적($V_0$) 내의 환기회수와 계산 값 $(dV/dt)_{\min}$ 사이의 관계는 다음과 같이 표현된다.

$$V_k = \frac{(dV/dt)_{\min}}{C}$$

여기에서, C는 단위시간당 공기의 환기회수이다.

(나) 다수 누출원의 검토

실내에 하나 이상의 누출원이 있을 때, 지역구분의 종류 및 범위를 결정하기 위하여 여러 누출원을 서로 합산할 필요가 있다. 정의에 의해 연속등급은 동시에 발생하지는 않지만 대부분 누출이 지속되기 때문에, 연속등급의 모든 누출원은 함께 더해서 검토하여야 한다. 반면, 1차 등급의 누출원은 정상 동작 중 발생하지만, 모든 누출원이 동시에 누출되지는 않을 것이다. 설비에 대한 지식과 경험을 바탕으로 최악의 조건에서 동시에 누출될 수 있는 1차 등급 누출원의 최대 수를 결정하여야 한다. 그리고 2차 등급의 누출은 정상 작동 중 누출되지는 않을 것이며, 하나 이상의 2차 누출원이 동시에 누출되지도 않을 것이므로 단지 가장 큰 2차 누출원만 고려하게 된다. 그러므로 고려 대상 체적 내에 누출원이 다수 있을 경우에는 각각의 누출원에서의 $(dV/dt)_{\min}$ 값을 구해 다음과 같이 환산한다.

- 고려 대상 체적 내에 다수의 연속 누출원이 있는 경우
  각각의 누출원에 대해 $(dV/dt)_{\min}$의 값을 계산하여 전부 합산한다.
- 고려 대상 체적 내에 다수의 1차 누출원이 있는 경우
  1차 누출원 $(dV/dt)_{\min}$ 중 가장 큰 값에 다음의 수를 곱하여 계산한다.

| 1차 누출원의 수 | 가장 큰 $(dV/dt)_{min}$ 값에 곱할 계수 |
|---|---|
| 1 | 1 |
| 2 | 2 |
| 3 ~ 5 | 3 |
| 6 ~ 9 | 4 |
| 10 ~ 13 | 5 |
| 14 ~ 18 | 6 |
| 19 ~ 23 | 7 |
| 24 ~ 27 | 8 |
| 28 ~ 33 | 9 |
| 34 ~ 39 | 10 |
| 40 ~ 45 | 11 |
| 46 ~ 51 | 12 |

- 고려 대상 체적 내에 다수의 2차 누출원이 있는 경우
  2차 누출원 $(dV/dt)_{min}$ 중 가장 큰 값 1개를 이용하여 계산한다.
  $V_k$는 신선한 공기가 주어진 누출원에서 순간적으로 균일하게 혼합된다는 것을 전제로 한 것이나, 실제로는 불량한 환기, 공기흐름의 장애 등으로 인하여 이러한 이상적인 조건은 이루어 질 수 없다. 따라서 누출원에서 효과적인 공기순환을 위하여 별도의 보정계수 $f$를 고려한 다음의 식을 이용한다.

$$V_z = f \times V_k = \frac{f \times (dV/dt)_{min}}{C}$$

여기에서,

$f$ : 폭발분위기의 희석 효과를 나타내는 공기흐름 방해계수

$f = 1$(이상적 상태), 일반적으로 $f = 5$(공기흐름 장애 상태)

① 개방된 옥외

옥외에 대한 분석은 현장배치 및 특성을 고려하여 검토하여야 한다. 가상

체적의 계산은 적절한 모델링 방법, 예를 들면 계산유체역학(Computerized Fluid Dynamics) 분석 등을 통해 수행될 수도 있다. 그러나 이와 같은 방법을 적용하기가 어려운 경우 아래의 방법으로 간단히 계산할 수도 있다.

- 옥외 공간에서 한 변이 15m인 약 3,400 $m^3(V_0)$의 가상체적에서 풍속이 0.5 m/s인 경우 공기의 순환율은 100회/시간(0.03회/초) 이상이 된다.
- 옥외 개방장소에서 단위시간당 신선한 공기의 환기회수 0.03회/초를 고려할 때 가상체적 $V_z$는 다음과 같다.

$$V_z = \frac{f(dV/dt)_{\min}}{0.03}$$

여기에서,

$f$ : 공기흐름의 방해계수

$(dV/dt)_{\min}$ : 신선한 공기의 최소 유량($m^3/s$),

0.03 : 초당 환기회수

일반적으로 개방된 옥외에서는 다양한 확산 메커니즘에 의해 보다 빨리 희석되므로, 계산된 체적은 실제보다 크게 나타난다.

② 제한된 공간

누출원이 있는 대상 공간이 $5m \times 3m \times 1m(V_0 = 15m^3)$와 같이 작고, 유수 분리기처럼 밀폐된 공간으로서 풍속이 0.05m/s 라면, 환기회수는 35회/시간(0.01회/초) 가 된다.

③ 지속시간 산정

누출이 정지된 후 초기 값인 평균농도 $X_o$에서 폭발하한의 $k$배 이하로 떨어뜨리는데 소요되는 시간 $t$는 다음과 같이 구할 수 있다.

$$t = \frac{-f}{C} ln \frac{LEL \times k}{X_o}$$

여기에서,

$X_o$ : 인화성물질의 초기 농도

$C$ : 단위 시간당 환기회수

$f$ : 공기흐름 방해계수

$k$ : 폭발하한과 관련된 안전계수

지속시간 $t$의 값은 폭발위험장소에서 위험정도를 결정하는 정량적인 수단은 아니며, 주변 상황에 따라 폭발위험분위기의 지속시간을 비교하는 부가적 정보를 제공해 준다.

(나) 환기등급의 평가

환기의 정도와 환기설비의 유효성이 현저히 높으면 비 폭발위험장소가 될 수도 있고, 반대로 낮으면 위험의 정도가 높아질 수도 있다. 즉, 환기는 인화성물질의 누출이 중단된 후 폭발위험분위기를 지속시키거나 서서히 희석시킬 수 있으며, 대부분의 폭발위험분위기는 추정한 것보다 더 오래 지속되기도 있다.

① 고환기

폭발위험장소에서의 점화로 인한 온도 또는 압력의 갑작스런 증가가 잠재적 손상에 미치는 영향이 무시할 정도일 경우의 환기를 고환기로 간주한다. 이는 일반적으로 $V_z$가 0.1 ㎥ 보다 작을 경우 또는 고려대상 공간 $V_o$의 1 %보다 작을 경우에 적용한다. 실제적으로 고환기는 밀폐된 작은 장소나 아주 적은 누출량에 적용된 국소배기설비에서 찾을 수 있다. 예를 들면, 분석실 또는 파일럿 설비외함과 같이 상대적으로 작은 공간에서 국부적으로 환기시키는 국소배기설비나 희석용 환기설비와 같은 우수한 공기흐름을 갖는 강제 환기 방법을 고려할 수 있다.

② 저환기

가상체적 $V_z$가 고려 대상체적 $V_0$를 초과한다면 환기는 매우 낮은 것으로 볼 수 있다. 저환기는 일반적으로 피트 내에서와 같이 공기 흐름이 제한하는 곳 이외의 개방장소에서는 거의 발생하지 않는다.

③ 중환기

고환기나 저환기가 아닌 환기는 중환기로 간주한다. 일반적으로 중환기는 인화성 증기 또는 가스 누출의 희석을 제어할 수 있다. 이는 1차 또는 2차 누출이 중단된 이후 폭발위험분위기의 지속시간에 따라 1종 또는 2종 폭발위험장소를 구분하는 기준이 된다. 가상체적 $V_z$가 고려대상 공간에 비해 현저히 작은 경우 폭발위험장소는 전체 공간의 일부에 대해서만 설정할 수 있다. 반면, 가상체적 $V_z$가 전체 고려대상 공간과 비슷할 경우 대상 공간 전체를 위험장소로 설정할 수도 있다.

### (7) 환기의 유효성

환기의 유효성은 폭발위험분위기의 형성에 영향을 미치므로, 위험장소의 종류를 결정할 때 고려하여야 한다. 환기의 유효성은 일반적으로 환기가 연속적으로 이루어지는 "우수" 상태와 정상 작동상태에서 이루어지는 "양호" 상태, 그리고 환기에 의한 공기의 흐름이 우수 또는 양호 상태에 미치지 못하는 "미흡" 상태 3가지 등급으로 나눌 수 있다.

(가) 자연 환기

옥외 지역의 경우 환기 평가시에는 보통 풍속 0.5 m/s을 기준으로 하며, 이는 실제적인 환기가 연속적으로 이루어짐을 뜻한다. 이러한 경우의 환기 유효성은 "우수"라고 할 수 있다.

(나) 강제 환기

강제 환기에 대한 유효성평가는 설비의 신뢰성, 예를 들어 예비 송풍기의 구비 등을 고려한다. "우수" 유효성은 일반적으로 환기설비가 고장 났을 때 예비 송풍기의 자동 작동을 필요로 한다.

### (8) 폭발위험장소의 종류

폭발위험분위기가 존재할 가능성과 폭발위험장소의 형태는 누출등급과 환기에 주로 관계된다. 일반적으로 인화성물질의 누출에 의한 위험의 정도를 연속누출은 0종, 1차 누출은 1종, 2차 누출은 2종 장소로 구분하고 있으나, 이것은 환기영향을 고려할 때 항상 일정하지는 않다. 또한, 다수 누출원의 중복으로 인해 서로 다른 폭발위험장소의 등급이 중복되는 경우에는 그 중에서 가장 위험한 폭발위험장소를 적용한다. 그리고 동일한 종류의 폭발위험장소가 서로 중첩된 경우에는 동일한 폭발위험장소로 구분한다. 일반적으로, 환기의 영향을 고려한 폭발위험장소의 구분은 다음과 같이 요약할 수 있다.

〈표 2-16〉 환기의 영향을 고려한 폭발위험장소의 구분

| 누출 등급 | 환기 등급 | | | | | | |
|---|---|---|---|---|---|---|---|
| | 고환기 | | | 중환기 | | | 저환기 |
| | 환기의 유효성 | | | | | | |
| | 우수 | 양호 | 미흡 | 우수 | 양호 | 미흡 | 우수, 양호, 미흡 |
| 연속 | (0종 NE) 비위험[1] | (0종 NE) 2종[1] | (0종 NE) 1종[1] | 0종 | 0종+ 2종 | 0종+1종 | 0종 |
| 1차 | (1종 NE) 비위험[1] | (1종 NE) 2종[1] | (1종 NE) 2종[1] | 1종 | 1종+ 2종 | 1종+2종 | 1종 또는 0종3 |
| 2차[2] | (2종 NE) 비위험[1] | (2종 NE) 비위험[1] | 2종 | 2종 | 2종 | 2종 | 1종 및 0종3 |

(주) 1. NE는 정상상태에서 무시할 정도로 작은 비 폭발위험장소를 나타낸다.
2. 2차 누출에 의한 2종 장소의 범위가 1차 또는 연속 누출등급에 의한 것을 초과할 경우 그 범위를 좀 더 넓게 한다.
3. 환기가 미흡하고 위험분위기가 지속되는 누출이 있다면 0종 장소로 한다.
4. +는 둘러싸여짐을 의미 즉, 0종+2종은 0종 장소가 존재하고 그 주위를 2종 장소가 둘러싸고 있음을 의미한다.

### (9) 폭발위험장소의 범위

폭발위험장소의 범위는 인화성 증기 또는 가스와 공기의 혼합물 농도가 안전율을 고려한 폭발하한 값 이하로 희석되는 누출원에서부터 희석된 지점까지의 거리로 평가된다. 공기보다 무거운 가스는 지면 아래쪽으로 흐르고, 공기보다 가벼운 가스는 위쪽에 체류할 가능성이 있다는 것을 고려하여야 한다. 그리고 누출원이 폭발위험장소 외부 또는 인근에 위치한 경우에는 많은 양의 인화성물질이 침투하는 것을 방지하기 위하여 물리적인 장벽의 설치, 폭발위험장소에 대한 충분한 과압, 인화성 증기 또는 가스가 외부로 밀려 나가도록 신선한 공기를 충분하게 퍼지를 실시하는 등 적절한 조치를 취하기도 한다.

폭발위험장소의 범위는 인화성물질의 특성 즉, 화학적·물리적 변수에 주로 영향을 받고, 기타 공정 특징에 의해서도 영향을 받을 수 있다.

#### (가) 폭발하한 값

일정 누출량에서 폭발하한 값이 낮을수록 폭발위험장소의 범위는 커진다. 또한, 암모니아가 개방된 옥외 공간에서 누출되는 경우에는 암모니아 가스가 급속하게 확산되므로, 일반적으로 가스폭발분위기의 생성은 무시할 수 있다.

#### (나) 환기

일반적으로 환기가 증가함에 따라 위험장소의 범위는 감소되며, 환기를 방해하는 장애물이 있을 경우에는 그 범위가 확대될 수 있다. 건물의 자유로운 공기흐름을 위한 천장 환풍기, 개방된 벽면이 있는 압축기실은 환기가 양호한 것으로 간주할 수 있다.

#### (다) 누출시 인화성 증기 또는 가스의 비중

인화성 증기 또는 가스의 비중이 공기보다 가벼울 경우에는 위로 상승하고, 반대로 이보다 무거울 경우에는 지면에서 축적된다. 그러므로 지면에서 폭발위험장소의 범위는 비중이 증가함에 따라 넓어지고, 수직으로는 비중이 감소함에 따라 넓어진다. 실제 적용시 0.8 이하의 비중은 공기보다 가벼운 것, 1.2 이상의 비중은 공기보다 무거운 것으로 간주한다. 또한, 0.8∼1.2 사이의 비중을 가진 경우에는 양쪽 가능성 모두를 고려한다. 또한, 공기보다 가벼운 물질의 저속 누출은 신속하게 위로 확산되어 천장 쪽에 모이면서, 그 아래 지역으로 확산을 증가시킨다. 누출원에서의 고속 분사는 누출물질의 희석에도 불구하고 폭발위험장소의 범위가 계속 증가할 수 있다. 반면, 공기보다 무거운 인화성물질의 저속 누출은 아래쪽으로 향하면서 대기 확산에 의해 폭발위험장소의 범위가 지면으로 길게 형성될 수 있다. 그러므로 인화성 증기 또는 가스가 움푹한 곳에 모이거나 낮은 곳을 통해 흐를 수 있는지를 알기 위하여 현장의 기하학적 특성을 고려하여야 한다. 만약, 공기보다 무거운 인화성물질이 고속 분사에 의해 누출된다면 저속 누출의 경우보다 폭발위험장소의 범위가 더 좁게 나타날 수 있다. 특히, 액화천연가스와 같은 극저온 가연성가스가 분출되면 저온에서는 공기보다 무겁지만 시간이 지나면서 주위온도와 가까워지면 공기보다 가벼워지면서 확산되기 때문에 특별한 주의가 필요하다.

(라) 기타 변수

대기압에서의 증기 또는 가스의 분산속도는 풍속에 의해 증가되며, 초기 확산을 일으키기 위해 필요한 최소 풍속은 2∼3m/s 이다. 이 이하에서는 가스층이 형성되며, 이에 의한 폭발위험장소의 범위가 크게 증가한다. 대형 용기와 구조물이 있는 공정지역 내에서의 공기 이동속도는 풍속보다 낮을 수 있으며, 설비에 의한 공기흐름의 방해는 저풍속에서도 난기류를 형성하는 경향이 있다. 그리고 일부 액체는 밀도가 낮아 물과 쉽게 혼합되지 않는다. 이러한 액체는 물표면 위에서 확산되어 점화될 수 있으므로, 넓은 지역이 위험할 수 있다. 따라서 가능한 한 설비의 배치는 폭발위험분위기가 신속하게 희석되도록 설계되어야 한다.

### (10) 위험지역의 제안 모형

다음의 그림은 다양한 누출형태에 의한 위험지역의 형태를 보여주고 있으며, 이는 폭발위험장소 구분도의 작성에 유용하다. 누출시의 장애물과 지형의 영향을 고려하지는 않았지만, 누출로 인한 위험지역에서의 확산모형을 제시된 서로 다른 모형을 조합함으로써 표현할 수 있을 것이다. 그림에 사용된 문자의 의미는 다음과 같다.

SR : 누출원
r : 추정되는 위험지역의 범위
r',r" : 누출 행태를 고려한 위험지역의 2차 범위
h : 누출원과 지표면 또는 누출원 아래 표면간의 거리

(가) 저압에서의 가스·증기 혹은 고압에서 누출방향을 알 수 없는 경우

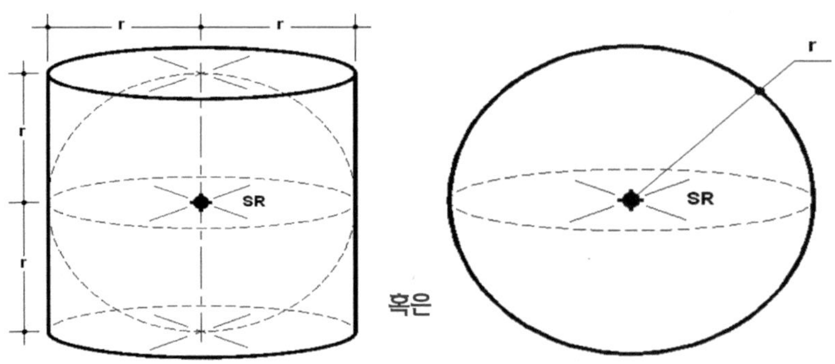


〈그림 2-6〉 저압에서의 가스·증기 모형

(나) 고압에서의 가스·증기

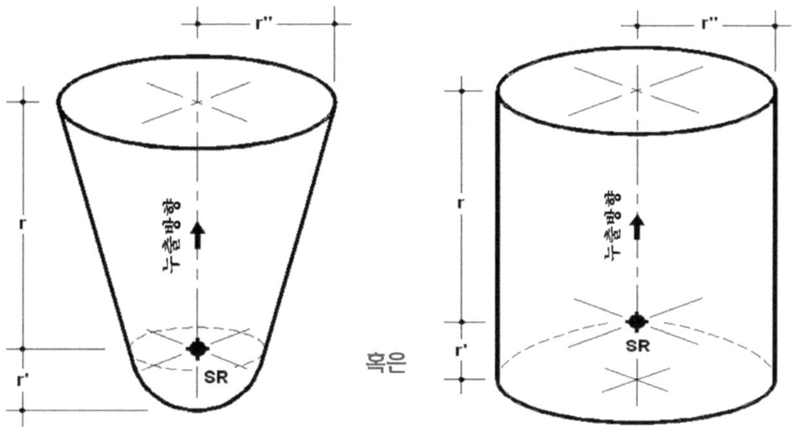


**〈그림 2-7〉** 고압에서의 가스·증기 모형

(다) (액화된) 가스 또는 증기

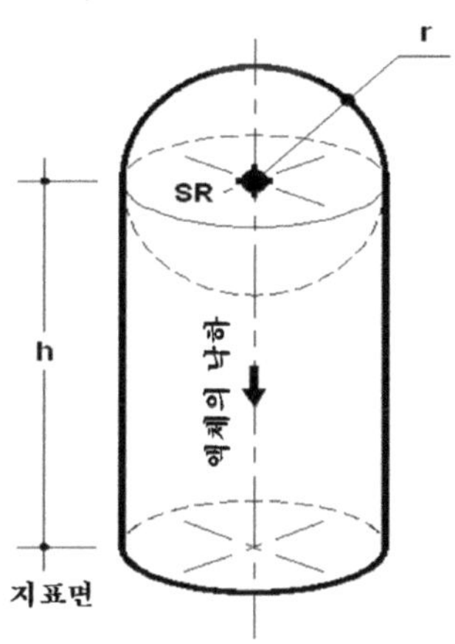


주) 액체가 떨어지는 경우 액체 풀을 형성하지 않아야 한다.

**〈그림 2-8〉** (액화된) 가스 또는 증기 모형

(라) (액화된) 엎지른 가스 혹은 증기

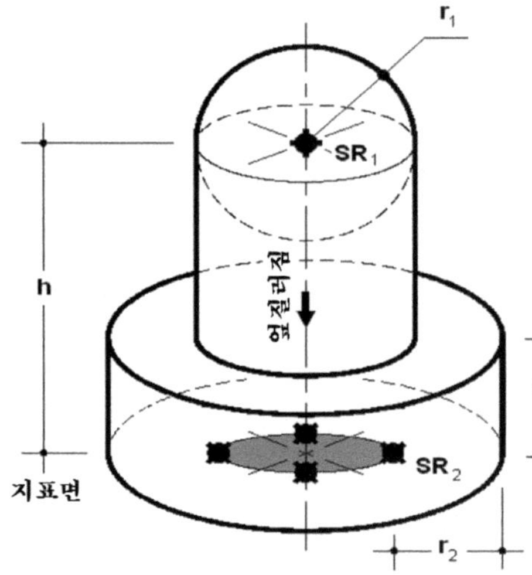


주) 액체가 엎질러진 경우 액체 풀을 형성할 수 있다. 이 경우 추가적인 누출원으로 고려할 수 있다.

**〈그림 2-9〉** (액화된) 엎지른 가스 혹은 증기 모형

(마) 인화성 액체 (비 비등증발 풀)

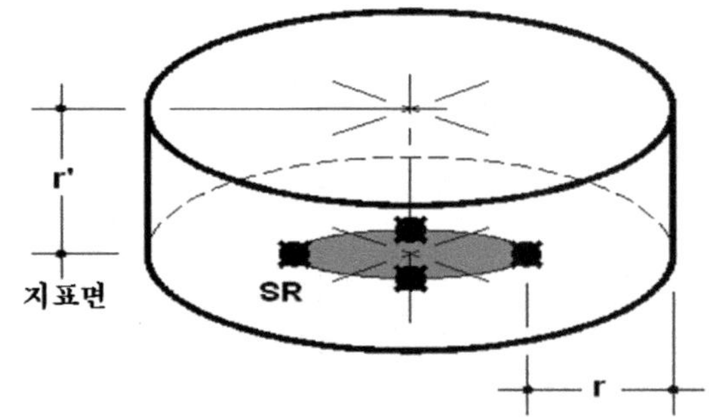


주) 엎질러진 인화성 물질의 누출원은 표시되지 않는다.

**〈그림 2-10〉** 인화성 액체 (비 비등증발 풀) 모형

## 3-3. 폭발위험장소 구분의 계산 예시

여기에서 사용되는 $LEL$의 값은 단지 예시용이며, $X_0 = 100\%$로 가정하였다.

### 예시 1 옥내에서 인화성 액체의 연속 누출

| 구 분 | | 상 태 |
|---|---|---|
| 누 출 특 성 | 인화성 액체 | 톨루엔 증기 |
| | 톨루엔의 분자량 | 92.14(kg/kmol) |
| | 누출원 | 벤트(KS플렌지) |
| | 폭발 하한(LEL) | 0.046 kg/m³(1.2%vol.) |
| | 누출 등급 | 연속 |
| | 안전 계수, k | 0.25 |
| | 누출율, $(dG/dt)_{\max}$ | $2.8\times10^{-10}$kg/s |
| 환 기 특 성 | 조건 | 옥내 |
| | 환기 횟수, C | 1/h $(2.8\times10^{-4}/s)$ |
| | 품질 계수, f | 5 |
| | 주위 온도, T | 20℃ (293K) |
| | 온도계수,(T/293K) | 1 |
| | 건물 크기, $V_0$ | 10m × 15m × 6m |

■ **계산 절차**

- 신선한 공기 최소 유량 체적

$$(dV/dt)_{\min} = \frac{(dG/dt)_{\max}}{k\times LEL}\times\frac{T}{293} = \frac{2.8\times10^{-10}}{0.25\times0.046}\times\frac{293}{293} = 2.4\times10^{-8}m^3/s$$

- 가상 체적 $V_z$의 평가

$$V_z = \frac{f\times(dV/dt)_{\min}}{C} = \frac{5\times2.4\times10^{-8}}{2.8\times10^{-4}} = 4.3\times10^{-4}m^3$$

- 지속시간 : 이것은 연속 누출에서는 적용하지 않는다.

■ **계산 결과**

- 가상체적 $V_z$는 아주 작으므로 무시한다.
- $V_z < 0.1m^3$ 이므로, 환기등급은 대상 누출원과 장소를 감안할 때 고환기로 간주할 수 있다.
- 환기 유효성이 "우수"라면, 아주 작은 0종 장소(0종 NE)가 된다.

### 예시 2 옥내에서 인화성 액체의 2차 누출

| 구 분 | | 상 태 |
|---|---|---|
| 누 출 특 성 | 인화성 액체 | 톨루엔 |
| | 톨루엔의 분자량 | 92.14(㎏/kmol) |
| | 누출원 | 플랜지의 결합부위 |
| | 폭발 하한(LEL) | 0.046 ㎏/㎥(1.2 % vol.) |
| | 누출 등급 | 2차 |
| | 안전 계수, k | 0.5 |
| | 누출율,$(dG/dt)_{max}$ | $2.8\times10^{-6}$ ㎏/s |
| 환 기 특 성 | 조건 | 옥내 |
| | 환기 횟수, C | 1/h ($2.8\times10^{-4}$/s) |
| | 품질 계수, f | 5 |
| | 주위 온도, T | 20℃ (293K) |
| | 온도계수, (T/293K) | 1 |
| | 건물 크기, $V_0$ | 10m × 15m × 6m |

■ **계산 절차**

- 신선한 공기 최소 유량 체적

$$(dV/dt)_{min} = \frac{(dG/dt)_{max}}{k\times LEL}\times\frac{T}{293}=\frac{2.8\times10^{-6}}{0.5\times0.046}\times\frac{293}{293}=1.2\times10^{-4}m^3/s$$

- 가상 체적 $V_z$의 평가

$$V_z = \frac{f \times (dV/dt)_{\min}}{C} = \frac{5 \times 1.2 \times 10^{-4}}{2.8 \times 10^{-4}} = 2.2m^3$$

- 지속시간

$$t = \frac{-f}{C} ln \frac{LEL \times k}{X_o} = \frac{-5}{1} ln \frac{1.2 \times 0.5}{100} = 25.6h$$

■ **계산 결과**

- 가상체적 $V_z$는 $V_0$보다는 현저히 작지만 0.1 ㎥ 보다는 크다.
- 환기등급은 대상 누출원 및 장소를 고려하여 중환기로 간주할 수 있다. 그러나 폭발위험 분위기가 지속된다면 2종 장소는 적합하지 않다.

### 예시 3 옥내에서 가연성 가스의 1차 누출

| 구 분 | | 상 태 |
|---|---|---|
| 누 출 특 성 | 가연성 가스 | 프로판 가스 |
| | 프로판의 분자량 | 44.1(㎏/kmol) |
| | 누출원 | 캔 충전 노즐 |
| | 폭발 하한(LEL) | 0.039 ㎏/㎥(2.1 % vol.) |
| | 누출 등급 | 1차 |
| | 안전 계수, k | 0.25 |
| | 누출율, $(dG/dt)_{\max}$ | 0.005 ㎏/s |
| 환 기 특 성 | 조건 | 옥내 |
| | 환기 횟수, C | 20/h $(5.6\times10^{-3}/s)$ |
| | 품질 계수, f | 1 |
| | 주위 온도, T | 35℃ (308K) |
| | 온도계수, (T/293K) | 1.05 |
| | 건물 크기, $V_0$ | 10m × 15m × 6m |

■ **계산 절차**

- 신선한 공기 최소 유량 체적

$$(dV/dt)_{\min} = \frac{(dG/dt)_{\max}}{k \times LEL} \times \frac{T}{293} = \frac{0.005}{0.25 \times 0.039} \times \frac{308}{293} = 0.6m^3/s$$

- 가상 체적 $V_z$의 평가

$$V_z = \frac{f \times (dV/dt)_{\min}}{C} = \frac{1 \times 0.6}{5.6 \times 10^{-3}} = 1.1 \times 10^2 m^3$$

- 지속시간

$$t = \frac{-f}{C} ln \frac{LEL \times k}{X_o} = \frac{-1}{20} ln \frac{2.1 \times 0.25}{100} = 0.26h$$

■ **계산 결과**

- 가상체적 $V_z$는 $V_0$보다 크지 않지만 무시할 수는 없다.
- 환기등급은 대상 누출원 및 장소를 고려하여 중환기로 간주할 수 있다. 지속시간 0.26시간으로는 작동이 빈번하게 반복되지 않는 한 1종 장소는 적합하지 않다.

### 예시 4 옥내에서 가연성 가스의 2차 누출

| 구 분 | | 상 태 |
|---|---|---|
| 누 출 특 성 | 가연성 가스 | 암모니아 가스 |
| | 암모니아의 분자량 | 17.03(kg/kmol) |
| | 누출원 | 증발기 밸브 |
| | 폭발 하한(LEL) | 0.105 kg/m³(14.8 % vol.) |
| | 누출 등급 | 2차 |
| | 안전 계수, k | 0.5 |
| | 누출율, $(dG/dt)_{\max}$ | 5 × $10^{-6}$ kg/s |

| 구 분 | | 상 태 |
|---|---|---|
| 환 기 특 성 | 조건 | 옥내 |
| | 환기 횟수, C | 15/h($4.2 \times 10^{-3}$/s) |
| | 품질 계수, f | 1 |
| | 주위 온도, T | 20℃(293K) |
| | 온도계수, (T/293K) | 1.0 |
| | 건물 크기, $V_0$ | 10m × 15m × 6m |

■ **계산 절차**

- 신선한 공기 최소 유량 체적

$$(dV/dt)_{\min} = \frac{(dG/dt)_{\max}}{k \times LEL} \times \frac{T}{293} = \frac{5 \times 10^{-6}}{0.5 \times 1.105} \times \frac{293}{293} = 9.5 \times 10^{-5} m^3/s$$

- 가상 체적 $V_z$의 평가

$$V_z = \frac{f \times (dV/dt)_{\min}}{C} = \frac{1 \times 9.5 \times 10^{-5}}{4.2 \times 10^{-3}} = 0.02 m^3$$

- 지속시간

$$t = \frac{-f}{C} ln \frac{LEL \times k}{X_o} = \frac{-1}{15} ln \frac{14.8 \times 0.5}{100} = 0.17h(10\min)$$

■ **계산 결과**

- 가상체적 $V_z$는 무시할 정도의 값으로 줄일 수 있다.
- 환기등급은 대상 누출원 및 장소에 관련하여 고환기($V_z < 0.1m^3$)로 간주할 수 있다.
- 환기 유효성이 "우수"라면, 아주 작은 2종 장소(2종 NE)가 된다.

### 예시 5 옥내에서 가연성 가스의 2차 누출

| 구 분 | | 상 태 |
|---|---|---|
| 누 출 특 성 | 가연성 가스 | 프로판 가스 |
| | 프로판의 분자량 | 44.1(kg/kmol) |
| | 누출원 | 공기압축기 밀봉부 |
| | 폭발 하한(LEL) | 0.039 $kg/m^3$ (2.1 % vol.) |
| | 누출 등급 | 2차 |
| | 안전 계수, k | 0.5 |
| | 누출율,$(dG/dt)_{\max}$ | 0.02 kg/s |
| 환 기 특 성 | 조건 | 옥내 |
| | 환기 횟수, C | 2/h (5.6 × $10^{-4}$/s) |
| | 품질 계수, f | 5 |
| | 주위 온도, T | 20℃ (293K) |
| | 온도계수, (T/293K) | 1 |
| | 건물 크기, $V_0$ | 10m × 15m × 6m |

■ **계산 절차**

- 신선한 공기 최소 유량 체적

$$(dV/dt)_{\min}=\frac{(dG/dt)_{\max}}{k\times LEL}\times\frac{T}{293}=\frac{0.02}{0.5\times 0.039}\times\frac{293}{293}=1.02m^3/s$$

- 가상 체적 $V_z$의 평가

$$V_z=\frac{f\times(dV/dt)_{\min}}{C}=\frac{5\times 1.02}{5.6\times 10^{-4}}=9{,}200m^3$$

- 지속시간

$$t=\frac{-f}{C}ln\frac{LEL\times k}{X_o}=\frac{-5}{2}ln\frac{2.1\times 0.5}{100}=11.4h$$

■ **계산 결과**

- 10m×15m×6m의 방에서는 가상체적 $V_z$는 $V_0$보다 크므로, 지속시간은 상당히 크다.
- 환기등급은 대상 누출원 및 장소를 고려하여 저환기로 간주할 수 있다.
- 지역은 최소한 1종 장소로 구분하고, 환기의 유효성과 관계없이 0종 장소가 있을 수 있다. 이는 수용하기 힘들므로, 누출량을 줄이거나 공기압축기 주위에 국소배기장치를 설치하여 환기를 대폭 확대하여야 한다.

### 예시 6 옥외에서 가연성 가스의 2차 누출

| 구 분 | | 상 태 |
|---|---|---|
| 누 출 특 성 | 가연성 가스 | 메탄 가스 |
| | 메탄의 분자량 | 16.05(㎏/kmol) |
| | 누출원 | 배관 피팅부 |
| | 폭발 하한(LEL) | 0.033 ㎏/㎥(5 % vol.) |
| | 누출 등급 | 2차 |
| | 안전 계수, k | 0.5 |
| | 누출율,$(dG/dt)_{\max}$ | 1 ㎏/s |
| 환 기 특 성 | 조건 | 옥외 |
| | 최소 풍속 | 0.5m/s |
| | 공기순환 회수, C | > $3\times10^{-2}$/s |
| | 품질 계수, f | 1 |
| | 주위 온도, T | 20℃(293K) |
| | 온도계수, (T/293K) | 0.98 |

■ **계산 절차**

- 신선한 공기 최소 유량 체적

$$(dV/dt)_{\min} = \frac{(dG/dt)_{\max}}{k\times LEL}\times\frac{T}{293} = \frac{1}{0.5\times0.033} = 59.3m^3/s$$

- 가상 체적 $V_z$의 평가

$$V_z = \frac{f \times (dV/dt)_{\min}}{C} = \frac{1 \times 59.3}{3 \times 10^{-2}} = 2{,}000m^3$$

- 지속시간

$$t = \frac{-f}{C} ln \frac{LEL \times k}{X_o} = \frac{-1}{0.03} ln \frac{5 \times 0.5}{100} = 123s(Max)$$

■ **계산 결과**

- 가상체적 $V_z$는 무시하지 못한다. $V_0$의 값이 옥외에서 3,400 ㎥이므로, $V_z$는 $V_0$보다 작다.
- 환기등급은 대상 누출원 및 지역과 관련하여 중환기로 간주할 수 있다.
- 옥외이므로 환기유효성은 "우수"이고 2종 장소로 분류할 수 있다.

### 예시 7 옥내에서 가연성 가스의 2차 누출

| 구 분 | | 상 태 |
|---|---|---|
| 누 출 특 성 | 가연성 가스 | 톨루엔 증기 |
| | 톨루엔의 분자량 | 92.14(㎏/kmol) |
| | 누출원 | 플랜지의 결합부 |
| | 폭발 하한(LEL) | 0.046 ㎏/㎥(1.2 % vol.) |
| | 누출 등급 | 2차 |
| | 안전 계수, k | 0.5 |
| | 누출율, $(dG/dt)_{max}$ | $6 \times 10^{-4}$ ㎏/s |
| 환 기 특 성 | 조건 | 옥내 |
| | 환기 횟수, C | 12/h $(3.33 \times 10^{-3})$ |
| | 품질 계수, f | 2 |
| | 주위 온도, T | 20℃(293K) |
| | 온도계수, (T/293K) | 1.0 |
| | 건물 크기, $V_0$ | 10m × 15m × 6m |

■ **계산 절차**

- 신선한 공기 최소 유량 체적

$$(dV/dt)_{\min} = \frac{(dG/dt)_{\max}}{k \times LEL} \times \frac{T}{293} = \frac{6 \times 10^{-4}}{0.5 \times 0.046} \times \frac{293}{293} = 26 \times 10^{-3} m^3/s$$

- 가상 체적 $V_z$ 의 평가

$$V_z = \frac{f \times (dV/dt)_{\min}}{C} = \frac{2 \times 26 \times 10^{-3}}{3.33 \times 10^{-3}} = 15.7 m^3$$

- 지속시간

$$t = \frac{-f}{C} ln \frac{LEL \times k}{X_o} = \frac{-2}{12} ln \frac{1.2 \times 0.5}{100} = 0.85h(51\min)$$

■ **계산 결과**

- 가상체적 $V_z$는 무시할 정도는 아니나, $V_0$는 초과하지 않는다.
- 환기등급은 대상 누출원 및 지역과 관련하여 중환기로 간주할 수 있다.
- 환기 유효성이 "우수"라면, 2종장소로 분류할 수 있다.
  지속시간을 기준으로 판단하면 2종 장소가 적절하다.

## 3-4. 폭발위험장소의 구분 예시

폭발위험장소의 구분은 인화성물질이 용기에서 누출되었을 때 상태변화에 관한 지식과 설비기기의 운전경험에 의한 기술적 판단을 포함한다. 따라서 설비 및 공정의 모든 변수를 고려한다는 것은 현실적으로 불가능하다. 일반적으로 누출조건은 설비의 기계적 성능과 설계기준을 고려해야 하나, 이러한 모든 요소를 다 고려할 수는 없다. 따라서 여기의 예시는 단지 참고용이며, 실제 적용 시에는 특별한 운전조건을 감안하여야 한다. 또한, 본 예시는 폭발위험장소의 구분을 위해 통상적으로 인식할 수 있는 특정 요소만을 고려한 보수적인 결과만을 제공한 것이다.

## 예시 1  옥외 지상에 설치된 산업용 펌프

<table>
<tr><th>구 분</th><th colspan="3">조건</th></tr>
<tr><td>설비 및 공정</td><td colspan="3">산업용 펌프 (옥외 지상 설치)</td></tr>
<tr><td rowspan="3">취급물질</td><td>종 류</td><td colspan="2">인화성 액체</td></tr>
<tr><td>인 화 점</td><td colspan="2">운전온도 및 대기온도 이하</td></tr>
<tr><td>증기비중</td><td colspan="2">공기보다 무거움</td></tr>
<tr><td rowspan="2">누 출 원</td><td>누출부위</td><td colspan="2">펌프의 기밀 부위</td></tr>
<tr><td>누출등급</td><td colspan="2">2차</td></tr>
<tr><td rowspan="4">환 기</td><td>구 분</td><td>일반 지역</td><td>섬 프</td></tr>
<tr><td>형 태</td><td>자연 환기</td><td>자연 환기</td></tr>
<tr><td>등 급</td><td>중</td><td>저</td></tr>
<tr><td>유 효 성</td><td>우 수</td><td>우 수</td></tr>
</table>

■ **위험장소 구분도**

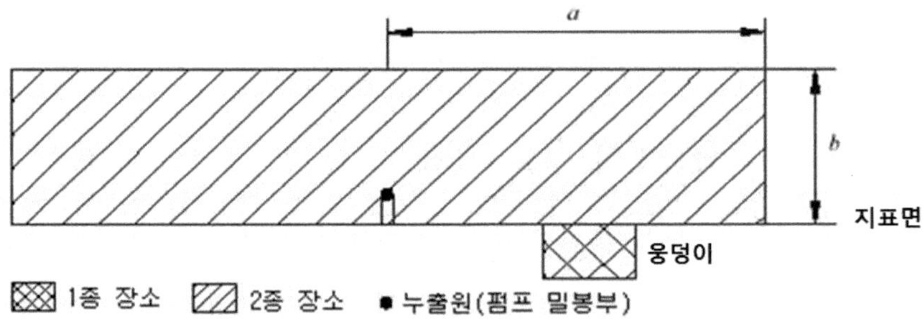


※ 저압으로 운전되는 용량 50㎥/h인 펌프에서의 대표적인 값은 a = 3m, b = 1m 이다.

## 예시 2 실내 바닥에 설치된 산업용 펌프

| 구 분 | 조건 | | |
|---|---|---|---|
| 설비 및 공정 | 산업용 펌프 (실내바닥 설치) | | |
| 취급물질 | 종 류 | 인화성 액체 | |
| | 인 화 점 | 운전온도 및 대기온도 이하 | |
| | 증기비중 | 공기보다 무거움 | |
| 누 출 원 | 누출부위 | 펌프의 기밀 부위 | |
| | 누출등급 | 2차 | |
| 환 기 | 구 분 | 일반 지역 | 섬 프 |
| | 형 태 | 강제 환기 | - |
| | 등 급 | 저 | - |
| | 유 효 성 | 양 호 | - |

■ **위험장소 구분도**

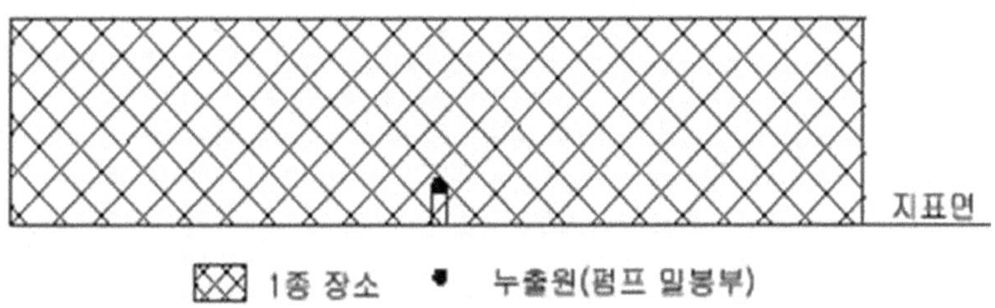


※ 가상체적 $V_z$가 실내 공간 $V_0$를 둘러싸고 있기 때문에 범위 표시가 없음.
환기가 "중 환기"로 개선된다면 폭발위험장소의 범위는 줄어들고, 2종 장소만 생성됨.

## 예시 3 옥외에 설치된 압력방출밸브

| 구 분 | 조건 | |
|---|---|---|
| 설비 및 공정 | 압력방출밸브 (압력용기로부터 대기방출) | |
| 취급물질 | 종 류 | 휘발유(인화성 액체) |
| | 인 화 점 | 운전온도 및 대기 온도 이하 |
| | 증기비중 | 공기보다 무거움 |
| 누 출 원 | 누 출 원 | 밸브의 출구 |
| | 누출등급 | 1차 및 2차 |
| 환 기 | 형 태 | 자연 환기 |
| | 등 급 | 중 |
| | 유 효 성 | 우 수 |

■ **위험장소 구분도**

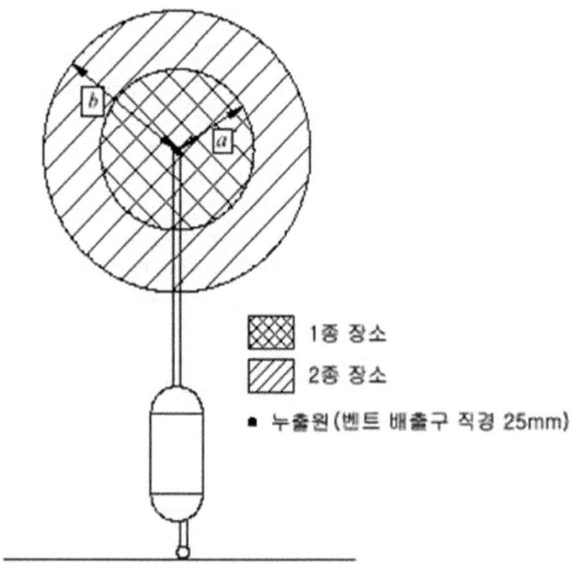


※ 밸브의 개구부 압력이 약 0.15 MPa 인 밸브에서의 대표적인 값은 a = 3m , b = 5m 이다.

## 예시 4 실내 고정 설치된 혼합조

| 구 분 | 조건 | |
|---|---|---|
| 설비 및 공정 | 혼합조(실내에 설치되고 정상작동 중 정기적으로 개방, 액체는 배관을 통하여 충전 및 배출, 모든 배관 용접된 플랜지 접속) | |
| 취급물질 | 종 류 | 인화성 액체 |
| | 인 화 점 | 운전온도 및 대기온도 이하 |
| | 증기비중 | 공기보다 무거움 |
| 누 출 원 | 누출원 및 누출등급 | 1. 용기내의 액체 표면 : 연속<br>2. 혼합조 개구부 : 1차<br>3. 혼합조 인근의 액체 넘침 또는 누설 : 2차 |
| 환 기 | 형 태 | 강제 환기 |
| | 등 급 | 저(혼합조 내부), 중(혼합조 외부) |
| | 유 효 성 | 양 호 |

■ **위험장소 구분도**

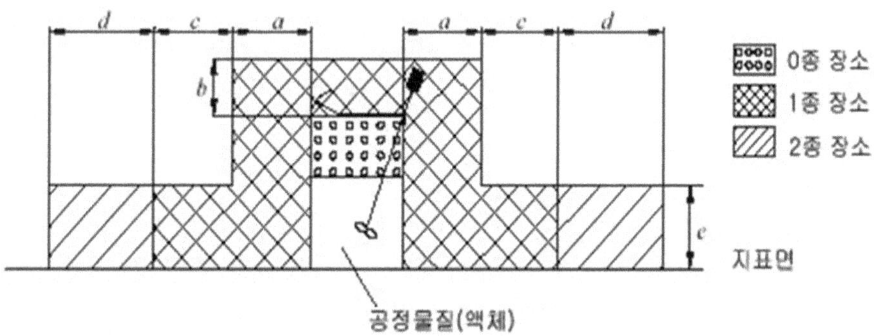


※ 이 예시에서의 대표적인 값은 a = 1m, b = 1m, c = 1m, d = 2m, e = 1m 이다.

### 예시 5 실내 설치된 수소 압축기

| 구 분 | 조건 | |
|---|---|---|
| 설비 및 공정 | 수소압축기(건물 내 지면 위에 개방 설치) | |
| 취급물질 | 종 류 | 수소 가스 |
| | 인 화 점 | - |
| | 증기비중 | 공기보다 가벼움 |
| 누 출 원 | 누 출 원 | 압축기 기밀부, 인근의 밸브, 플랜지 등 |
| | 누출등급 | 2차 |
| 환 기 | 형 태 | 자연 환기 |
| | 등 급 | 중 |
| | 유 효 성 | 우 수 |

■ 위험장소 구분도

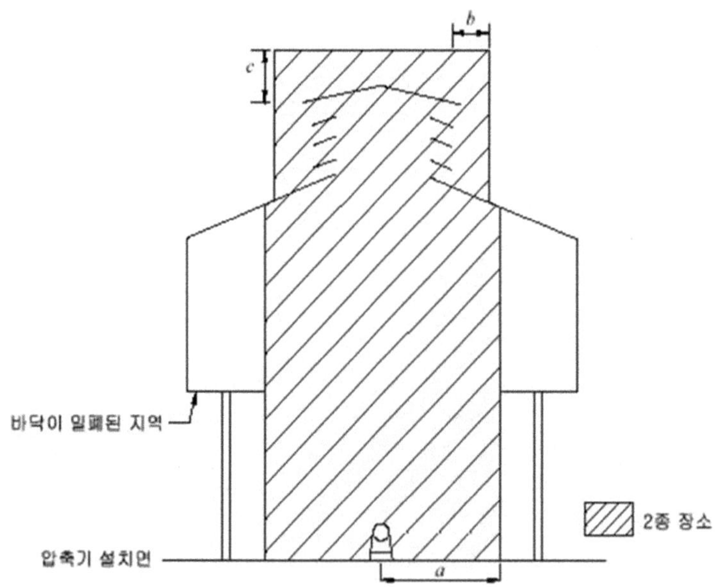


※ 이 예시에서의 대표적인 값은 a = 3m, b = 1m, c = 1m 이다.

## 예시 6 도장공장의 혼합실

실내의 펌프 〈예 2〉 및 혼합조 〈예 4〉를 응용한 경우로서, 실내에 4개의 페인트 혼합조(②)와 3대의 펌프(①)가 있다. 폭발위험장소에 영향을 미치는 조건은 〈예 2〉와 〈예 4〉를 참조한다.

■ **위험장소 구분도**

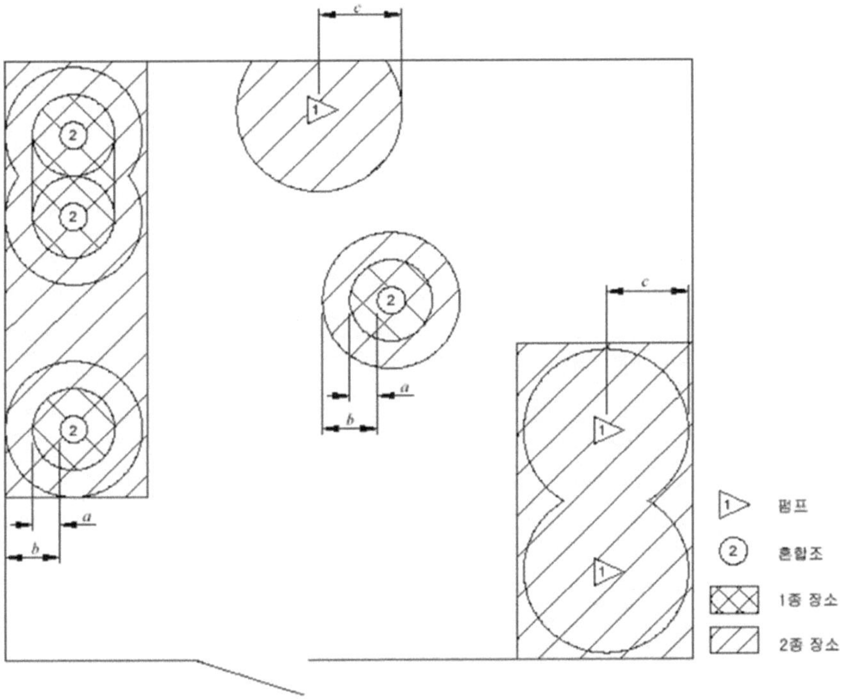


※ 이 예시의 대표적인 값은 a = 2m, b = 4m, c = 3m 이다.

〈예 2〉와 〈예 4〉에서 폭발위험장소의 범위는 누출원을 중심으로 원통형이 된다. 그러나 혼합조가 서로 근접한 경우에는 박스 형태로 범위가 넓어진다. 여기에서,

1) 펌프와 혼합조는 서로 용접배관에 의하여 연결되어 있고, 설비 인근의 배관에는 플랜지와 밸브 등이 있다고 가정하였다.
2) 다른 누출원과 개방된 혼합조 등이 있을 수 있으나, 여기에서는 고려하지 않았다.

아래의 도표는 폭발위험장소 구분을 위하여, 현장에서 사용되는 인화성물질의 목록 및 각각의 누출원에 대한 폭발위험장소의 범위를 계산한 누출원 목록의 예시이다.

### 〈표 2-17〉 폭발위험장소의 구분을 위한 인화성물질의 목록

| 설비명 : 도장공장(예 6 참조) | | | | | | | | | | |
|---|---|---|---|---|---|---|---|---|---|---|
| 구분 | 인화성물질 | | 인화점 (℃) | 폭발하한 | | 휘발성 | | 비중 | 발화 온도 (℃) | 그룹 및 온도등급 |
| | 물질명 | 분자식 | | kg/㎥ | vol% | 증기압 (20℃,kPa) | 끓는점 (℃) | | | |
| 1 | 낮은 인화점 용제 | $C_6H_{12}$ | -18 | 0.042 | 1.2 | 5.8 | 81 | 2.9 | 260 | $II_AT_3$ |
| | | | | | | | | | | |

### 〈표 2-18〉 폭발위험장소의 구분을 위한 누출원 목록

| 설비명 : 도장공장(예 6 참조) | | | | | | | | | | | | | |
|---|---|---|---|---|---|---|---|---|---|---|---|---|---|
| 구분 | 누 출 원 | | 누출 등급 | 인화성 물질 | | | 상태 | 환기 | | | 폭발위험장소 | | |
| | 설비 | 위치 | | 〈표2-17〉 구분번호 | 운전 온도 (℃) | 운전 압력 (KPa) | | 형태 | 등급 | 유효성 | 종류 | 수평 (m) | 수직 (m) |
| 1 | 용제 펌프 | 펌프장 | 2차 | 1 | 대기 | 대기 | 액체 | 강제 | 중 | 양호 | 2종 | 1.0 | 3.0 |
| 2 | 혼합 노즐 액체 표면 | 혼합장 | 연속 | 1 | 대기 | 대기 | 액체 | 강제 | 저 | 미흡 | 0종 | 내부 | 내부 |
| 3 | 혼합 노즐 | 혼합장 | 1차 | 1 | 대기 | 대기 | 액체 | 강제 | 중 | 양호 | 1종 | 1.0 | 2.0 |
| 4 | 혼합 노즐 유출 | 혼합장 | 2차 | 1 | 대기 | 대기 | 액체 | 강제 | 중 | 양호 | 1종 | 1.0 | 2.0 |

## 실.전.연.습

인화성 액체를 취급하는 공정에 대해 북미규정 및 국내규정에 의한 폭발위험장소 구분도를 작성하여 비교하시오.

누출원은 모든 설비의 입·출입 배관에 설치된 밸브만을 고려한다. (17개소)

1. 북미규정에 의한 폭발위험장소 구분도 작성을 위한 정보

건물 및 구조물의 특성은 다음과 같다.

(1) 다이크(Dike) : 높이 3 m의 둔턱이 세워져 있어, 탱크 1 및 탱크 2의 누출에도 다이크 외부로 인화성 액체가 넘치지 않는다.

(2) 제어실 : 양압설비가 설치되어 있어, 외부로부터의 가스 또는 증기가 유입되지 않도록 설계되어 있다.

(3) 혼합기실 : 1층 건축물(높이 3m)로서 환기가 충분하도록 환기팬이 설치되어 있다.

(4) 응축기실 : 환기를 위해 지붕만 있고, 사면 벽이 없는 구조물이다.

탱크 및 펌프 등 설비의 특성은 다음과 같다.

(1) 탱크 1, 탱크 2, 탱크 3의 저장용량은 100 $m^3$을 초과한다. (대)에 해당

(2) 탱크 4 및 혼합기1 ~ 혼합기4의 저장용량은 15 $m^3$ 이하이다. (소)에 해당

(3) 공정 내의 모든 유량은 500 l/분으로 가정한다. (중)에 해당

※ (대), (중), (소)는 북미규정에서 정의하는 공정설비의 규모이다.

2. 국내규정에 의한 폭발위험장소 구분도 작성을 위한 정보

**가. 다이크 내 탱크 1 및 탱크 2의 누설 시나리오**

- 인화성 액체로 채워진 3 m 높이의 저장탱크
- 운전조건 : 저장용기 브리더 밸브의 설정치는 +0.05 bar

- 사고내용 : 밸브 손상으로 1 $mm^2$의 구멍을 통해 인화성 액체가 누출
    - 인화성 액체의 밀도 : 790 $kg/m^3$
    - 중력가속도 : 9.81 m/초$^2$
    - 인화성 액체의 분자량 : 92.14(kg/kmol)
    - 폭발 하한 (LEL) : 0.046 $kg/m^3$ (1.2 % vol.)
    - 누출 등급 : 2차
    - 환기 횟수 (C) : 1회/시간 ($2.8\times10^{-4}$/초)
    - 품질 계수 (f) : 5
    - 주위 온도 (T) : 20℃ (293K)

나. 옥외 탱크 3의 누설 시나리오

- 인화성 액체의 분자량 : 92.14(kg/kmol)
- 폭발 하한 (LEL) : 0.046 $kg/m^3$ (1.2 % vol.)
- 누출 등급 : 2차
- 누출율 (dG/dt)max : $1.7\times10^{-2}$ kg/초
- 환기 횟수 (C) : 옥외 ($3\times10^{-2}$/초)
- 품질 계수 (f) : 1
- 주위 온도 (T) : 20℃ (293K)

다. 혼합기실 탱크 4 및 혼합기1~혼합기4의 누출 시나리오

- 인화성 액체의 분자량 : 92.14(kg/kmol)
- 폭발 하한 (LEL) : 0.046 $kg/m^3$ (1.2 % vol.)
- 누출 등급 : 2차
- 누출율 (dG/dt)max : $1.7\times10^{-3}$ kg/초
- 환기 횟수 (C) : 12회/시간 ($3.33\times10^{-3}$/초)
- 품질 계수 (f) : 3
- 주위 온도 (T) : 30℃ (303K)

라. 펌프의 전단 밸브 및 3 way 밸브의 누설 시나리오

- 인화성 액체의 분자량 : 92.14(㎏/kmol)
- 폭발 하한 (LEL) : 0.046 ㎏/㎥ (1.2 % vol.)
- 누출 등급 : 2차
- 누출율 (dG/dt)max : $2.8 \times 10^{-2}$ kg/초
- 환기 횟수 (C) : 옥외 ($3 \times 10^{-2}$/초)
- 품질 계수 (f) : 1
- 주위 온도 (T) : 20℃ (293K)

마. 열교환기의 전단 밸브의 누출 시나리오

- 인화성 액체의 분자량 : 92.14(㎏/kmol)
- 폭발 하한 (LEL) : 0.046 ㎏/㎥ (1.2 % vol.)
- 누출 등급 : 2차
- 누출율 (dG/dt)max : $1.7 \times 10^{-2}$ kg/초
- 환기 횟수 (C) : 옥외 ($3 \times 10^{-2}$/초)
- 품질 계수 (f) : 3
- 주위 온도 (T) : 20℃ (293K)

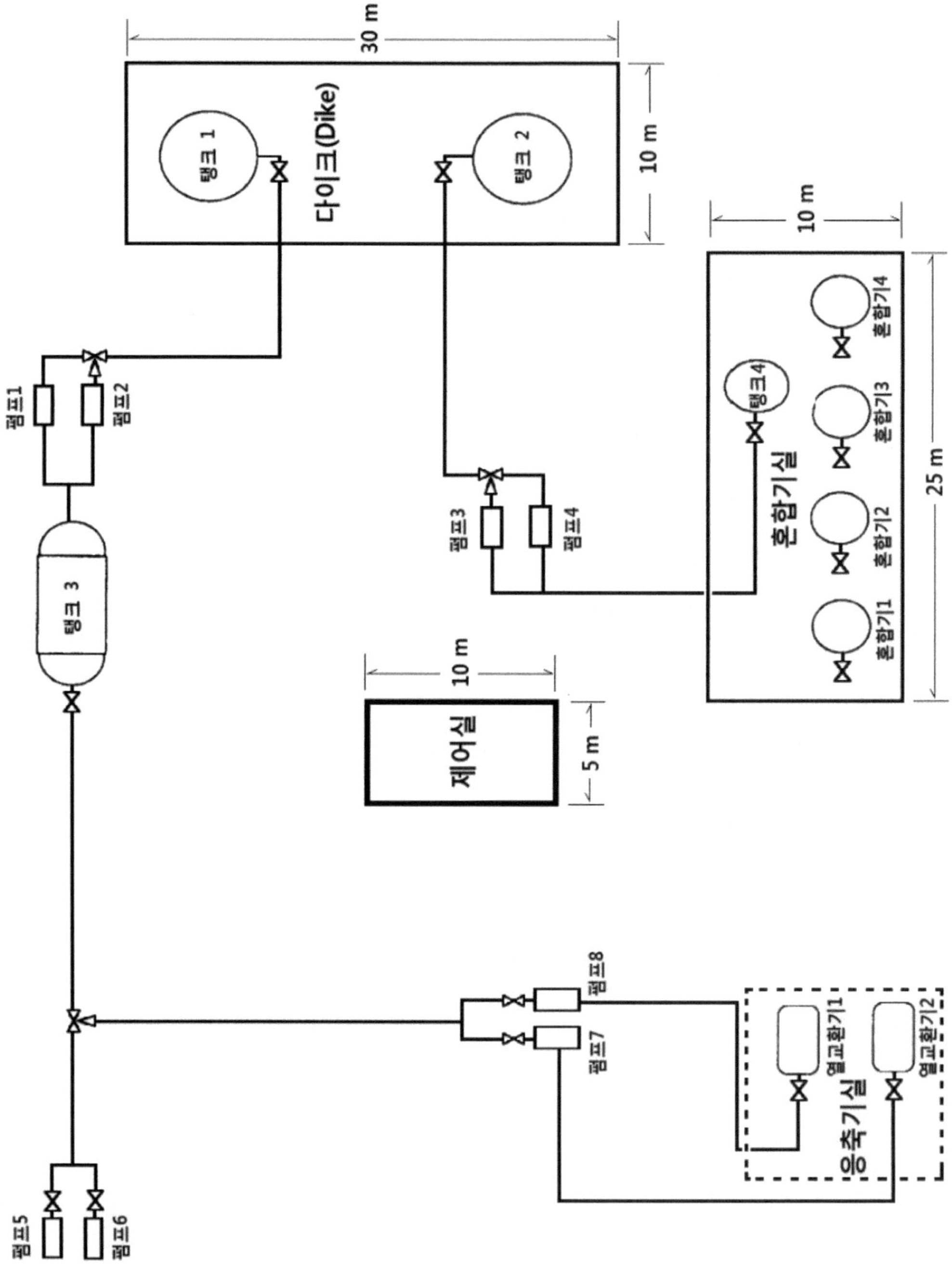
30 m
10 m
다이크(Dike)
탱크 1
탱크 2
펌프1
펌프2
탱크 3
펌프3
펌프4
10 m
25 m
혼합기실
탱크4
혼합기1
혼합기2
혼합기3
혼합기4
10 m
5 m
제어실
펌프5
펌프6
펌프7
펌프8
응축기실
열교환기1
열교환기2

[작성예시 - 북미 규정에 의한 구분도]

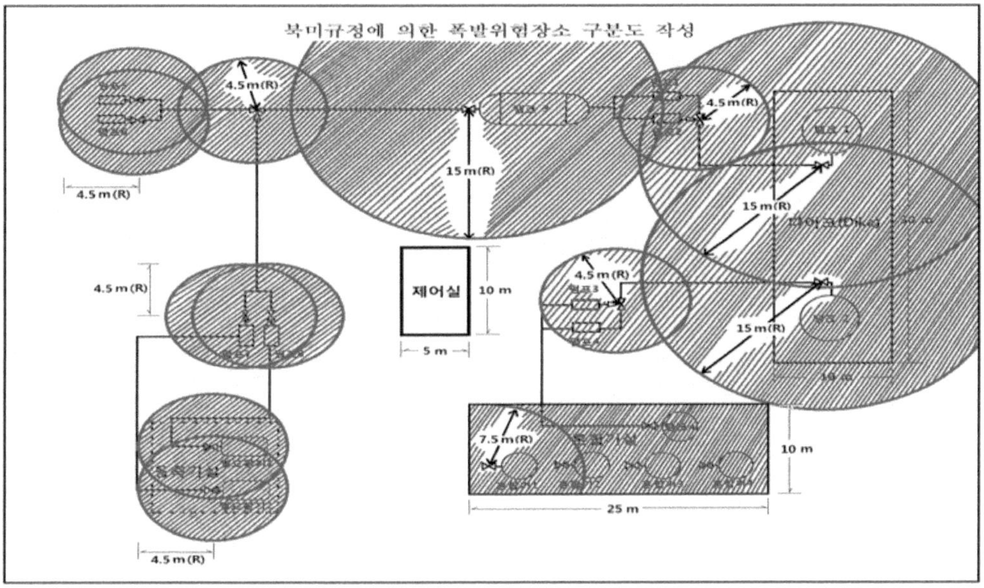


[작성예시 - 국내 규정에 의한 구분도]

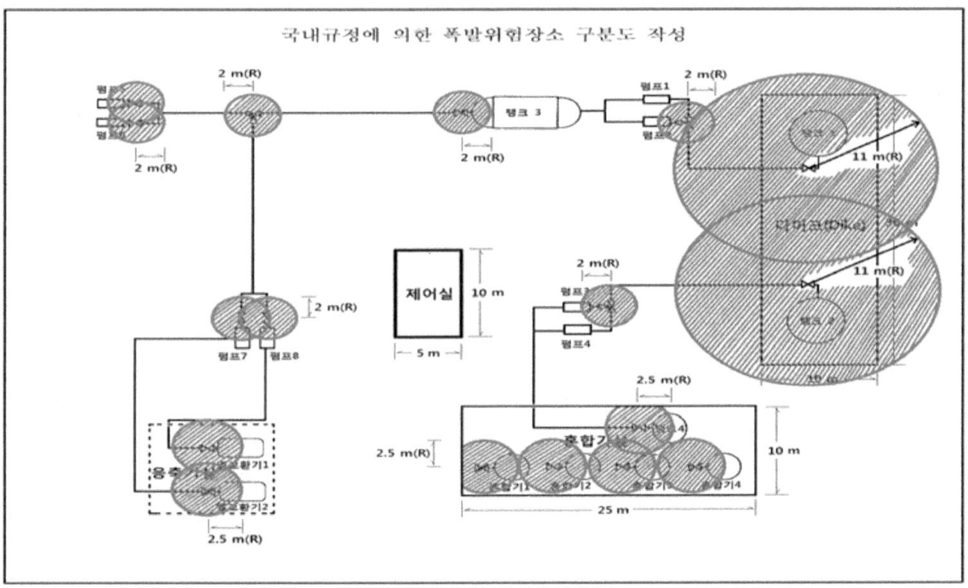

PART

# 03

# 방폭전기기계·기구의 구조 및 종류

## 01 방폭시스템의 구축

폭발위험장소에서 방폭설비를 시공하는 목적은 전기설비 설치지역에서 발생할 우려가 있는 폭발위험을 배제하자는 것이다. 그러므로 방폭의 기본개념은 "폭발위험장소에서의 전기안전"이며, 전기기술의 한 분야로 이해할 필요가 있다. 더구나 안전 확보에는 단순히 하드웨어적인 요건뿐만 아니라, 방폭과 관련된 소프트웨어적인 기술력도 필요 불가결의 조건이 된다. 1975년 유럽에서는 방폭에 대한 일정 수준의 안전을 확보하기 위해서, 제조자 측의 요구조건만으로 이를 해결할 수 없으며 사용자 측의 주변상황이 고려되어야 한다고 보았다. 즉 전기설비가 설치되는 지역의 위험도, 방폭구조, 방폭배선의 설치, 방폭성능 유지 등 방폭시스템을 구성하는 것이 필요하다고 보았으며, 현재 이를 기초로 한 국제규격이 계속 제·개정되고 있다.

원래 광산에서 시작된 폭발재해의 방지책으로 구조적인 것만으로는 목적을 달성할 수 없다는 것을 이미 알고 있었으며, 폭발방지책의 제1단계로서 메탄가스의 농도가 1.5 vol.%를 초과할 때 통전을 차단하는 것이었고, 제2단계로서 특정의 기술방식 즉, 방폭구조를 갖는 전기·계장설비를 설치하는 것이었다. 또한, 제2단계의 대책 외에 메탄가스의 농도가 항상 1.5 vol.%를 초과하는 지역에서는 전기·계장설비의 설치를 금지하였다. 현재, 이와 같은 방법이 국제표준으로 제정되어 운영되고 있다.

## 02 전기설비에서의 점화원

전기설비는 점화원의 발생조건에 따라 다음 4가지로 구분할 수 있다.

### (1) 정상상태에서 전기불꽃 또는 고온부가 발생하는 전기설비

정상상태에서 전기불꽃을 발생하는 전기기기의 예로서는 3상 권선형 유도전동기의 슬립링, 직류전동기의 정류자, 단상 유도전동기의 시동접점, 기중개폐기의 접점, 계전기의 접점 등이 있다. 또한, 정상상태에서 고온부를 발생하는 전기기기의 예로서는 히터의 전열체, 전구 온도가 비교적 높은 광원 등이 있다.

### (2) 이상 상태에서만 전기불꽃 또는 고온부가 발생하는 전기설비

이상 상태에서만 전기불꽃 또는 고온부를 발생하는 전기기기의 예로서는 3상 농형 유도전동기, 건식변압기, 전구 온도가 비교적 낮은 광원 등이 있다.

### (3) 전기불꽃 또는 고온부가 점화원으로 되지 않도록 에너지를 제어할 수 있는 전기설비

이에 해당되는 전기기기의 예로서는 일정 에너지를 제한하는 측온 저항체, 전송기류, 유량계, 신호·경보장치, 휴대용 무선기 등이 있다.

### (4) 전기불꽃 및 고온부가 점화원으로 되지 않는 전기설비

이에 해당되는 전기기기의 예로서는 열전온도계, 무전지식 전화기 등이 있다.

또한, 국내규격 KSC IEC 60079-0의 "방폭기기 - 일반 요구사항"에서는 정격전압, 전류, 전력의 최대치 어느 것도 〈표 3-1〉 의 값 이하인 전기기기는 폭발위험분위기의 장소에서 사용하여도 점화원으로 될 우려가 없다. 다만, 이 전기기기가 다른 전기기기에 접속되어 〈표 3-1〉 의 값을 초과할 경우에는 점화원이 될 수 있으므로 주의하여야 한다.

**〈표 3-1〉 폭발위험장소에서 점화원이 되지 않는 정격전압 등의 최대치**

| 구 분 | 값 |
|---|---|
| 정격전압 | 1.5 V |
| 정격전류 | 0.1 A |
| 정격전력(또는 전기에너지) | 25 mW (또는 20 μJ) |

## 03 전기설비의 방폭기술

현재 국내 규격에서 제시하고 있는 전기설비의 방폭기술은 내압, 압력, 유입, 안전증, 본질안전, 비점화, 몰드, 충전 및 특수 방폭구조 9가지로 분류된다.

### 3-1. 내압 방폭구조 (기호 "d" : flame proof enclosure)

내압 방폭구조는 용기 내부에서 인화성 증기 또는 가스가 폭발하였을 때 용기가 폭발압력에 견디고 접합면과 개구부 등을 통해 외부의 인화성 증기 또는 가스에 점화되지 않도록 제작한 구조이다. 즉, 해당 용기 내부에 폭발위험분위기가 형성되어 폭발이 발생하더라도 주위로 폭발이 확산되지 않도록 하는 것이 내압 방폭구조의 안전대책 방법이다.

이 때문에 내압 방폭구조의 용기는 대상가스 또는 증기의 폭발압력에 견디도록 견고히 하고, 접합면의 틈새 등으로 화염일주가 생기지 않도록 정밀하게 제작하여야 한다.

또한, 내압 방폭구조에서는 용기 내부로 주위의 폭발위험분위기가 침입하는 것과 침입한 폭발위험분위기가 용기 내부에서 폭발하는 것을 가정하고 있다. 그러므로 용기가 내압 방폭성능을 구비하고 있다면 내장되는 전기기기에 대해 특별한 제약은 없으며, 일반제품을 그대로 내장하여 사용하여도 된다.

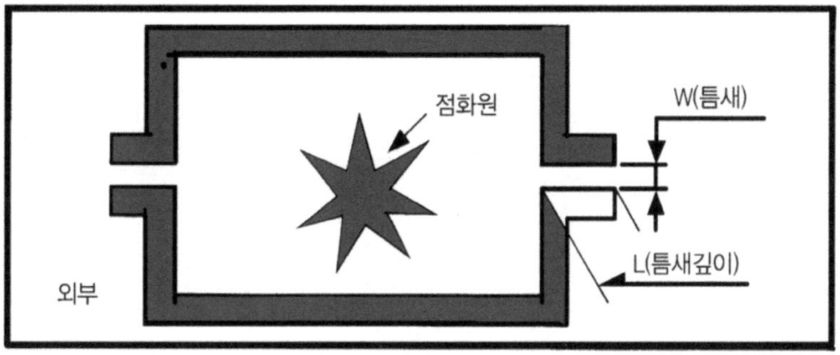


〈그림 3-1〉 내압 방폭구조의 예시

## 3-2. 압력 방폭구조 (기호 “P” : pressurized enclosure)

압력 방폭구조는 용기 내부에 신선한 공기 또는 불활성 가스를 압입하여 내부압력을 유지시킴으로써 인화성 증기 또는 가스가 용기 내부로 유입되지 않도록 한 구조이다. 즉, 점화원으로 될 수 있는 부분을 보호가스로 가압시켜 점화원과 주변의 폭발위험분위기가 공존하지 않도록 한 것이 압력 방폭구조이다.

압력 방폭구조의 용기는 보호가스의 압력에 충분히 견뎌야 하고, 내부압력이 특정 값 이하인 경우 작동하는 보호장치가 필요하다. 더구나 이 방폭구조는 용기 내부에 폭발성 분위기의 침입을 허용하지 않기 때문에 내장하는 전기기기는 폭발방지의 관점에서 특별한 제약이 없다.

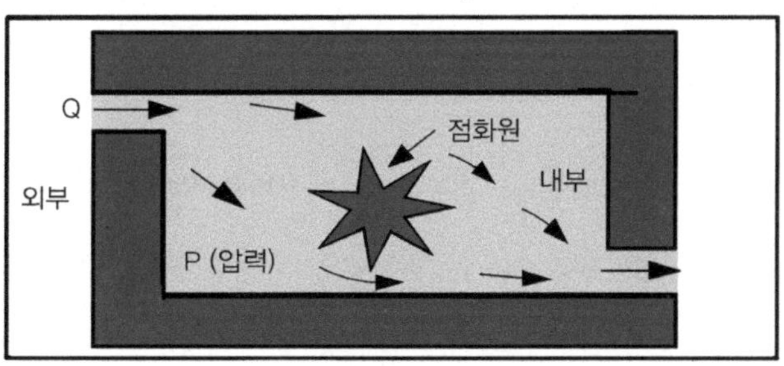


〈그림 3-2〉 압력 방폭구조의 예시

인화성 증기 또는 가스가 용기 내부에 있는 경우 보호가스의 압력을 높이는 것만으로는 방폭성능이 불충분하다. 그러므로 보호가스에 불활성 가스를 사용하는 투입식 압력 방폭구조와 보호가스에 공기를 사용하는 경우 충분한 양의 공기를 송급하여 용기내부의 가스 또는 증기의 농도를 항상 폭발하한 값보다 낮은 값으로 억제하여야 한다.

## 3-3. 유입 방폭구조 (기호 "o" : oil immersed enclosure)

유입 방폭구조는 전기불꽃 또는 고온이 발생하는 부분을 기름 속에 넣고, 기름면 위에 존재하는 인화성 증기 또는 가스에 인화되지 않도록 한 구조이다. 즉, 점화원 부분을 기름 속에 넣어 주위의 폭발위험분위기로부터 격리시킨 구조이다.

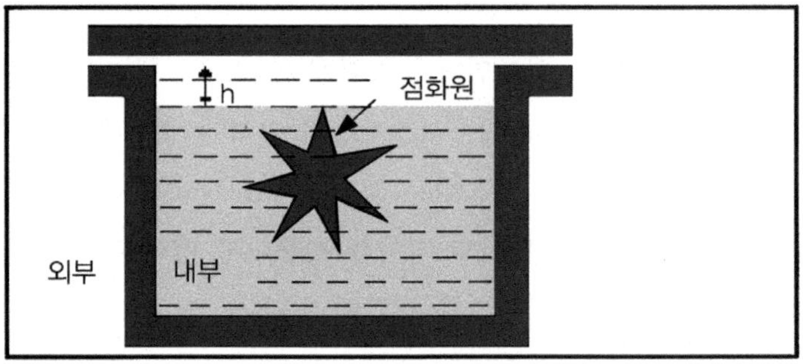


〈그림 3-3〉 유입 방폭구조의 예시

## 3-4. 안전증 방폭구조 (기호 "e" : increased safety enclosure)

안전증 방폭구조는 정상운전 중에 점화원이 될 전기불꽃 또는 고온 부분 등의 발생을 방지하기 위하여, 기계적, 전기적 또는 온도상승에 대해 안전도를 증가시킨 구조이다. 즉, 점화원을 만드는 고장이 일어나지 않도록 안전도를 증가시킨 것이다.

전기불꽃 또는 고온부의 발생을 억제하는 수단으로서는 기계적 강도의 증가, 절연성능의 증가, 접속부의 강화, 온도상승의 저감 등 전기기기의 설계 및 제조에 따른 조건과 전기기기에 대하여 적절한 보호장치가 필요하다.

〈그림 3-4〉 안전증 방폭구조의 예시

## 3-5. 본질안전 방폭구조 (기호 "i" : intrinsically safe enclosure)

본질안전 방폭구조는 정상 또는 사고시 발생하는 전기불꽃 또는 고온에 의하여 점화되지 않는 것이 확인된 구조이다. 즉, 전기불꽃 또는 고온부가 점화원으로서 작용하지 않도록 전기회로에서의 에너지를 억제하는 것이다.

본질안전 방폭구조는 전기회로의 전압, 전류, 정격 값이 어떤 한도 이하에서 동작하도록 한 방폭구조이다.

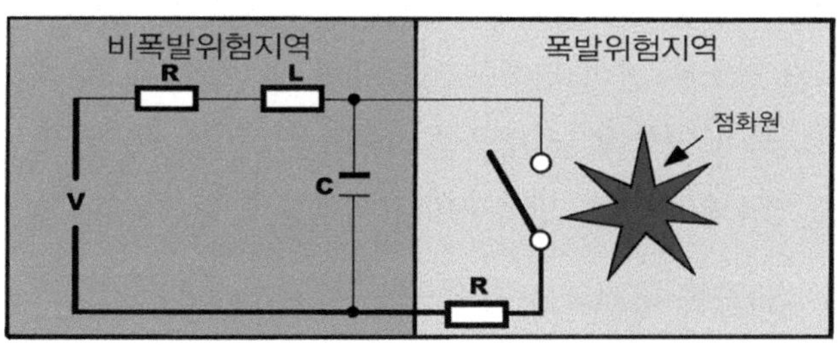


〈그림 3-5〉 본질안전 방폭구조의 예시

본질안전 방폭구조는 방폭구조 중에서 가장 안전한 방폭구조임에는 틀림없으나 실제 산업현장에서 이용 가능한 전력이 매우 작다는 단점을 가지고 있다. <그림 3-6>은 현장에서 적용가능한 본질안전회로의 제한영역을 나타낸 것이다.

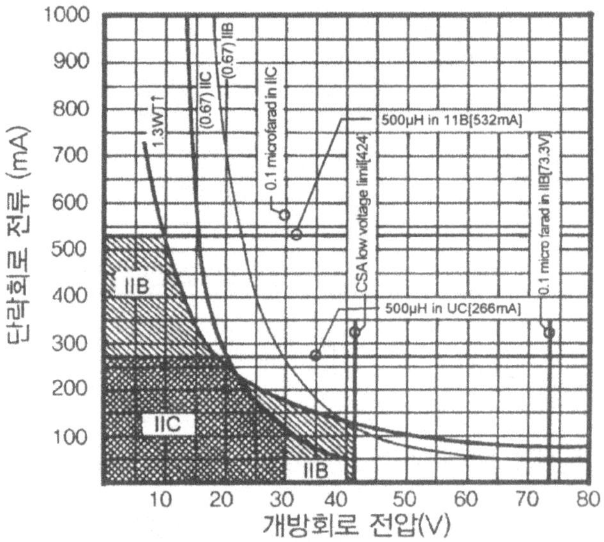


〈그림 3-6〉 본질안전회로의 제한영역

## 3-6. 비점화 방폭구조 (기호 "n" : non sparking non incendive enclosure)

비점화 방폭구조는 정상동작 상태에서는 주변의 인화성 증기 또는 가스에 점화시키지 않고, 또한 점화시킬 수 있는 고장이 발생하지 않도록 한 구조이다. 즉, 2종 장소용 간이 방폭구조라고 할 수 있으며, 2종 장소에만 설치하는 것을 전제로 하여 고안해 낸 방폭구조이다.

2종 장소용 비점화 방폭구조에는 다음과 같은 것이 있다.

① 스파크가 발생하지 않는 전기기기 (기호: Ex nA)

② 접점이 통기제한 용기 내부에 있는 별도의 용기에 의해 적절하게 보호되

고, 동작시에 아크, 스파크 또는 고온표면을 발생하는 전기기기 (기호: Ex nC)

③ 통기제한 용기 (기호: Ex nR)로 구분된다.

그리고 ②의 동작시에 아크, 스파크 또는 고온표면을 발생하는 전기기기의 구성부품에 적용하는 보호방법으로서는 ③의 통기제한 용기에 수납하는 것 외에

(a) 수납차단기구(Enclosed-break Device),
(b) 비점화 부품(Non-incendive Component),
(c) 용융밀봉기구(Hermetically-sealed Device),
(d) 밀폐밀봉기구(Sealed Device)
(e) 에너지 제한기기 및 회로의 5종류가 있다.

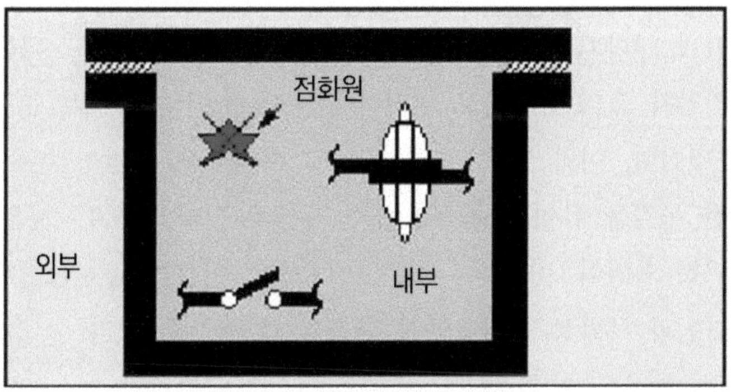


〈그림 3-7〉 비점화 방폭구조의 예시

## 3-7. 몰드 방폭구조 (기호 "m" : encapsulation enclosure)

몰드 방폭구조는 폭발성 가스 또는 증기에 점화시킬 수 있는 전기불꽃 또는 고온 발생부분을 컴파운드로 밀폐시킨 구조이다. 즉, 주위의 폭발성 분위기에 점화되지 않도록 점화원을 절연성의 컴파운드로 포입한 것이 몰드 방폭구조이다.

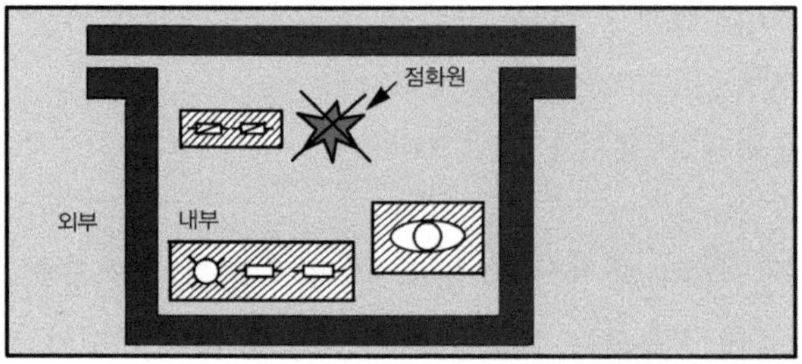


〈그림 3-8〉 몰드 방폭구조의 예시

## 3-8. 충전 방폭구조 (기호 "q" : sand filled apparatus enclosure)

충전 방폭구조는 점화원이 될 수 있는 전기불꽃 또는 고온 부분을 용기 내부의 적정한 위치에 고정시키고 그 주위를 충전물질로 충전하여 인화성 증기 및 가스의 유입 또는 점화를 어렵게 하고, 화염전파를 방지하여 외부의 가스 또는 증기에 인화되지 않도록 한 구조이다. 즉, 점화원으로 되는 부분을 석영가루나 유리입자 등의 충전물로 완전하게 덮어 주위의 폭발성 분위기의 점화를 방지하는 것이다. 이와 같은 충전 물질의 사이에도 폭발성 분위기는 침투하므로, 이 충전 물질을 유입 방폭구조에서 기름과 같다고 하는 것은 무리이나, 충전물질 사이를 화염이 전파하는 것은 아니므로, 이들의 충전물질에 의하여 결과적으로 점화원과 폭발성 분위기와의 격리를 달성할 수 있다.

〈그림 3-9〉 충전 방폭구조의 예시

## 3-9. 특수 방폭구조 (기호 "s" : special enclosure)

특수 방폭구조는 앞에서 설명한 방폭구조 이외의 구조로서, 폭발성 위험분위기에서 점화를 방지할 수 있는 것이 시험, 기타 방법에 의하여 확인된 구조이다. 규격에서는 특수 방폭구조에 대해서는 총괄적인 요건만 표시하고 있다.

현재 우리나라에서는 폭발성 가스 및 증기에 대한 9 가지 방폭구조에 대하여 안전인증을 실시하고 있다. 방폭 시스템에서 최후의 수단(수동적 대처방법)으로 방폭구조 전기기계·기구를 사용하는 국한적 억제방식은 점화원 격리, 점화원이 발생하지 않도록 안전도 증가, 점화원의 에너지 제한 및 점화가 발생된 화염의 전파방지 등으로 크게 나눌 수 있다. 〈표 3-2〉는 앞서 설명한 9 가지 방폭구조를 이와 같은 억제방식으로 그룹화시킨 것이다.

〈표 3-2〉 국한적 억제방식의 분류

| 억제 방식 | 방폭 구조 | 대상 전기기기 |
|---|---|---|
| 격리 | * 유입(Oil Immersion)<br>* 압력(Pressurization)<br>* 충전(Powder Filling)<br>* 몰드(Encapsulation) | * 변압기, 스위치 기어<br>* 제어실, 분석계<br>* 계측기<br>* 퓨즈<br>* 계측기, 컨트롤 기어 |
| 안전도 증가 | * 안전증(Increased Safety)<br>* 비점화(Non-Incendive) | * 전동기, 등기구, 박스<br>* 전동기, 등기구, 용기 |
| 에너지 제한 | * 본질안전(Intrinsic Safety) | * 계측기, 컨트롤 기어 |
| 화염 전파방지 | * 내압(Flameproof) | * 스위치 기어, 모터, 펌프 |
| 특수 | * 특수(Special) | * 가스 검지기 |

## 04 방폭응용 기초기술

### 4-1. 고주파 방사에 의한 가연성 분위기의 점화방지 기술

고주파 방사에 의한 점화위험성은 전자파가 금속성 도체 구조물과 충돌하여 전류가 유도되는 무선주파수 송신기에 의해 발생하며, 유도된 전류의 크기는 송신된 신호의 파장 및 전자장의 파장에 관련된 구조물의 형상과 크기에 의존하게 된다. 정상적으로 접촉하고 있는 구조물의 일부분이 순간적으로 차단되거나 분리될 때, 차단시 유도된 전압 또는 전류가 충분히 크다면 스파크가 발생할 수 있다고 영국의 전자기기 기준위원회에서 최초로 보고하였다. 만일, 이러한 상황이 폭발위험장소에서 발생된다면 위험상태가 초래될 수 있다. 그러나 점화 가능성은 스파크가 가연성 분위기를 점화시킬 수 있는 충분한 에너지를 방출하여야 하는 등 여러 가지 요인에 의존한다.

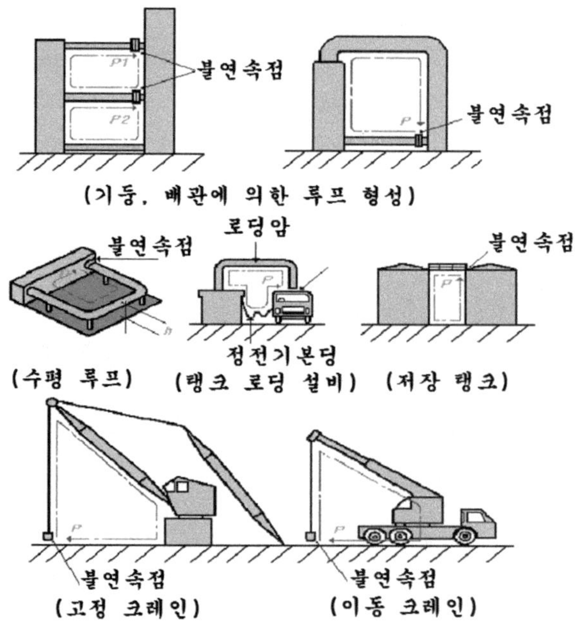


〈그림 3-10〉 전형적인 루프형 구조물

<그림 3-10>은 산업현장에서 볼 수 있는 전형적인 루프형 구조물의 예를 나타낸 것이다. 구조물에서의 추출 전력을 측정하기 위해서는 전자장 측정의 시험장비 요구사항과 전자장 세기 및 추출전력, 시험전송, 점화시험 등의 측정방법에 대한 모든 정보를 전문단체의 기술지원을 받아 측정하여야 할 것이다. 이때 과대한 고주파 방사로부터 인체에 대한 폭로를 방호할 수 있도록 조치하여야 한다.

고주파 방사에 의한 점화위험성을 낮추기 위해서는 다음과 같은 조치가 권고된다.

① 낮은 고주파 임피던스의 도체에 의해 두 개의 금속성 부분을 접속하는 본딩이 필요하다.

② 절연물질을 이용하면 불연속 지점에서 고주파 전류가 본질적으로 감소되므로 방전발생의 가능성을 최소화시킬 수 있다.

③ 루프형 구조물의 추출전력의 효율은 길이 대 파장비율에 대하여 임계적으로 의존하므로, 루프 길이가 감소한다면 급격하게 효율이 감소한다.

④ 유도성 부품을 접속한 동조감소 시스템에 의한 불연속지점은 추출전력을 감소시킬 수 있다.

## 4-2. 본질안전 방폭의 원리

### (1) 기본개념

전기적인 결함으로 인해 위험지역으로 유입되는 전압과 전류에 대한 에너지는 제한하게 된다. 즉, 이는 전압과 전류에 의한 전기적 에너지가 위험지역에 전달되는 위험성을 각 가스의 그룹별로 점화 한계치 이하로 제한하여 줌으로써 필요한 최소한의 에너지만으로 필요한 동력을 얻어 운영하여 본질적으로 점화원을 제거하는 방법이다. 본질안전에서 고려해야 할 메카니즘은 전기적 스파크에 의한 에너지와 표면상승에 의한 온도의 영향이다. 어떤 사고에 의한 에너지

상승도 고려될 수 있다. 결론적으로 본질안전이란 안전지역 장비와 위험지역 장비 그리고 이 두 가지의 조합이 모두 고려되어야 하는 시스템 개념이다. 본질안전은 아래와 같이 두 가지로 분류된다.

① Exia : 사고에 대해 2중 안전보장 (0종, 1종, 2종 장소에서 사용)
② Exib : 하나의 사고에 대해 안전보장 (1종, 2종 장소에서 사용)

본질안전은 0종 장소에서 유일하게 사용될 수 있는 방폭의 방법이며, 1종 장소에서도 본질안전이 훨씬 유리한 기술이다. 또한 이 기술은 장비보호나 유지보수의 편리를 위해서 2종 장소에서도 사용된다.

이 기술의 가장 기본적인 장점은 저가이며, 편리한 설치, 그리고 전 라인 가동 중에 전원을 차단하지 않고도 보수를 행할 수 있다는 점이다. 반면 불편한 점으로는 유용한 전원이 저전력이라는 점과 본질안전회로의 이해가 어렵다는 선입관이라 할 수 있다. 일반적으로 전기적 요구치가 1.3 W 이하라면 본질안전은 가장 좋고 확실한 방폭기술이다. 만일, 요구되는 전력이 1.3 W를 초과하거나, 30 V 이상의 전압이거나, 250 mA이상의 전류라면 다른 방폭기술로 대체해야 한다.

### (2) 본질안전 방폭의 종류

본질안전 방폭의 종류에는 다음과 같은 2가지의 방법이 있으며, 이의 장단점은 다음과 같다.

#### (가) 제너 베리어(Zener Barrier)

제너 베리어는 본질적으로 간단한 구조이며, 수명이 길고 안전하다. 이는 접지설계시 제어기 등 주변기기의 접지상태에 의해 제약을 받는 반면, 가격이 저렴하다. 제너 베리어는 지락사고에 대하여 제한적인 응답을 하며, 일반적으로 캡슐화 되어 퓨즈가 나가면 재사용이 불가능 하다. 전원공급의 범위가 매우 한

정된다.

(나) 격리 베리어(Isolated Barrier)

격리 베리어는 좀 복잡한 구조이나, 제너 베리어에 비해 보다 안정적이다. 일반적으로 접지를 필요로 하지 않으며, 지락사고에 대하여 유동적인 반응을 한다. 이는 제너 베리어와는 달리 퓨즈 단락시 교환이 가능하고, 넓은 범위의 전원에 대하여 수용이 가능하다.

### (3) 제너 베리어의 회로

제너 안전 베리어(Zener safety barrier)는 전류와 전압이 미리 설계된 시험에 의해 제한되도록 <그림 3-11>과 같이 설계되어 있다. 제너 베리어는 안전지역에 설치되어야 하므로, 단자대 1과 2는 안전지역, 3과 4는 위험지역에서 연결된다. 단자대 2와 4는 장치 내에서 공통으로 연결되며, 외부적으로 접지가 양호하여야 한다.

(가) 안전정격

안전지역으로부터 위험지역에 전달되는 최대전력은 단자대 3과 4사이의 단락에 의해 발생되는 전압과 전류의 값이 될 것이다. 이러한 상태 하에서 R에 의한 전류와 전압 Vz가 생성될 것이다. 그러므로 제너 베리어의 안전정격은 I -Vz/R가 된다.

일반적으로 28 V, 300 ohm의 베리어라고 하면 Vz=28 V, R=300 ohm의 관계를 의미한다.

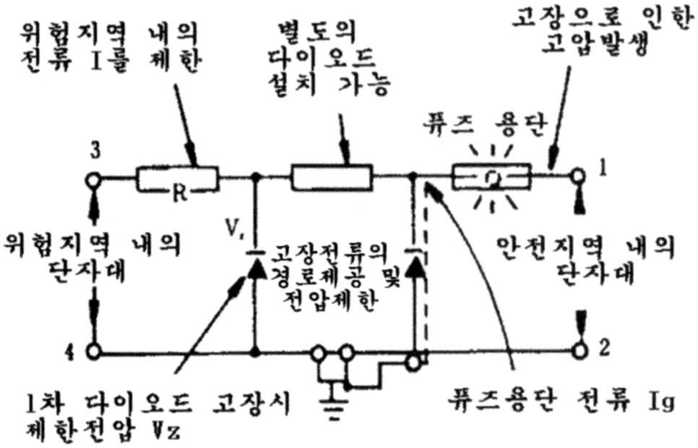


〈그림 3-11〉 기본적인 제너 베리어의 회로

(나) 퓨즈 정격과 최대 베리어 전류

최대전류는 베리어의 저항에 의하여 생성된다. 이 전류의 값은 퓨즈 정격×1.7보다 낮아야 할 것이다. 단자대 3과 4의 최대전류는 퓨즈 값이 아니라 장치의 값에 의하여 정의된다.

(다) 저항

이 값은 안전정격의 값보다 일반적으로 약간 높다. 대체로 안전정격의 50% 이상이다.

## (4) 제너 베리어의 설치

제너 베리어는 원칙적으로 안전지역에 설치되어야 하나, 만일 위험지역에 베리어를 설치하고자 한다면 2종 장소에서는 비점화 방폭, 1종 장소에서는 내압 방폭 등의 방법을 강구하여 설치하면 된다. 그리고 본질안전 방폭회로의 배선은 다음과 같이 설치하여야 한다.

① 본질안전 회로와 비본질 안전회로의 혼선을 방지할 것
② 본질안전 회로가 비본질 안전회로의 정전유도 또는 전자유도를 받지 않도록 할 것
③ 본질 안전기기와 본질 안전회로의 접지 및 기타사항에 대해서 조건이 부여될 경우에는 그 조건에 따를 것
④ 본질 안전기기와 관련기기의 조합구성에 있어서 본질안전회로의 허용 인덕턴스 및 커패시턴스가 지정된 값을 넘지 않아야 한다.

### (5) 본질안전과 내압 방폭구조와의 비교

내압 방폭구조에 비하여 본질안전 방폭구조가 경제적으로 훨씬 유리하며, 내압 방폭구조에 비해 본질안전 방폭구조가 훨씬 소규모로 설치될 수 있으므로 복잡한 작업장의 공간을 넓게 사용할 수 있다. 내압 방폭구조는 위험지역에서 점화원은 그대로 인정하고, 이 점화원을 충분한 강도를 가진 용기 내에 보호시켜 용기 내에서 폭발을 해도 주위의 폭발성 물질에 인화되지 않도록 하는 방법임에 비하여, 본질안전 방폭구조는 전기기기를 전자화하여 점화원을 최소한의 전기에너지만이 위험지역에 흐르도록 제한하여 주위의 가연성물질에는 점화능력이 없도록 하는 것으로서 제품의 외관, 원가, 신뢰성 등에서 훨씬 우수하기 때문에 그 수요가 날로 증가되고 있는 실정이다. 즉, 본질안전 방폭은 내압 방폭구조와 같이 물리적인 분리방법에 의존하고 있지 않으며, 회로 중에 사용되고 있는 전기에너지가 최소 점화에너지보다 작고, 정상작동 중에 2 개의 독립된 사고에 대해서도 안전한 기술이다. 이것은 기본적으로 0.5 W 정도 제한되는 저전력 기술이며, 실용상 계장기술에 적합하다. 외장 케이블을 사용하지 않으나, 만일 물리적인 손상이 예상된다 하더라도 케이블은 손상을 받더라도 본질안전 회로는 안전성을 보장한다. 유지·보수시 주전원을 차단하고 점검해야 하는 방식과는 달리 전원이 있는 상태에서도 점검이 가능하므로 무한한 시간과 경비를 절감할 수 있다.

# 4-3. 방폭 부품

전기, 계장설비 전체가 착화원의 요인으로 되지는 않는다. 앞에서 설명한 방폭구조는 착화원이 무엇인지와는 관계없이 전기장치 전체를 용기로 덮는다는 발상이 기초가 되었다. 기존의 설비는 거의 이러한 개념을 도입한 것이다. 그렇지만 실제 착화원이 되는 것은 "부품"이다. 그러므로 설계단계에서 이를 예측하여, 부품이 착화원으로 되지 않는 대책을 강구한다면 설치지역이 1종 장소이던 2종 장소이던 간에 충분한 방폭성능을 확보할 수 있다.

<그림 3-12>는 부품을 몰딩 처리하는 방폭형식의 개념도를 나타낸 것이다. 구체적 대책으로는 착화원의 요인으로 예측되는 "부품"에 몰딩 처리를 실시하여 폭발성 분위기에 접촉되지 않도록 하는 것이다.

다음에 나타낸 <그림 3-13>은 "방폭 부품"과 비교하여, "n"형 방폭구조 중의 하나인 밀봉시킨 방폭형식의 개념도를 나타낸 것이다.

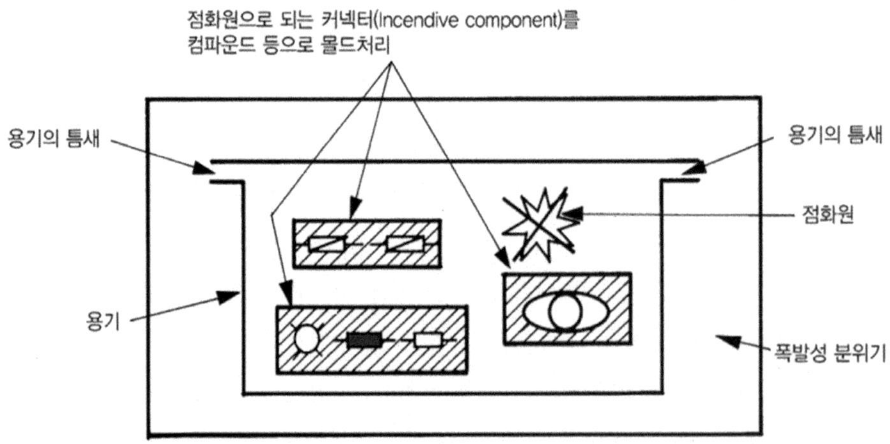


〈그림 3-12〉 m형 방폭 구조도의 개념도

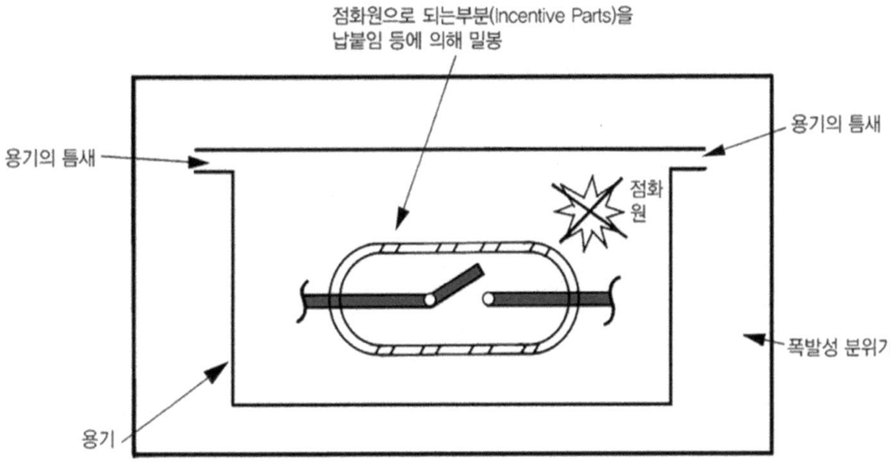


〈그림 3-13〉 용접밀폐 방폭형식의 개념도

# 연_습_문_제

1. 폭발위험장소에서 점화원이 되지 않는 정격전압, 전류 및 전력의 상한치는 얼마인가?

**풀이**

정격전압 1.5 V, 정격전류 0.1 A, 정격전력 25 mW

2. 압력방폭구조에 대해 설명하라.

**풀이**

압력 방폭구조는 용기 내부에 신선한 공기 또는 불활성 가스를 압입하여 내부압력을 유지시킴으로써 인화성 증기 또는 가스가 용기 내부로 유입되지 않도록 한 구조이다. 즉, 점화원으로 될 수 있는 부분을 보호가스로 가압시켜 점화원과 주변의 폭발위험분위기가 공존하지 않도록 한 것이 압력 방폭구조이다.
인화성 증기 또는 가스가 용기 내부에 있는 경우 보호가스의 압력을 높이는 것만으로는 방폭성능이 불충분하다. 그러므로 보호가스에 불활성 가스를 사용하는 투입식 압력 방폭구조와 보호가스에 공기를 사용하는 경우 충분한 양의 공기를 송급하여 용기내부의 가스 또는 증기의 농도를 항상 폭발하한 값보다 낮은 값으로 억제하여야 한다.

3. 본질안전 방폭구조에 대해 설명하라.

**풀이**

본질안전 방폭구조는 정상 또는 사고시 발생하는 전기불꽃 또는 고온에 의하여 점화되지 않도록 한 구조이다. 즉, 전기불꽃 또는 고온부가 점화원으로서 작용하지 않도록 전기회로에서의 에너지를 억제하는 것이다. 본질안전 방폭구조는 방폭구조 중에서 가장 안전한 방폭구조임에는 틀림없으나, 실제 산업현장에서 이용 가능한 전력이 매우 작다는 단점을 가지고 있다.

PART

# 04

# 방폭전기기기 · 설비의 적용 및 설치

## 01 방폭 전기기기의 선정

폭발위험장소에 전기설비를 설치할 경우에는 인화성 가스, 증기 또는 분진에 의한 화재 폭발을 방지하기 위해 사전 조치가 필요하다. 점화원을 갖고 있는 전기기계·기구는 폭발위험장소가 아닌 안전한 장소에 설치하는 것이 이상적이나 그렇지 못할 경우에는 화재폭발이 발생되는데 필요한 3 요소 즉, 인화성물질, 점화원, 산소 중 어느 한 가지 이상이 제거될 수 있도록 전기설비가 설계, 제작, 시공되어야 한다.

### 1-1. 선정원칙

폭발위험장소에 설치되는 전기기기는 다음 사항을 고려하여 선정되어야 한다.

#### (1) 폭발위험장소의 등급

0종, 1종, 2종의 폭발위험장소 등급에 따라 해당지역에 적합한 형태의 기기를 선정해야 한다.

#### (2) 가스·증기의 발화온도

모든 전기기기의 최고 표면온도는 그 기기가 사용되는 장소의 가스·증기의 발화온도에 도달되지 않는 등급의 기기를 사용해야 한다.

**〈표 4-1〉 가스·증기의 발화도와 기기 최대 표면온도**

| 온도 등급 | 기기의 최대 표면온도 | 가스·증기의 발화도 |
|---|---|---|
| $T_1$ | 450℃ 이하 | 〉 450℃ |
| $T_2$ | 300℃ 이하 | 〉 300℃ |
| $T_3$ | 200℃ 이하 | 〉 200℃ |
| $T_4$ | 135℃ 이하 | 〉 135℃ |
| $T_5$ | 100℃ 이하 | 〉 100℃ |
| $T_6$ | 85℃ 이하 | 〉 85℃ |

### (3) 방폭전기기기의 가스 분류

전기기기가 사용되는 장소의 가스·증기의 종류에 따라 이에 적합한 등급의 전기기기를 사용해야 한다.

**〈표 4-2〉 가스·증기의 종류 및 전기기기 등급**

| 가스·증기 종류 | 전기기기의 등급 |
|---|---|
| ⅡA | ⅡA, ⅡB, ⅡC |
| ⅡB | ⅡB, ⅡC |
| ⅡC | ⅡC |

## 1-2. 폭발위험장소별 선정

### (1) 가스·증기로 인한 폭발위험장소 종별에 따른 전기기기

(가) 0종 장소

① 본질안전 방폭구조 (ia)

② 0종 장소에서 사용토록 특별히 고안된 방폭구조

(나) 1종 장소

① (가)항에서 규정한 전기기기

② 내압 방폭구조 (d)

③ 압력 방폭구조 (p)

④ 유입 방폭구조 (o)

⑤ 안전증 방폭구조 (e)

⑥ 본질안전 방폭구조 (ia 또는 ib)

⑦ 충전 방폭구조 (q)

⑧ 몰드형 방폭구조 (m)

⑨ 1종 장소에서 사용토록 특별히 고안된 방폭구조

(다) 2종 장소

① (가) 또는 (나) 항에서 규정한 전기기기

② 비점화형 방폭구조 (n)

③ 슬립링, 정류자 등 스파크를 발생시키는 부분이 없는 회전기로서 정상 운전시의 최고 표면온도가 당해물질 발화온도 80%를 초과하지 않는 비방폭형 기기

④ 스타터 등 스파크를 발생시키는 스위치류가 없는 고정 설치된 조명기구로서 정상사용시 최고표면온도가 당해물질 발화온도의 80%를 초과하지 않는 비방폭형 기기

⑤ 2종 장소에서 사용토록 특별히 고안된 방폭구조

## 02 가스폭발 위험장소의 전기배선

### 2-1. 1종 장소

1종 장소에서 배선은 다음 방법에 따라야 한다.

#### (1) 일반사항

(가) 후강 전선관

후강 전선관을 렌치로 나사결합을 하여 지락사고 전류가 흐를 때 스파크가 발생되지 않도록 해야 하며, 전선관을 연결한 후에도 방폭 성능을 유지하도록 해야 한다. 방폭형 기기에 연결하는 후강전선관의 나사산은 최소 5산 이상이어야 하며, 나사결합은 테이퍼(Taper) 나사방식으로 하거나, 평행나사 방식일 경우 테이퍼 구조의 어댑터를 사용하여야 한다.

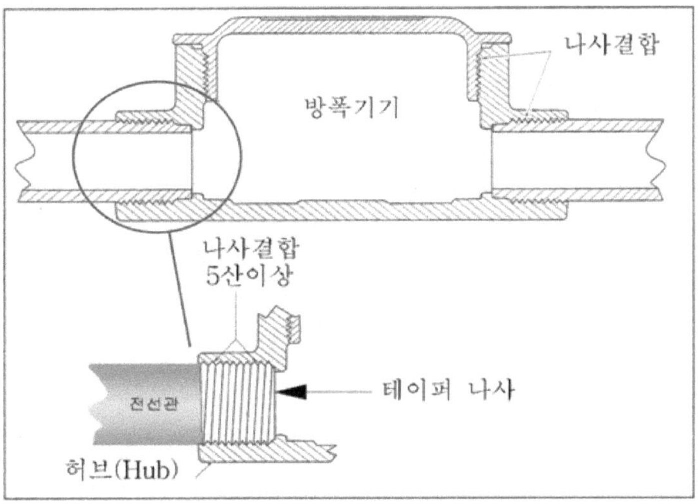


〈그림 4-1〉 전선관을 사용한 배선

테이퍼 나사는 나사의 처음 부분과 끝 부분이 1/16로 경사진 즉, 나사길이 16 mm에 지름이 1 mm씩 끝 부분부터 작아지는 나사이다. 처음에는 헐겁게 채워지나 나사 외경과 내경이 경사져 있기 때문에, 어느 정도 부분부터는 강제적으로 체결되므로 기밀 또는 수밀을 요하는 정밀 체결시 사용된다.

다만, 콘크리트 내의 비금속 전선관이 전선관 하부 50 mm, 전선관 상부 600 mm 두께로 매입되어 있고, 콘크리트에서 돌출된 부분은 최소 600 mm 구간을 후강 전선관, 엘보, 핏팅 등으로 처리하여 전선관에 접지선이 포함된 경우에는 예외로 한다.

(나) MI (Mineral insulated) 케이블 사용

MI 케이블을 폭발위험장소에 적합하도록 단말처리하고 단자 및 핏팅에 장력이 가해지지 않도록 설치해야 한다. MI 케이블은 제작사 명세서에 따라 단말처리를 정확하게 해야 방폭성능이 유지된다. <그림 4-2>는 MI 케이블의 폿(pot)을 실링 컴파운드로 밀봉처리 하였으며, 방폭기기 외함을 NPT 나사로 결합하고 있다.

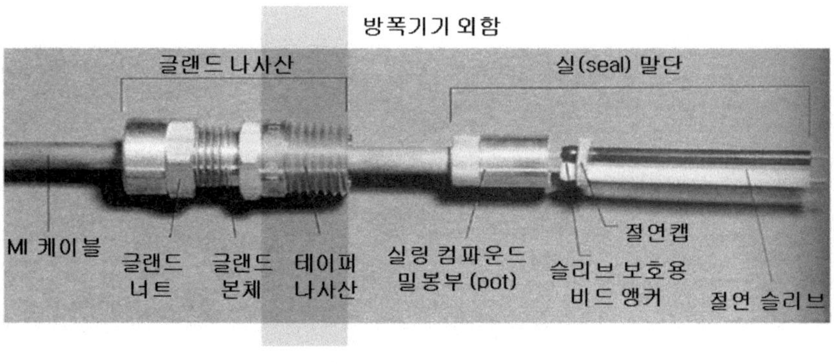


〈그림 4-2〉 MI 케이블 단말처리

(다) MC-HL 케이블 사용

유자격자가 보수·점검하는 장소에서, 가스·증기 밀봉 주름형 금속 쉬스(sheath)가 있는 MC-HL 케이블이 접지선을 내장하고 방폭형 핏팅으로 단말처리하는 경우에는 1종 장소에 사용할 수 있다. MC 케이블의 물리적 손상 가능성 때문에 1종 장소에서 특별히 고안된 케이블을 사용하도록 규정하였으며, 유자격자가 상주하여 관리하도록 규정하고 있다. 여기서 유자격자란 유지보수 과정을 이수한 자로서 케이블의 손상유무와 그 위험성을 판단할 수 있는 능력 보유자로, 보수점검을 위하여 필요시 전원을 통제할 수 있는 사람을 말한다.

**〈그림 4-3〉** MC-HL 케이블

(라) ITC-HL 케이블 사용

유자격자가 보수·점검하는 장소에서, 가스·증기 밀봉 주름형 금속 쉬스(sheath)가 있는 ITC-HL 케이블을 방폭형 핏팅으로 단말 처리하는 경우 1종 장소에서 사용할 수 있다. ITC-HL 케이블은 가스·증기를 방호하고, 연속적으로 주름진 금속 쉬스 및 중합재료 자켓을 갖고 있는 1종 장소용 케이블이다.

### (2) 가요접속(Flexible connection)

전동기 단자에서와 같이 굴절이 요구되는 곳에서, 방폭형 가요(Flexible) 핏팅 또는 가요성 코드를 사용할 수 있다. 가요 전선관의 경우 1종 장소에서는 길이

90 ㎝ 이하의 방폭형이어야 하며, 양단을 나사형 핏팅으로 체결하고, 연속적이고 장기간 지속되는 진동에 적합하도록 설치하여야 한다. 작업 등기구와 같은 이동형기기에 연결되는 가요코드의 경우 접지선이 내장되어야 한다. 또한, 터미널에 장력이 가해지지 않도록 클램프 등으로 지지하고, 코드가 연결되는 부위를 방폭형 핏팅으로 처리하여야 한다.

#### (3) 박스와 핏팅

모든 박스와 핏팅은 1종 장소에 적합한 것을 사용하여야 한다.

### 2-2. 2종 장소

2종 장소에서의 배선은 다음 방법에 따라 설치한다.

#### (1) 일반사항

① 위 1종 장소에 대한 설치방법으로 배선
② 후강 전선관을 사용한 나사결합 방식
③ 가스켓 밀봉방식의 전선로 방식
④ PLTC 케이블의 사용
단자 및 핏팅에 장력이 가해지지 않도록 설치한다.
⑤ ITC 케이블의 사용
⑥ MI, MC, MV 또는 TC 케이블의 사용
케이블을 핏팅으로 단말 처리하거나, 케이블 트레이에 포설하여 단자 및 핏팅에 장력이 가해지지 않도록 하여야 한다. MV 케이블이 단선일 경우 쉴드 또는 금속 외장형이어야 한다.

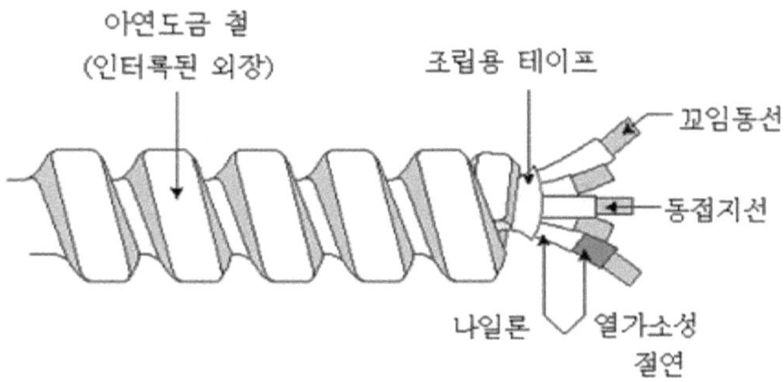


**〈그림 4-4〉** MC 케이블의 구조

### (2) 가요 접속(Flexible connection)

굴절이 요구되는 곳에는 다음의 방법을 이용한다.

① 가요 금속 핏팅
② 가요 금속전선관 및 방폭형 핏팅
③ 방우형 가요 금속전선관 및 방폭형 핏팅
④ 방우형 비금속 가요전선관 및 방폭형 핏팅
⑤ 고장력 가요코드 및 방폭형 핏팅, 코드에는 접지선이 포함되어야 한다.

### (3) 비점화 현장 배선

비방폭 지역에서 사용되는 비점화 현장배선 방식이 허용된다. 비점화 현장배선은 도면에 따라 설치하여야 하며, 도면에 표시되지 않는 부품의 배선은 다른 회로와 연계되지 않을 때 허용된다. 분리된 비점화 현장배선은 다음과 같은 형태로 설치하여야 한다.

① 분리 케이블
② 접지되어 있는 금속 쉴드 내의 다심도체 케이블
③ 각 도체의 절연체 두께가 0.25 mm 이상의 다심도체 케이블

비점화 현장배선은 기기외함에 인입 또는 인출되는 배선으로서 기기 정상작동시 발생되는 아크 또는 열작용에 의하여 인화성 물질이 점화 되지 않는 배선이다. 정상작동이란 회로의 개방, 단락, 지락사고를 포함한다. 대부분의 저압 배선은 비점화 형태이다. 비점화 방폭구조의 회로에는 비점화 현장배선이 허용되며 전화선, 열전대(thermocoulpe)선이 비점화 회로이다. 이 배선방식은 2종 장소에 적용되는 방식으로 1종 장소에서는 허용되지 않는다. 본질안전 배선 방식에서는 정상 또는 비정상 작동시 인화성 물질이 점화되지 않음에 비하여, 비점화 현장배선은 저 에너지 배선방식이므로, 비정상 작동조건이 포함되지 않는 차이점이 있다. 비정상 작동이란 사고, 부품소손, 과전압 또는 부적절한 보수, 점검 등에 의한 것으로서 과부하가 대표적 예이다.

### (4) 박스와 핏팅

모든 박스와 핏팅은 내압 방폭형을 사용하지 않아도 무방하며, 2종 장소에 적합한 것을 사용하여야 한다.

## 03 가스폭발 위험장소의 전선관 실링

전선관에는 실링을 하여야 하며, MI 케이블에 실링 재료를 사용할 때는 케이블 절연체에 습기 및 다른 액체가 스며들지 않도록 하여야 한다.

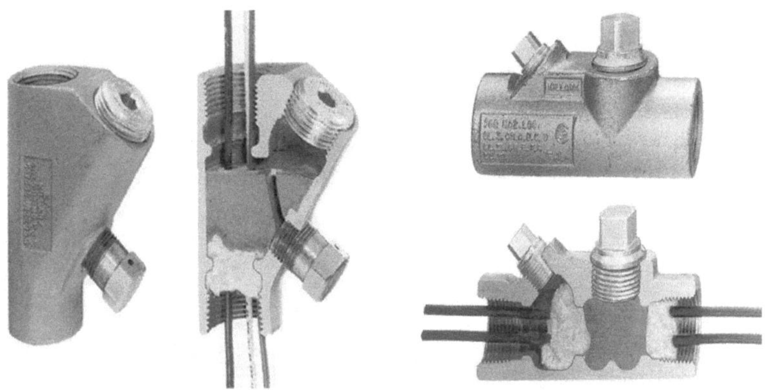

종형 횡형

〈그림 4-5〉 전선관 실링 핏팅

실링은 가스, 증기의 관통을 최소화 하는 목적으로 사용된다. 실링 컴파운드는 완전 밀봉형이 아니므로 작은 분자로 구성된 수소가스와 같은 경우에는 압력이 조금만 작용해도 케이블 연선의 틈새로 통과될 수 있다. 그러나 실제로 굵기가 가는 케이블의 경우에는 실링으로 관통되는 소량의 가스가 정상 작동시 위험을 초래하지는 않는다. 그러나 굵은 케이블의 경우 연선 틈새로 불꽃이 관통할 수 있기 때문에 밀집형태의 연선을 사용하거나, 각각의 연선을 실링하여야 한다. 실링에 사용되는 재료는 제작자가 추천하는 것을 사용하여야 하며, MI 케이블의 경우 가급적 신속히 실링을 하여 절연체에 습기가 침범하지 않도록 하여야 한다. 반면, 단말 처리시 테프론 테이프로 감는 것은 실링 핏트에 크랙을 생성하여 실링을 약하게 하므로 지락사고를 유발하는 원인이 될 수 있다.

## 3-1. 1종 장소의 전선관 실링

1종 장소에서는 다음 항에 따라 전선관을 실링하여야 한다.

### (1) 외함 인입부

내압방폭형 외함에 접속하는 전선관 연결부분

- 정상작동 중 점화원으로 간주되는 스파크 또는 고온을 발생하는 차단기, 퓨즈, 릴레이 또는 저항을 수용하는 외함
  여기에서 고온이란 당해 물질 발화온도의 80%를 초과하는 온도를 말한다.
- 터미널, 접속부위 또는 탭을 수용하는 외함에 연결된, 굵기 53 mm 이상의 전선관
  전선관 굵기가 53 mm 이상인 경우, 외함 내에 아크, 스파크 발생기기를 수용하는 경우와 단순한 터미널, 접속부분의 경우에도 항상 실링 핏팅을 설치하여야 한다. 그러나 다음의 경우는 외함이 스위치, 차단기, 퓨즈, 릴레이 또는 저항을 수용하더라도 실링이 요구되지 않는다.
- 가스, 증기가 침입되지 않는 밀봉된 챔버내에 수용
- 오일 함침형으로 수용
- 공장밀봉(factory-sealed)형으로 표시된 공장 밀봉형 방폭구조 챔버 내에 수용
- 비점화 회로내에 수용
  전선관 실링은 <그림 4-6>처럼 외함으로부터 45 *cm* 이내에 설치하여야 한다.

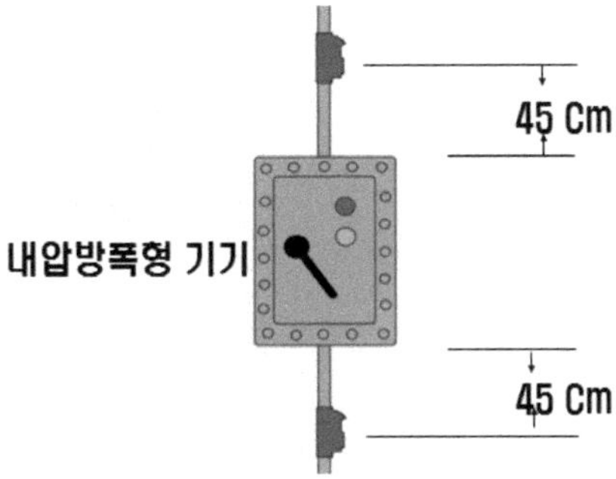


〈그림 4-6〉 실링 기본도

방폭형 외함과 실링 핏팅 사이에 방폭형 유니온, 커플링, 리듀서, 엘보우, 전선관 부속품류(L, T, X) 등을 설치할 경우, 전선관 규격보다 크지 않은 것을 사용하여야 한다.

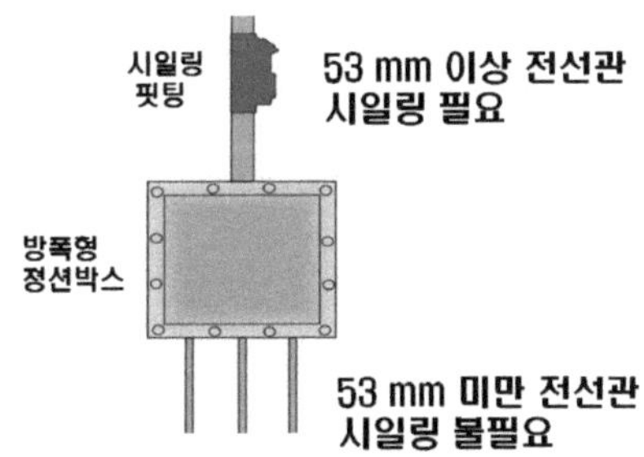


〈그림 4-7〉 터미널, 접속부위 또는 탭을 수용하는 정션박스의 실링

공장 밀봉형(Factory seal)이란 공장에서 제작시 밀봉 처리한 것으로서 실링이 생략될 수 있다. 대부분의 내압방폭형 모터단자와 내압방폭 등기구 인입부는 실링 처리하며, 내압방폭형 스위치, 푸쉬 버튼도 공장 밀봉형이 생산된다.

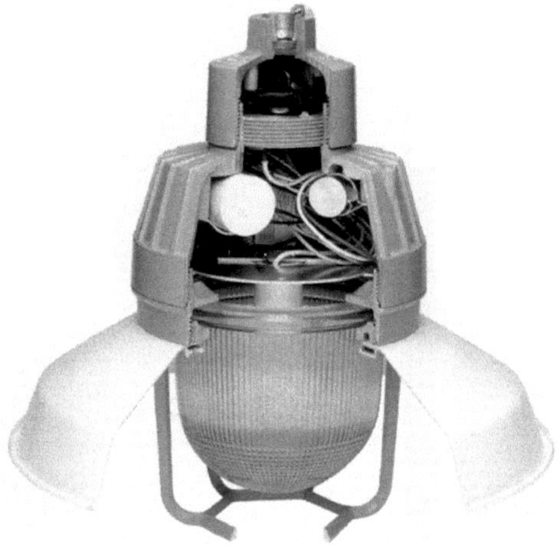

〈그림 4-8〉 내압 방폭형 등기구의 실링 (공장밀봉형)

스위치와 푸쉬버튼을 공장 밀봉하는 방법은 다음과 같다.

(가) 푸쉬버튼

푸시버튼 기기접점(Pushbutton device contact)이 내압방폭형 스위치 접점 블록 내에 밀봉처리 되고, 블록 외면과 푸시버튼 외함, 덮개를 방폭구조의 플렌지로 밀착 접속한다.

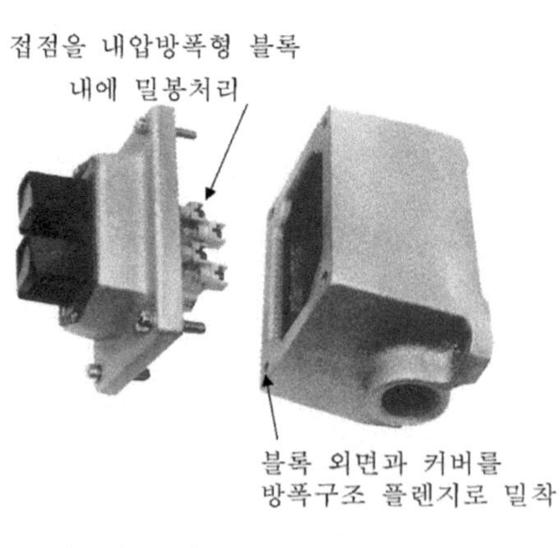


〈그림 4-9〉 공장 밀봉형 푸쉬버튼

(나) 스위치

스위치를 별개의 외함 내에 밀봉 처리하고, 이 외함과 스위치 외함, 덮개를 방폭구조의 플랜지로 밀착 연결한다. 그리고 스위치 외함 하부의 전선인출 부위를 신뢰도가 높은 재료로 밀봉한다.

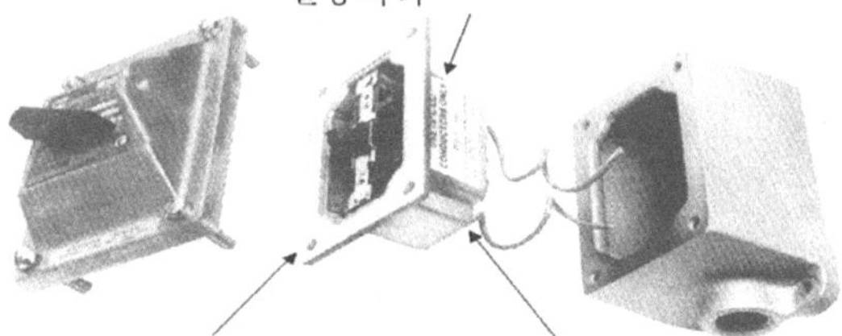


〈그림 4-10〉 공장 밀봉형 스위치

## (2) 압력 방폭기기

압력방폭형 기기외함에 연결되는 전선관이 압력방폭형 기기의 압력으로 가스 침입을 차단하지 못할 경우 외함으로부터 45 ㎝ 이내에 실링을 하여야 한다.

## (3) 두개 이상의 내압 방폭기기

두개 이상의 내압 방폭기기가 전선관 및 니플(nipple)에 의하여 90 ㎝ 이하의 길이로 연결되고 그 중간에 실링을 하였을 때, 각 방폭기기 외함에서 45 ㎝ 이하로 실링 핏팅이 설치된 경우에는 1 개의 실링 핏팅으로 충분하다.

<그림 4-11>에서 1번과 2번의 길이는 90 ㎝ 이하이므로 중간에 1 개의 실링 핏팅을 설치한다. 또 1번과 3번의 길이도 90 ㎝ 이하이므로 중간에 1 개의 실링 핏팅을 설치하여 결국 3 개의 외함 사이에 2 개의 실링 핏팅이 설치된다.

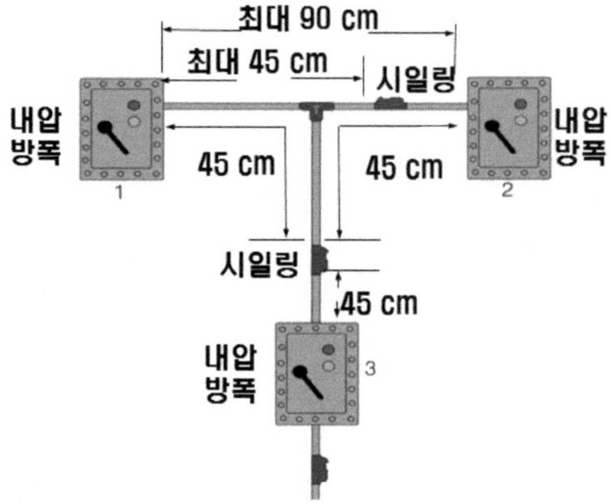


〈그림 4-11〉 실링의 생략 예

### (4) 1종 장소 경계

1종 장소와 비위험 장소의 경계를 관통하는 전선관에는 그 어느 한쪽의 전선관에 실링을 하여야 한다. 실링 핏팅은 경계면에서 30 *cm* 이내에 설치하여야 하며 실링 핏팅과 경계면 사이에는 핏팅에 필요한 방폭형 리듀서를 제외하고, 유니온, 커플링, 박스 및 핏팅을 설치할 수 없다.

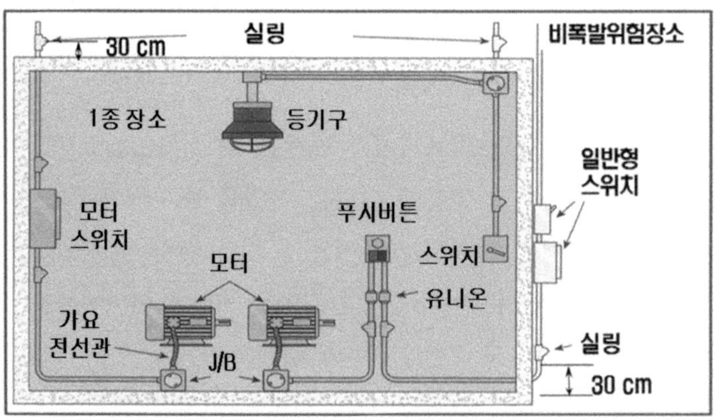


〈그림 4-12〉 경계면의 실링

다만, <그림 4-13>처럼 유니온, 커플링, 박스 또는 핏팅이 없는 금속전선관이 경계면 양쪽 30 *cm* 이내에서 핏팅을 사용하지 않고, 1종 장소를 관통하는 경우 실링을 생략할 수 있다.

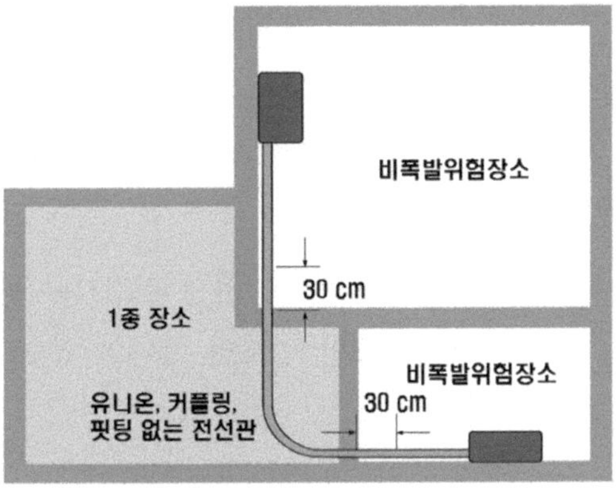


**〈그림 4-13〉** 경계면 실링 생략 예

반면, 지중 금속전선관의 경계가 지중에 있을 경우에는 실링 핏팅을 지표면에 돌출된 전선관에 설치하여야 하며, 실링 핏팅과 전선관 돌출장소 사이에는 핏팅에 필요한 방폭형 리듀서를 제외하고, 유니온, 커플링, 박스 및 핏팅을 설치할 수 없다.

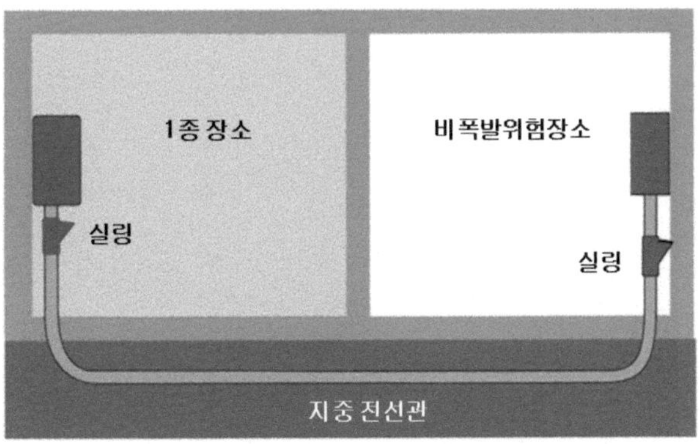


**〈그림 4-14〉** 지중 전선관의 돌출부 실링

이는 1종 장소의 지중을 1종 장소의 연속으로 보아 경계면에 실링을 하되, 주로 비폭발위험장소 돌출부에 한다.

## 3-2. 2종 장소의 전선관 실링

2종 장소에서는 다음 항에 따라 전선관을 실링하여야 한다.

### (1) 외함 인입부

내압 방폭형 외함에 접속하는 전선관 연결부분은 1종 장소에 준해서 실링하여야 한다. 2종 장소에서 내압 방폭형 기기의 경우 내압 방폭 성능을 확보하기 위하여 실링을 하도록 규정하고 있다.

### (2) 2종 장소 경계

2종 장소와 비위험지역의 경계를 관통하는 전선관에는 그 어느 한쪽의 전선관에 실링을 하여야 한다. 실링 핏팅은 경계면에서 30 ㎝ 이내에 설치하여야 하며, 실링 핏팅과 경계면 사이에는 핏팅에 필요한 방폭형 리듀서를 제외하고, 유니온, 커플링, 박스 및 핏팅을 설치할 수 없다. 전선관에 사용되는 실링은 내압 방폭형이 아닌 것을 사용할 수 있으나, 가스·증기의 통과를 극소화할 수 있는 2종 장소에 적합한 것이어야 한다.

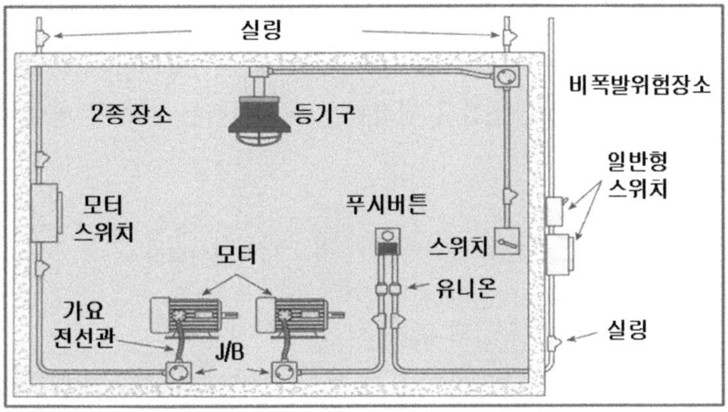


〈그림 4-15〉 2종 장소 경계면 실링

그러나 유니온, 커플링, 박스 또는 핏팅이 없는 금속전선관이 경계면의 양쪽 30 *cm* 이내에서 핏팅을 사용하지 않고, 2종 장소를 관통하여 비폭발위험장소에서 단말처리되는 경우 실링을 생략할 수 있다.

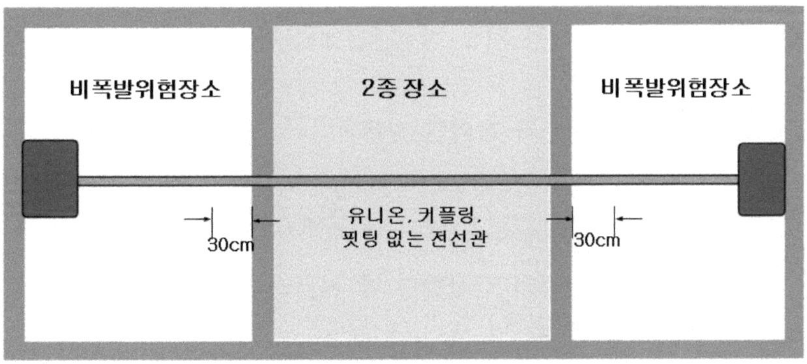


〈그림 4-16〉 2종 장소 경계면의 실링 생략 예

또한, 전선관의 케이블이 비폭발위험장소에서 케이블 트레이 또는 기타 다른 방법으로 포설되어 단말 처리될 때, 다음과 같은 조건에서 2종 장소와 비폭발위험장소의 경계에 실링을 생략할 수 있다.

- 비폭발위험장소가 옥외인 경우 또는 2종 장소의 경계면을 관통하는 전선관이 모두 비 폭발위험장소의 한 실내에 국한되는 경우
- 전선관이 정상운전시 점화원을 발생시키는 기기에 연결되지 않을 경우

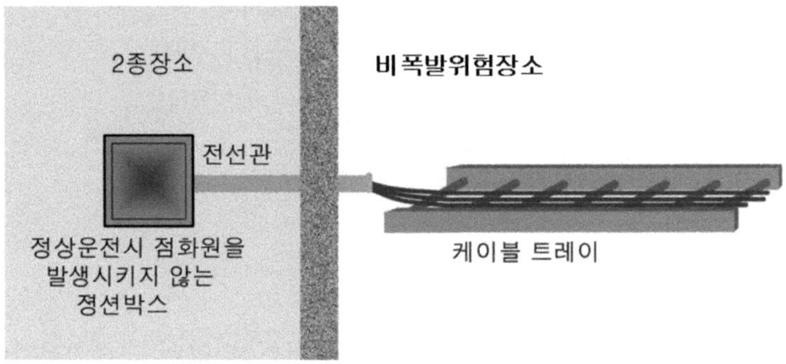


〈그림 4-17〉 2종 경계면의 실링 생략 예

그리고 양압설비로 양압을 유지하는 기기 또는 장소에서 2종 장소로 연결되는 전선관은 경계면에 실링을 생략할 수 있다. 이외에도, 2종 장소에서 비폭발위험장소로 돌출되는 지중 전선관은 다음과 같은 경우 실링을 생략할 수 있다.

- 비폭발위험장소가 옥외인 경우
- 전선관이 캔드 펌프(canned pump) 또는 프로세서 기기에 직접 연결되지 않을 경우
- 비폭발위험장소의 전선관이 나사산 방식의 전선관, 유니온, 커플링, 핏팅으로 구성된 경우
- 2종 장소의 전선관이 기기외함 인입부에서 적절히 실링이 되는 경우

## 3-3. 1종 및 2종 장소의 실링 핏팅

### (1) 핏팅

실링은 해당 폭발위험장소에 적합한 실링 핏팅으로 하여야 하며, 적절한 컴파운드를 사용하여 유지 · 관리할 수 있어야 한다.

### (2) 컴파운드

컴파운드는 가스, 증기가 통과를 방지하는 밀봉기능이 있는 것으로서, 주위환경 또는 액체에 의하여 영향을 받지 않아야 하며, 용융점이 93 ℃ 이상이어야 한다.

### (3) 컴파운드 두께

컴파운드 두께는 최소 16 mm 이상으로서 전선관 굵기 이상이어야 한다.

### (4) 접속

실링 핏팅 내에서는 접속 및 탭 연결을 할 수 없음은 물론 이러한 접속부위에 컴파운드를 주입하지 않아야 한다.

### (5) 조립품(Assemblies)

아크, 스파크 또는 고온을 발생하는 부위를 수용하는 폐쇄 외함에 실링 하는 경우, 실링 핏팅 조립품류는 해당 폭발위험장소에 적합한 것을 사용하여야 한다.

### (6) 전선 필(Fill)

특별히 규정되는 경우를 제외하고, 실링에 허용되는 전선 필 단면적은 실링 핏팅과 동일한 전선관 단면적의 25 %를 초과할 수 없다. 일반적으로, 전선관의 최대 필은 40 %이며. 실링 핏팅의 최대 필은 25 %이다. 만약 실링 핏팅의 필

단면적이 25 %를 초과하는 경우, 더 큰 규격의 실링 핏팅을 사용하여야 한다. 이 경우 전선관과 실링 핏팅을 결합하기 위한 리듀서를 사용할 수 있다. 실링 작업시 핏팅에 댐을 설치하여야 하며, 전선은 분리시켜 실링 컴파운드가 전선 사이에 채워지도록 한다.

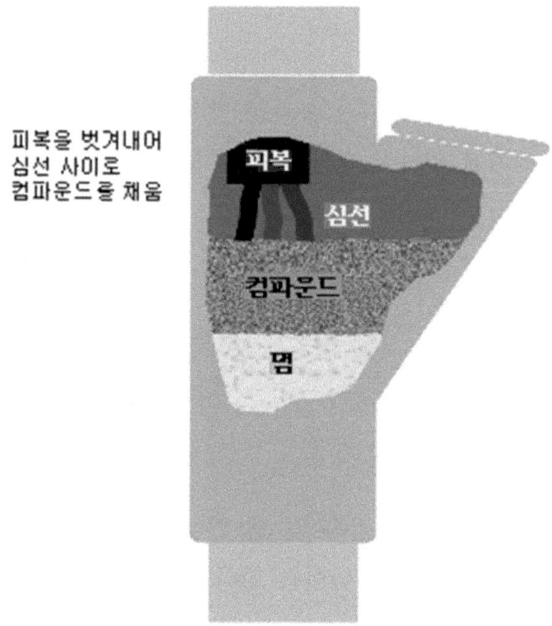


〈그림 4-18〉 다심 케이블의 피복처리

## 04 가스폭발 위험장소의 케이블 실링

### 4-1. 1종 장소의 케이블 실링

#### (1) 단말

케이블은 단말부에서 실링을 하여야 한다. 1종 장소에서 허용되는 MC-HL 케이블은 가스, 증기의 통과를 최소화하도록, 케이블 외피 및 기타 외피물질을 벗겨내어 컴파운드가 각 심선과 자켓 사이에 채워지도록 하여야 한다.

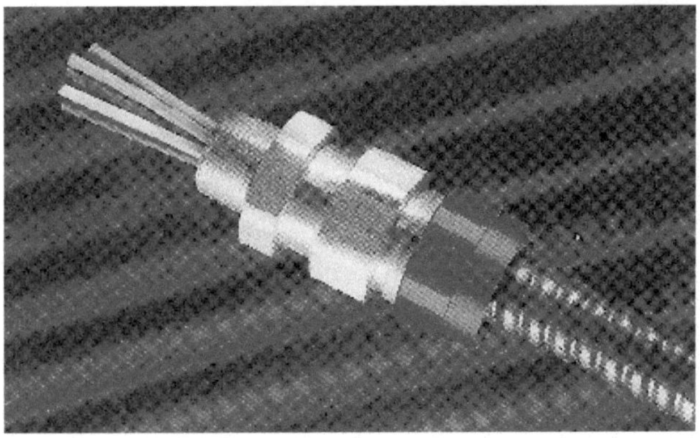

〈그림 4-19〉 MC-HL 케이블의 실링

케이블 실링에서 컴파운드란 에폭시를 말한다. 에폭시를 케이블 실링 방법으로 채워 넣는 것이다.

아래 그림에서처럼 가스, 증기의 침입이 최소화될 수 있도록 승인된 터미널이 부착된 트위스트 케이블은 외피를 벗겨 내거나 전선을 분리시키지 않아도 무방하다.

① 피복 벗겨냄

② 시일링 부착

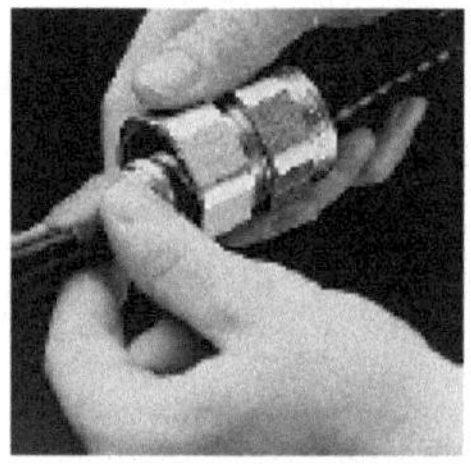

③ 에폭시 반죽

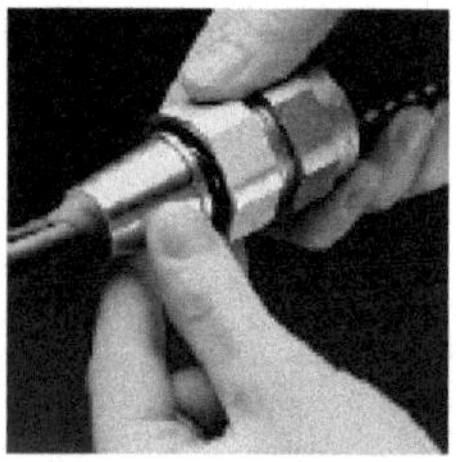

④ Armor stop

⑤ 몸체에 조립

⑥ 조임

### (2) 가스·증기 밀폐 외장 케이블

가스·증기의 침입을 방지할 수 있는 외피로 제작된 케이블이 전선관에 포설될 때, 케이블의 심선사이로 가스, 증기의 통과 가능성이 있는 케이블은 외피 및 기타 외피물질을 벗겨내어 컴파운드가 각 심선과 자켓 사이에 채워지도록 한다.

그러나 외함에서 45 *cm* 이내에 전선관을 실링한 다심(Multi- conductor) 케이블이 가스, 증기의 침입이 최소화되고 화염이 케이블 내부로 파급되지 않도록 터미널이 구성된 경우에는 단선으로 간주한다. 쉴드형 및 트위스트형 케이블은 외피를 벗겨 내거나 전선을 분리시키지 않아도 무방하다. 평형 컴퓨터 케이블, 동축(coaxial) 케이블, 트위스트 케이블을 전선관에 포설할 때 단선으로 처리하는 이유는 전선을 분리하거나 외피를 벗겨내면 케이블 고유 특성이 없어지기 때문이다.

### (3) 가스·증기 통과 방지형 케이블

전선관에 포설되는 케이블의 심선사이로 가스·증기의 통과 가능성이 없는 다심케이블은 단선으로 간주되나, 전선관에 포설될 때에는 실링을 하여야 한다.

## 4-2. 2종 장소의 케이블 실링

### (1) 단말

내압 방폭형 외함에 인입되는 케이블에 실링하여야 한다. 심선사이로 가스·증기의 통과 가능성이 있는 다심 케이블은 외피 및 기타 외피물질을 벗겨내어 컴파운드가 각 심선과 자켓 사이에 채워지도록 하여, 2종 장소에 적합한 실링을 하여야 한다. 전선관에 포설되는 다심케이블은 1종 장소에 준해 실링을 하여야 한다. 다만, 양압설비로 양압을 유지하는 기기 또는 장소에서 2종장소로 연결되는 케이블은 경계면에 실링을 생략할 수 있다. 그리고 가스, 증기의 침입이 최소화되고, 화염이 케이블 내부로 파급되지 않도록 터미널이 구성된 쉴드형 및 투위스트형 케이블은 외피를 벗겨내거나 전선을 분리시키지 않아도 무방하다.

### (2) 가스·증기 밀폐 외장이면서 가스·증기 통과 방지형 케이블

가스·증기 밀폐 외장케이블의 심선사이로 가스·증기의 통과 가능성이 없는 케이블은 내압 방폭형인 것을 제외하고는 규정된 최소길이를 초과하는 경우 실링을 생략할 수 있다. 규정최소 길이는 케이블 심선으로 통하는 가스 증기가 실링 핏팅 내 1,500 파스칼의 공기압에서 200 ㎤/hr로 제한되는 길이를 말한다.

### (3) 가스·증기 밀폐 외장 케이블

전선관에 포설되는 케이블의 심선사이로 가스·증기의 통과 가능성이 있는 케이블은 내압 방폭형인 것을 제외하고 실링을 생략할 수 있다. 단, 케이블이

프로세서 기기 또는 케이블 단말에 1,500 파스칼 이상의 압력이 걸리는 장치에 연결되는 경우, 실 베리어(seal barrier) 또는 기타장치를 설치하여 비폭발위험장소로 인화성 물질이 유입되는 것을 방지하여야 한다.

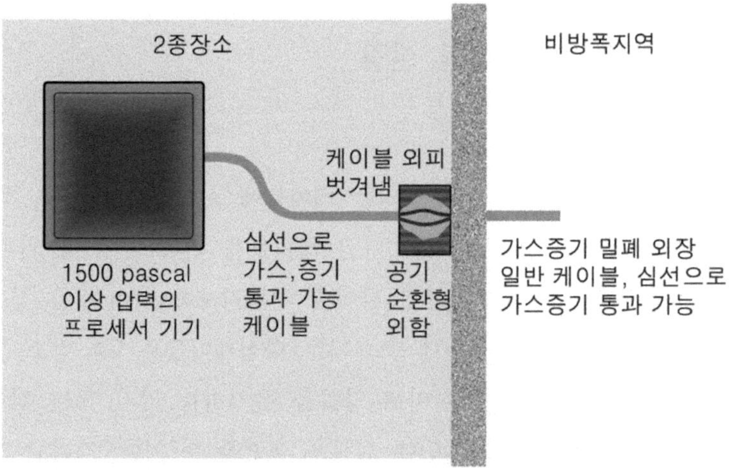


〈그림 4-20〉 2종 장소의 케이블 실 베리어 설치

이외에도 가스·증기 밀폐 외장 케이블이 이음매 없이 2종 지역을 관통하는 경우 실링을 생략할 수 있다.

### (4) 일반 케이블

가스·증기 밀폐 외장이 없는 일반 케이블은 2종 장소와 비폭발위험장소의 경계면에 실링하여 가스·증기가 비폭발위험장소로 침입하는 것을 최소화하여야 한다.

## 05 가스폭발 위험장소의 드레인

용기 내부 또는 전선관 내부에 생성되는 수분을 제거하기 위하여 드레인이 사용된다. <그림 4-21>은 실링 핏팅에 브리더(breather)형 드레인을 설치하여 수분의 축적을 방지하는 설치과정을 나타낸 것이다.

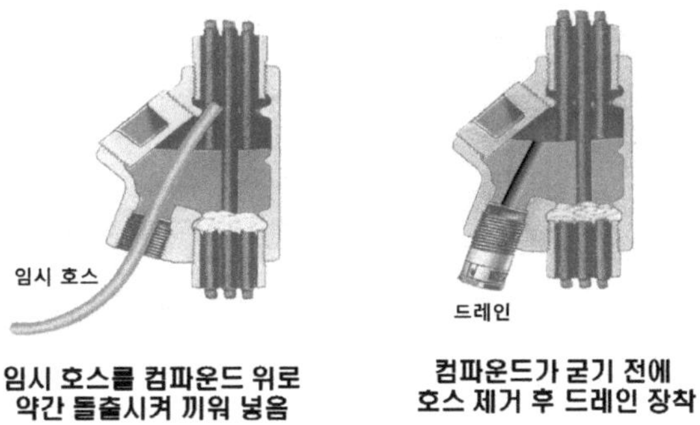


〈그림 4-21〉 브리더형 드레인

실링 컴파운드(Sealing compound)를 붓기 전에 임시 호스를 컴파운드 위로 약간 돌출되도록 끼워 넣고 컴파운드를 붓는다. 그 후에 컴파운드가 굳기 전에 호스를 제거하고 드레인(drain)을 장착한다. 드레인은 전선관 내의 응축수를 제거하기 위한 것으로 연속적으로 응축수를 배출시킬 수 있다. 또한, 드레인으로 공기가 유통되어 응축수가 적게 생성되도록 즉, 호흡작용이 원활히 이루어지도록 드레인을 너무 꽉 조여 잠그지 않아야 한다. 드레인은 방폭구조이지 방수형은 아니다.

### (1) 제어기기

액체 또는 응축증기가 제어기기 내부나 전선로의 어떤 지점에 체류할 가능성이 있는 곳에는 액체 또는 응축증기가 축적되는 것을 방지하기 위하여 주기적으로 드레인 시킬 수 있는 장치를 설치하여야 한다.

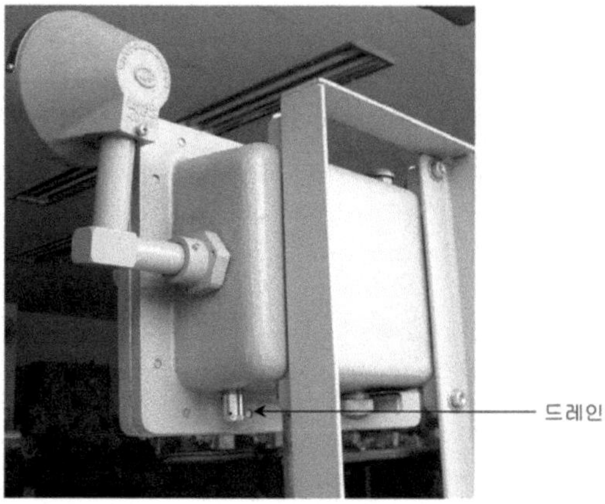


〈그림 4-22〉 비상 조명장치의 드레인

### (2) 모터 및 발전기

액체 또는 응축 증기가 모터, 발전기 내부에 축적될 가능성이 있다고 판단될 때에는 액체의 유입이 극소화되도록, 전선관 및 조인트를 설치하여야 한다. 또한 주기적으로 드레인 한다거나 액체 증기가 축적되는 것을 방지할 필요성이 있다고 판단될 경우에는 기기제작시 이러한 장치가 구비되도록 하여야 한다.

### (3) 캔드(Canned) 펌프, 프로세서 또는 서비스 커넥터 등

캔드 펌프, 프로세서 기기 또는 서비스 커넥터 등은 대기압 이상의 압력이 작용하기 때문에 압축형 밀봉부, 다이어프램, 튜브 등이 있어도 전선관 또는 케이블로 인화성 액체가 유입되는 것을 방지하기 위하여 드레인, 벤트 또는 기타 장치를 추가하여야 한다.

# 06 가스폭발 위험장소의 등기구

## 6-1. 1종 장소

### (1) 등기구

1종 장소에서 사용이 승인된 방폭형을 사용하여야 하며, 명판에 최대 정격전력이 명기되어야 한다. 이동형 등기구의 경우, 등기구 전체가 해당지역에 사용이 승인된 방폭형을 사용하여야 한다.

### (2) 물리적 손상

등기구는 외부충격에 손상되지 않도록 적절한 방호망을 부착하거나 설치위치를 적절히 선택하여야 한다.

### (3) 펜던트(pendent)형

펜던트 등은 강재 전선관을 나사결합으로 연결하여 매달되, 나사결합 부분이 풀리지 않도록 스크류 등으로 고정시켜야 한다.

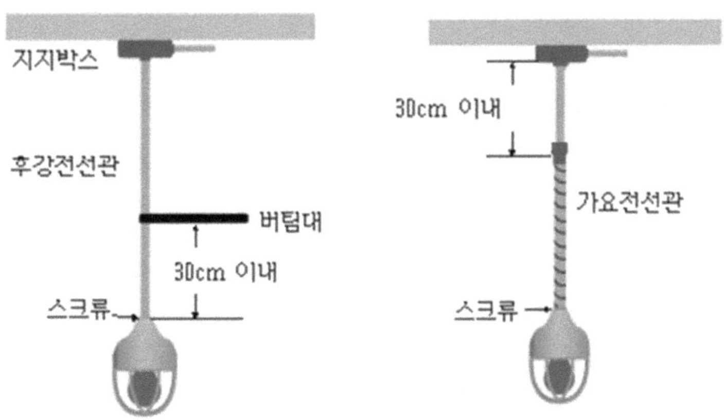


〈그림 4-23〉 펜던트형 등기구 설치

지지대의 길이가 30 *cm* 이상일 경우, 등기구의 횡적 흔들림을 방지하기 위한 버팀대가 하단의 등으로부터 상부 30 *cm* 이내의 위치에 설치되어야 한다. 가요 전선관으로 매달 경우에는, 1종 장소에 사용이 승인된 가요 전선관을 사용하되 천장의 박스 또는 핏팅으로부터 30 *cm* 이내의 위치에 설치하여야 한다.

### (4) 지지물

등기구 지지를 위한 박스, 핏팅류는 1종 장소에 사용 승인된 방폭형으로 사용하여야 한다.

## 6-2. 2종 장소

### (1) 등기구

정상작동시 전구의 표면온도가 주변의 가스, 증기 발화온도의 80%를 초과할 우려가 있는 경우 1종 장소에 적합한 방폭형을 사용하거나, 검정표시 방법에 따른 온도등급을 적용하여야 한다.

### (2) 물리적 손상

등기구는 외부충격에 손상되지 않도록 적절한 방호망을 부착하거나 설치위치를 적절히 선택하여야 한다. 인화성 가스·증기가 체류할 수 있는 곳에 스파크, 고온에 의한 점화위험이 있는 경우에는 적절한 외함구조 또는 보호수단이 강구되어야 한다.

### (3) 펜던트(pendent)형

펜던트 등은 강재 전선관을 나사결합으로 연결하여 매달되, 지지대의 길이가 30 *cm* 이상일 경우, 등기구의 횡적 흔들림을 방지하기 위한 버팀대가 하단의 등으로부터 상부 30 *cm* 이내의 위치에 설치되어야 한다. 가요 전선관으로 매달 경우에는 1종 장소에 사용이 승인된 가요 전선관을 사용하되, 천장의 박스 또는 핏팅으로부터 30 *cm* 이내의 위치에 설치하여야 한다.

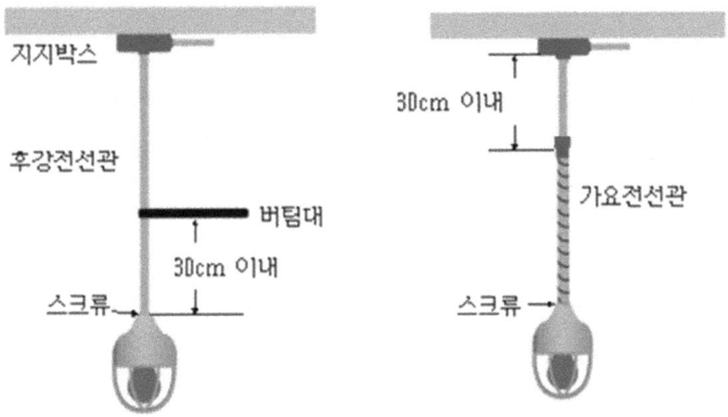


**〈그림 4-24〉** 2종 장소에서 펜던트 등 설치

### (4) 이동형 등기구

이동형 등기구는 1종 장소에 적합한 방폭형을 사용하여야 한다.

## 07 가스폭발 위험장소의 가요 코드 및 접속기구

### 7-1. 가요 코드

가요 코드는 다음의 경우에 사용하여야 한다.

① 이동형 등기구 또는 기타 이동형 전기기기 및 그 기기의 고정 전원용

② 고정배선이 기기의 이동에 필요한 유연성을 주지 못할 때

③ 수중펌프의 습윤한 핏트에서 전원사이의 전원공급용

④ 혼합조에 사용되는 전기믹서 전원공급용

가요 코드는 손상의 우려가 없는 곳에 설치하거나 보호하여야 하며, 유자격자가 다음과 같이 설치하고 관리하여야 한다.

① 고장력으로 폭발위험장소에 사용이 승인된 것
② 코드선 내부 심선 중에 접지전용선을 포함할 것
③ 터미널 접속부에 장력이 생기지 않도록 클램프 등과 같은 적절한 방법으로 코드를 지지
④ 핏팅 또는 내압 방폭형 외함에 연결되는 부분에는 실링 박스를 설치할 것
⑤ 연결하지 않고 연속적일 것

## 7-2. 리셉터클 및 플러그

1종 장소와 2종 장소에서 사용되는 리셉터클 및 플러그는 해당지역에서 사용이 승인된 방폭형이어야 한다. 기계적, 지연 연동형으로 제작된 리셉터클 및 플러그는 회로가 차단될 때 발생되는 아크를 별도의 스위치 없이 밀봉할 수 있도록 되어 있다. 즉, 플러그를 리셉터클에 꽂은 후 시계방향으로 돌려야 전원이 연결되며, 반대로 전원이 먼저 분리되어야 플러그를 뺄 수 있다.

## 08 본질안전 기기의 설치

본질안전 기기장치는 제작사 설치기준 및 도면에 따라 설치해야 하며, 본질안전 기기로 승인된 것은 일반구조의 외함 형태로서, 폭발위험장소 내의 사용이 가능하다.

### 8-1. 비본질안전 배선의 이격

#### (1) 노출배선

전선로 또는 케이블 트레이에 포설되어 있는 전선 및 케이블은 비본질안전 배선과 최소 5 ㎝ 이상을 이격시켜야 한다. 그러나 본질안전 배선으로 MI, MC 케이블을 사용하거나 전선로에 포설되어 있는 경우 혹은 케이블 외장에 의해 사고전류를 대지로 통전시킬 수 있는 경우에는 예외로 한다.

#### (2) 전선로, 케이블 트레이 배선

본질안전 배선을 전선로, 케이블 트레이에 포설할 경우에는 어떤 비본질안전 배선도 함께 포설되어서는 안 된다. 다만, 본질안전 회로의 배선을 비본질안전 배선으로부터 최소 5 ㎝ 이상 이격시키거나, 접지된 금속판 또는 승인된 우수한 절연체를 사용하여 격리하는 경우에는 예외로 한다. 또한, 본질안전 배선 또는 비본질안전 배선을 금속외장케이블로 포설하여 케이블 외장에 의하여 사고전류를 대지로 통전시킬 수 있는 경우에도 예외로 한다.

### 8-2. 본질안전 배선과의 이격

다른 회로의 본질안전배선은 별도의 케이블로 포설하거나, 다음의 방법에 의해 시설하여야 한다.

① 각 회로의 배선을 접지된 금속 쉴드로 한다.

② 각 회로 배선의 절연체 두께가 0.25 ㎜ 이상이어야 한다.

## 8-3. 접지

### (1) 본질안전 방폭기기, 부속장치 및 전선로

본질안전 방폭기기와 부속장치, 케이블 쉴드, 외함, 전선로 등이 금속일 경우에는 접지해야 한다. 안전장벽의 경우 접지저항이 매우 적어야 하므로 제작사에 따라 보조 접지를 추가할 필요가 있다.

### (2) 쉴드

쉴드형 케이블이 사용되는 경우에는 쉴드를 접지해야 한다. 단, 쉴드 자체를 본질안전 배선으로 사용할 경우에는 접지를 생략한다.

## 8-4. 실링 및 식별

전선관 및 케이블은 가스·증기 및 분진의 소통이 극소화 되도록 실링하여야 한다. 다만, 본질안전 기기만 내장한 외함에는 실링을 생략할 수 있으며, 방폭형 실링을 적용하지 않아도 무방하다.

그리고 본질안전 방폭전기 설비에는 식별표지를 하여야 하며, 이 식별표지는 화학물질 및 햇별 등의 주변 환경에서도 내용식별이 가능하여야 한다. 또한, 회로의 시험, 점검시 혼선을 방지하기 위하여 단자 및 연결지점에 최초 식별표시를 해야 하며, 전선로, 케이블 트레이 및 배선에는 '본질안전배선' 이란 영구표지를 부착해야 한다. 표지는 설치 후 쉽게 볼 수 있는 장소에 부착해야 하며, 배선 전 구간에 걸쳐 적용되어야 하고, 표지 사이의 간격이 7.6 m를 초과하지 않도록 한다. 밝은 청색계통의 배선만이 사용되는 곳에서는 본질안전 배선을 식별하기 위하여 다른 색을 사용할 수 있다.

# 09 저압 및 고압 케이블 공사

## 9-1. 저압 케이블 공사

### (1) 저압 케이블 공사시의 고려사항

저압 케이블 공사 시에는 사용 장소의 환경 및 시공 방법에 적합하도록 설치하여야 한다.

(가) 외부 환경에 적합

케이블 구조는 외적 충격에 보호될 수 있어야 하며, 케이블 외장 재료는 설치장소, 설치장소의 주변 온도 및 화학물질에 내구력이 있어야 한다.

(단심 케이블)

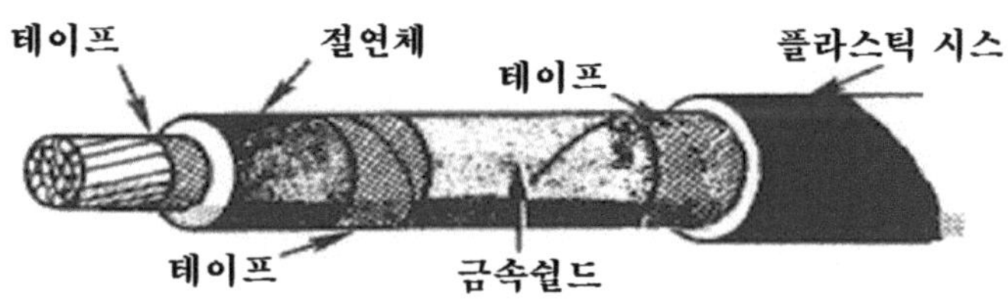


(삼심 케이블)

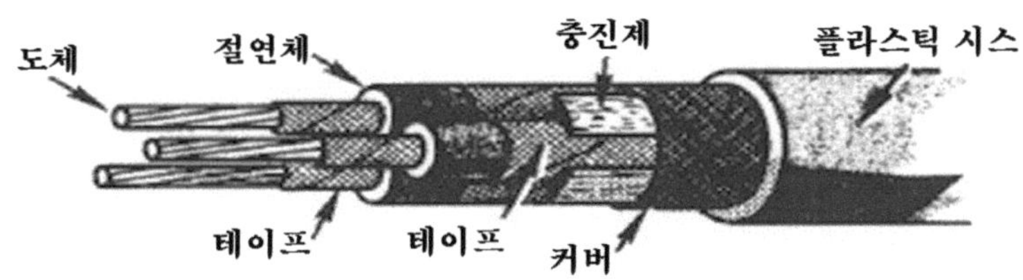


〈그림 4-25〉 케이블 구조도

(나) 케이블의 사양

도체의 굵기는 케이블의 절연체가 허용온도를 넘지 않도록 허용 전류에 대하여 여유가 있어야 하며, 케이블은 원칙적으로 공칭전압 600 V의 것을 사용하여야 한다. 다만, 소세력 회로의 배선에는 제어용 케이블을 사용할 수 있다.

또한, 케이블 내부에 빈틈이 없고, 가스·증기 등이 관통하기 어려운 것을 선정하여야 한다.

(다) 케이블 접속

단자함에 패킹 접속을 하는 경우의 케이블은 그 마무리가 평활하고 단면이 원형이어야 하며, 케이블 실드 표면의 인입부가 방폭성능을 잃을 정도의 요철이 있어서는 안 된다.

### (2) 저압 케이블의 선정

폭발위험지역에서의 저압 케이블 공사시에는 다음 각 호의 케이블이나 이와 동등 이상의 성능을 가진 케이블을 선정하여야 한다. 특히, 시스가 없는 단심 절연전선을 사용하여서는 안 된다.

① MI 케이블
② 600 V 폴리에틸렌 외장케이블 (EV, EE, CV, CE)
③ 600 V 비닐절연 외장케이블 (VV)
④ 600 V 콘크리트 직매용 케이블 (CB-VV, CB-EV)
⑤ 제어용 비닐절연 비닐외장 케이블 (CVV)
⑥ 연피 케이블
⑦ 약전 계장용 케이블
⑧ 보상도선
⑨ 시내대 폴리에틸렌 절연비닐 외장 케이블 (CPEV)
⑩ 시내대 폴리에틸렌 절연폴리에틸렌 외장 케이블 (CPEE)

⑪ 강관 외장 케이블

⑫ 강대 외장(MC) 케이블

### (3) 보호관 및 보호관용 부속품

보호관은 강제 전선관, 배관용 탄소강관 등 케이블의 외상 방지에 충분한 효과가 있는 것을 사용하여야 한다. 그리고 가요전선관 등 보호관용 부속품은 금속재 등으로 케이블의 외상을 방지할 수 있도록 충분한 강도를 지녀야 한다. 또한, 그 내부에 케이블의 손상의 원인이 될 수 있는 돌기물이 없고, 가요 부분이 케이블 허용 곡률반경에 적합한 것을 사용하여야 한다.

### (4) 금속재 덕트 및 트레이

금속재 덕트 및 트레이는 1.2 ㎜ 이상의 강판재 또는 이와 동등 이상의 기계적 강도를 지닌 것으로서, 원칙적으로 폐쇄된 구조이어야 한다. 또한, 덕트 내부에는 케이블 손상의 원인이 되는 돌기물이 없어야 하고, 분기, 축소, 확대 엘보우 등은 내벽의 각을 둔화시키는 등 케이블 허용 곡률반경을 고려하여 적합한 것을 사용하여야 한다,

### (5) 케이블의 시설경로

케이블의 시설경로는 부식성 용제나 외부로부터의 열전달, 진동 등의 영향을 받지 않도록 선정하여야 한다. 특히, 매설 케이블의 경우 매설깊이 및 경로 등에 관한 표지를 당해 지표면에 설치하여야 한다.

### (6) 케이블의 외상 보호

케이블은 강제 전선관, 배선용 탄소강관, 덕트, 트레이, 기타 보호장치를 사용하여 외상을 받지 않도록 한다. 다만, 금속 외장 케이블 및 MI 케이블은 보호시설을 생략할 수 있으나, 외상을 받을 우려가 있는 장소에서는 보호조치를 하

여야 한다. 또한, 보호관 등의 단말은 케이블이 인입될 때 손상되지 않도록 매끄러워야 할 것이다.

### (7) 케이블의 곡률반경

케이블의 허용 곡률반경은 다음 표를 참조하여 확보하여야 한다.

〈표 4-3〉 저압 케이블의 허용 곡률반경

| 케이블의 종류 | | 곡률반경 | |
|---|---|---|---|
| | | 단심 | 다심 |
| 클로로프렌시스케이블<br>비닐시스케이블<br>폴리에틸렌시스케이블 | 차폐없음 | 외경의 8배 이상 | 외경의 6배 이상 |
| | 차폐있음 | 외경의 10배 이상 | 외경의 8배 이상 |
| 연피 케이블 | | 마무리 외경의 10배 이상 | |
| 강대 외장 케이블 | | - | 외경의 8배 이상 |
| 강제 외장 케이블 | | - | 외경의 8배 이상 |
| 나선관 외장 케이블 | | - | 외경의 8배 이상 |
| MI 케이블 | | 마무리 외경의 6배 이상 | |

### (8) 케이블의 접속

케이블과 케이블의 접속은 원칙적으로 피하여야 한다. 그러나 케이블의 금속관 배선공사에서 케이블의 직선접속, 분기접속이 불가피 할 경우에는 내압 방폭구조 또는 안전증 방폭구조의 접속함 내에서 접속하여야 한다. 또한, 접속위치가 2종 장소이고, 용이하게 점검할 수 있는 경우에는 당해 케이블과 동등 이상의 절연성능이 있는 접속기에 의하여 접속할 수 있다.

## 9-2. 고압 케이블 공사

### (1) 배선과 방폭전기기기의 접속

배선과 방폭전기기기의 접속은 전기기기의 단자함 내에서 행하여야 한다. 다만, 전기기기의 종류에 따라 단자함이 없는 경우에는 직접 접속할 수 있다. 그리고 배선이 전기기기에 인입되는 경우에는 전기기기의 방폭성능이 상실되지 않도록 주의하여야 한다.

### (2) 고압 케이블 공사시 고려사항

고압 케이블 공사시 고려사항은 저압 케이블 공사시의 고려사항을 준용하여 설치한다.

### (3) 케이블의 선정

방폭지역에서 사용되는 고압 케이블은 실드가 있는 케이블을 선정하여야 하고, 중첩된 실드 또는 금속망이 있는 케이블은 유체의 이동을 막을 수 있는 비금속 실드가 있는 것을 선정하여야 한다.

### (4) 고압 케이블 공사

고압 케이블 공사는 특별히 규정하는 것을 제외하고는 저압 케이블 공사에 대한 기준을 준용하여 설치한다.

### (5) 고압 케이블의 곡률반경

고압 케이블의 허용 곡률반경은 아래의 표와 같다.

〈표 4-4〉 고압 케이블의 허용 곡률반경

| 케이블의 종류 | 곡률반경 | |
|---|---|---|
| | 단심 | 다심 |
| 클로로프렌시스케이블<br>비닐시스케이블<br>폴리에틸렌시스케이블 | 외경의 10배 이상 | 외경의 8배 이상 |
| 연피 케이블 | 마무리 외경의 10배 이상 | |
| 강대 외장 케이블 | 외경의 8배 이상 | |
| 강제 외장 케이블 | 외경의 8배 이상 | |

## 연_습_문_제

1. 방폭기기 표기에서 각각 다음의 표시는 각각 무슨 의미인가를 기술하시오.

① Ex e II T2 IP 54

**풀이**

가스 폭발위험장소에서 사용하는 안전증 방폭기기로서 기기표면의 온도가 T2 (300 ℃)까지 상승할 수 있으며, 외함은 정상운전을 저해하는 분진의 침입을 방지할 수 있으며, 외부에서 튀기는 물에 대해서 보호되는 방폭형 전기기기이다.

② Ex ia IIC T4 IP 65

**풀이**

가스 폭발위험장소에서 사용하는 본질안전 방폭기기로서, 두 가지의 동시사고에도 안전이 확보되는 기기이며, 기기표면의 온도가 T4 (135 ℃)까지 상승할 수 있고, 외함은 먼지의 침입이 전혀 없으며, 외부 노즐에서 분출하는 물에 대해서도 정상운전이 보증되는 방폭형 전기기기이다.

③ Ex d IIC T3 IP 44

**풀이**

취급하는 주변 가스가 아세틸렌 또는 수소일 경우의 폭발위험장소에서 사용하는 내압 방폭기기로서 기기표면의 온도가 T3 (200 ℃)까지 상승할 수 있으며, 외함은 직경 1 mm를 초과하는 고형물의 침입을 방지할 수 있고, 튀기는 물에 대해서도 정상 운전이 가능한 방폭형 전기기기이다.

2. 가스폭발 위험장소의 방폭구조의 사용 용도를 전기기기를 2 가지씩 들어보시오.

**풀이**

내압 방폭구조 : 차단기 및 개폐기류, 중소형 전동기 등
압력 방폭구조 : 전기판넬, 분석계 등

**3.** 실링 핏팅을 사용한 케이블 배선의 경우 컴파운드 충진시 케이블 또는 전선의 종류별 처리방법과 주의사항을 기술하시오.

**풀이**

(1) 가스 · 증기 밀폐 외장 케이블

가스 · 증기의 침입을 방지할 수 있는 외피로 제작된 케이블이 전선관에 포설될 때, 케이블의 심선사이로 가스, 증기의 통과 가능성이 있는 케이블은 외피 및 기타 외피물질을 벗겨내어 컴파운드가 각 심선과 자켓 사이에 채워지도록 한다. 그러나 외함에서 45 ㎝ 이내에 전선관을 실링한 다심(Multi-conductor) 케이블이 가스, 증기의 침입이 최소화되고 화염이 케이블 내부로 파급되지 않도록 터미널이 구성된 경우에는 단선으로 간주한다. 쉴드형 및 트위스트형 케이블은 외피를 벗겨 내거나 전선을 분리시키지 않아도 무방하다. 평형 컴퓨터 케이블, 동축(coaxial) 케이블, 트위스트 케이블을 전선관에 포설할 때 단선으로 처리하는 이유는 전선을 분리하거나 외피를 벗겨내면 케이블 고유 특성이 없어지기 때문이다.

(2) 가스 · 증기 통과 방지형 케이블

전선관에 포설되는 케이블의 심선사이로 가스 · 증기의 통과 가능성이 없는 다심케이블은 단선으로 간주되나, 전선관에 포설될 때에는 실링을 하여야 한다.

**4.** 전기기기의 방폭화의 기본에 대하여 설명하시오.

**풀이**

전기 관점에서 누출원에 대한 대책은 점화원을 없애거나, 연료의 누출을 막거나 산소를 제거하는 것이다. 근원적으로 점화원을 없애기 위하여 에너지원의 크기를 제어하는 본질안전 방폭구조, 점화원의 크기를 제어하는 압력 방폭구조, 실링처리를 통해 점화원을 없애는 방법 등이 사용되고 있다. 또한, 산소를 제거하기 위하여 유입 방폭구조 또는 완전봉입구조의 보호방식을 도입하기도 한다. 이외에도 전기부품의 온도상승을 억제하는 방법도 사용되고 있다.

**5.** 폭발성 가스의 발화도와 방폭 전기기기의 온도상승 한도와의 관계를 설명하시오.

**풀이**

별도의 점화원이 없어도 가연성 물질을 계속 가열하게 되면 일정온도 이상에서 불이 붙게 되는데, 이 온도를 자연발화온도 또는 발화도라 한다. 그러므로 모든 전기기기의 최고 표면온도는 그 기기가 사용되는 장소의 가스 · 증기의 발화온도에 도달되지 않는 등급의 기기를 사용해야 한다.

국제적으로 다음과 같은 방폭형 전기기기의 표면온도 등급이 적용되고 있다.

| 온도 등급 | 기기의 최대 표면온도 | 가스 · 증기의 발화도 |
|---|---|---|
| $T_1$ | 450℃ 이하 | 〉 450℃ |
| $T_2$ | 300℃ 이하 | 〉 300℃ |
| $T_3$ | 200℃ 이하 | 〉 200℃ |
| $T_4$ | 135℃ 이하 | 〉 135℃ |
| $T_5$ | 100℃ 이하 | 〉 100℃ |
| $T_6$ | 85℃ 이하 | 〉 85℃ |

## 6. 가스폭발 위험장소의 종류에 대하여 설명하시오.

**풀이**

미국의 경우 과거 석유협회 API 및 화재보험협회 NFPA에서 사용하고 있는 "Division"에 의한 지역구분은 누출원이 정상운전 상태에서 존재하는지, 비정상운전 상태에서 존재하는지, 아니면 존재하지 않는지에 따라 폭발위험장소를 구분하고 있다. 반면, 유럽의 경우 1960년대부터 위험지역에 대한 구분을 "Zone"으로 표기하고 있으며, 위험지역을 북미지역의 2개 부분보다 좀 더 세분화하여 다음의 3개 부분으로 적용하고 있다. 현재는 유럽의 규격이 국제규격으로 채택되어 전 세계에서 사용되고 있다.

(1) 0종 장소

인화성물질을 저장하는 용기내부 공간이 불활성가스로 채워지지 않은 경우 또는 인화성 물질이 연속 또는 장기적으로 공기 중에 노출되는 경우의 장소이다.

(2) 1종 장소

아래 사항 중 어느 조건 하나라도 해당되면 1종 장소로 구분한다.

- 정상운전 조건하에서 위험분위기가 존재할 수 있는 경우
- 누출로 인하여 위험분위기가 빈번히 발생될 수 있는 경우
- 사고로 인해 인화성물질의 누출과 동시에 전기설비의 사고를 야기할 수 있는 경우
- 환기가 부적절한 지역 내의 배관에서 누설이 발생 가능한 경우
- 인화성 증기·가스가 축적될 수 있는 바닥면 이하의 장소

(3) 2종 장소

아래 사항 중 어느 조건 하나라도 해당되는 경우에는 2종 장소로 구분한다.

- 환기가 부적절한 지역 내의 배관에 인화성물질이 있으나, 누설될 것 같지는 않은 경우
- 환기가 부적절한 지역 내의 인화성물질을 처리하는 기기에서, 가스켓 또는 패킹 등의 결함과 같은 비정상적 상황에서만 위험물질이 누출될 수 있는 경우
- 1종 장소 근접장소로서 트렌치, 배관, 덕트 등으로 인화성 증기 또는 가스가 침입할 수 있는 경우
- 환기설비의 고장 또는 비정상인 동작으로 인해 위험분위기를 조성할 수 있는 경우

7. 1종 장소 및 2종 장소에서 사용 가능한 방폭구조의 종류를 제시하시오.

**풀이**

1종 장소 및 2종 장소에서 사용 가능한 방폭구조는 다음과 같다.

(1) 1종 장소
- 본질안전 방폭구조 (ia 또는 ib)
- 내압 방폭구조 (d)
- 압력 방폭구조 (p)
- 유입 방폭구조 (o)
- 안전증 방폭구조 (e)
- 충전 방폭구조 (q)
- 몰드형 방폭구조 (m)
- 1종 장소에서 사용토록 특별히 고안된 방폭구조

(2) 2종 장소
- 1종 장소에 적합한 전기기기
- 비점화형 방폭구조 (n)
- 슬립링, 정류자 등 스파크를 발생시키는 부분이 없는 회전기로서 정상 운전시의 최고 표면온도가 당해물질 발화온도 80 %를 초과하지 않는 비방폭형 기기
- 스타터 등 스파크를 발생시키는 스위치류가 없는 고정 설치된 조명기구로서 정상사용시 최고 표면온도가 당해물질 발화온도의 80 %를 초과하지 않는 비방폭형 기기
- 2종 장소에서 사용토록 특별히 고안된 방폭구조

8. 다음의 물질을 취급하는 지역에 설치할 수 없는 방폭 전기기기를 모두 고르시오.

| 물질명 | 발화점 | 폭발위험장소 구분 | 보호등급 |
|---|---|---|---|
| 아세틸렌 | 305℃ | 1종 장소 | IP54이상 |

① Ex e II T2 IP 54　② Ex d IIC T3 IP 44　③ Ex d IIB T2 IP 54
④ Ex d IIC T3 IP 65　⑤ Ex e II T1 IP 54　⑥ Ex ia IIC T4 IP 65

**풀이**

①은 설치가능, ②는 외함등급이 낮아 불가능, ③은 가스등급이 낮아 불가능, ④는 가능, ⑤는 온도등급이 높아 불가능, ⑥은 가능

9. 폭발위험장소의 범위는 누출량, 사용압력, 환기 등에 따라 ( )의 주위 몇 m 이내의 범위로 결정된다. 괄호 내의 적당한 단어는?

풀이

누출원

10. 인화성 물질을 취급하는 장소는 방폭구조 전기설비를 사용해야 하는데 이에 앞서 산업안전보건법으로 정하고 있는 갖춰야 하는 것은?

풀이

전기기계기구는 가연성가스, 인화성물질 등을 사용하는 위험지역에서 화재폭발을 유발하는 점화원이 되기 때문에, 이를 예방하기 위하여 방폭기기를 설치하여야 한다. 방폭기기는 그 성능이 매우 중요하기 때문에 산업안전보건법에서는 방폭구조 전기기계·기구 성능검정규격을 제정하여, 국내에서 사용하는 방폭기기는 모두 성능검정을 받도록 하였다. 또한, 이에 앞서 이러한 기기를 사용하여야 하는 장소를 사전에 설정하여 관리하도록 하고 있다.

– 산업안전보건기준에 관한 규칙 제230조 [폭발위험이 있는 장소의 설정 및 관리]

① 사업주는 다음 각 호의 장소에 대하여 폭발위험장소의 구분도를 작성하는 경우에는 「산업표준화법」에 따른 한국산업표준으로 정하는 기준에 따라 가스폭발 위험장소 또는 분진폭발 위험장소로 설정하여 관리하여야 한다.

1. 인화성 액체의 증기나 인화성 가스 등을 제조 · 취급 또는 사용하는 장소
2. 인화성 고체를 제조 · 사용하는 장소

② 사업주는 제1항에 따른 폭발위험장소의 구분도를 작성 · 관리하여야 한다.

PART

# 05

# 분진폭발 위험장소에서의 전기설비

# 01 분진폭발

미세한 유기물이나 금속분진이 공기 중에 분산되었을 때는 격렬한 폭발을 일으킨다. 폭발에 의해 발생된 분진운은 폭연 또는 폭굉으로 진행되고, 격렬한 폭발은 고압과 충격파의 높은 에너지를 방출하게 한다.

## 1-1. 분진폭발의 개요

### (1) 정의

지름이 1,000 μm 보다 작은 입자는 물질의 종류에 관계없이 분체라고 부른다. 그 중 75 μm 이하의 고체입자로서 공기 중에 떠 있는 분체를 분진이라 부른다. 그리고 직경이 $10^{-5}$ cm 이하로 되면 에어로졸 상태가 된다. 이는 액체 미립자인 미스트 상태와 거의 동일하며, 침하가 발생하지 않는다. 우리가 폭발위험이 있다고 다루는 분진은 약 $10^{-3}$ cm 정도 이하의 입자크기이며, 항상 부유상태로 있는 것은 아니다.

### (2) 종류

분진은 폭발하는 성질에 따라 폭연성 분진과 가연성 분진으로 구분한다. 폭연성 분진은 공기 중에 산소가 적은 분위기 또는 이산화탄소 중에서도 착화하고, 부유 상태에서도 격렬한 폭발을 일으키는 마그네슘, 알루미늄, 알루미늄 브론즈 등의 금속성 분진이 여기에 속한다. 가연성 분진은 공기 중의 산소와 발열반응을 일으켜 폭발하는 분진으로 소맥분, 전분 등과 같은 곡물분진, 합성수지류, 화학약품 등 비전도성인 것과 카본블랙, 코크스, 철, 동 등 전도성을 갖는 분진으로 구분된다.

### (3) 조건

분진이 폭발하기 위해서는 공기와 잘 혼합되어 있는 부유 상태를 유지하여야 한다. 큰 입자는 간단하게 부유되지 않고, 일단 부유되더라도 바로 가라앉으므로 폭발 위험성은 적다. 그러므로 폭발을 일으키기 위해서는 일정 크기 이하의 미립자가 외부에서 힘을 받아 일정시간 분진운이 생성되어야 한다. 또한, 확산되지 않는 분진을 방치하면 퇴적되어 공기를 다량으로 함유한 겔 상태가 되는데 이를 에어로졸이라 부르며 발화위험성이 있다. 분진폭발은 스스로 산화 발열하는 일부 금속류를 제외하면 점화원이 필요하다. 따라서 분진이 폭발하기 위해서는

- 가연성일 것
- 미분상태일 것
- 지연성 가스(공기) 중에서 교반되고 유동될 것
- 점화원이 존재하고 있을 것 등의 조건이 필요하다.

### (4) 메커니즘

분진폭발이 발생하기 위해서는 가연성가스의 폭발조건과 같은 폭발의 3 요소가 갖추어져야 한다. 즉 가연물질, 점화원, 산소공급원으로 이루어지는 연소의 3 요소에서 가연물질에 해당하는 분진이 공기나 산소 중에 분산되어 있을 때 점화원이 존재하게 되면 폭발하게 된다. 분진폭발 메커니즘을 설명하면

① 부유상태의 분진에 열에너지가 주어지면 입자표면의 온도가 상승한다.

② 가연성고체의 착화과정과 같이 분진 입자표면의 분자가 열분해 혹은 건류작용을 일으켜 기체로 되어 입자주위로 방출된다.

③ 이 가연성가스가 입자주위의 공기와 혼합하여 가연성 혼합기체를 형성하게 된다.

④ 가연성 혼합기체는 가해진 점화에너지에 의해 발화되고 화염을 일으킨다.

⑤ 화염에 의해 발생한 열은 주위의 다른 분진입자들과 열분해 된 잔류물질들을 연소시킨다.

⑥ 이러한 착화과정이 순간적으로 일어나 주위로 전파됨으로써, 급격한 압력의 상승을 발생시키게 된다.

따라서 분진폭발도 본질적으로는 가스폭발이며, 분진자체에 가연성 가스가 저장되어 있는 상태라고 생각할 수 있다. 다만, 폭발의 과정으로 입자표면의 온도를 순간적으로 상승시키는 수단이 열전도뿐만 아니라 복사열 전달도 큰 역할을 차지하는 것이 가스폭발과 다른 점이다.

## 1-2. 분진의 특성

### (1) 확산 및 폭발

기기에서 대기로 분진이 추출될 경우 분진입자의 크기와 누출시의 분출압력 및 주위 공기흐름에 따라 중력에 의하여 누출면 아래에 쌓이게 되는데 누출원에서 가까운 아래 부분이 가장 많이 적체되고, 누출원에서 타원 또는 원형으로 멀어질수록 적체량이 적어진다. 이러한 누출원이 표면으로부터 높이 있을수록 분진이 확산되는 지역이 넓어지며, 또한 기기의 내부압력이 높아도 마찬가지로 지역이 증가된다.

누출면의 크기와 누출이 발생되는 분진의 방출시간에 따라서도 표면에 적체되는 분진의 양이 결정된다. 어떠한 분진은 입자가 아주 작고 가벼워서 분진이라기보다는 증기와 같다고 표현할 수 있는데, 이러한 분진은 오랫동안 부유 상태로 있게 되므로 누출원으로부터 먼 장소 또는 누출원보다 높은 장소까지 도달된다.

분진이 수평면에 축적이 많이 되면 어떠한 경우에 있어서는 수직면에도 많은 양이 축적된다. 분진운이 점화원이 존재하는 곳에 있게 되면 쉽게 점화 및 폭발할 수 있으나, 확산되지 않은 분진층은 점화원에 직접 접촉되지 않으면 폭발되지 않는다.

그러나 작은 양의 분진이 점화원 주위의 공기로 확산되면 작은 규모의 폭발이 발생하는데, 이때 발생된 압력파가 주위의 분진을 점화시켜 대규모 2차 폭발을 가능하게 한다.

### (2) 하이브리드(Hybrid) 분진

하이브리드 분진이란 분진과 1종류 이상의 가연성가스, 증기가 혼합된 것을 말한다. 이러한 가스, 증기는 폭발하한 값 이하의 농도에서도 공기와 분진의 폭발에 추가될 뿐만 아니라, 점화에너지를 가공할 만큼 감소시킨다. 이러한 상황은 휘발성 솔벤트가 사용되는 폴리머 공정의 플라스틱 분진이 발생될 수 있는 공기이송 계통과 유동층 건조설비에서 나타날 수 있다. 이러한 경우의 전기설비는 가연성 가스, 증기뿐만 아니라 분진에 대하여도 안전성이 확보된 것을 사용해야 한다.

### (3) 방폭전기 측면의 분진분류

직경 420 micron 이하의 미세한 입자로서 확산시 화재, 폭발의 위험이 있는 가연성 분진을 다음과 같이 3 가지로 구분한다.

#### (가) 금속분진

알루미늄, 마그네슘 및 그 합금물질의 가연성 금속분진은 그 분진층으로 전류가 흐르게 함으로써 분진을 가열하여 점화원을 형성하게 된다. 이른바 트래킹(Tracking) 현상이 발생함으로써 이로 인한 아크가 분진층을 점화시킨다. 특히 마그네슘, 알루미늄이 포함된 분진은 매우 위험하므로 특별한 주의가 요구된다.

(나) 탄소분진

석탄, 코크(Coke), 숯, 카본블랙 등을 포함한 탄소성분의 분진은 휘발성이 강하거나 다른 물질과의 반응이 민감한 경우에는 폭발의 위험이 있다.

(다) 기타분진

도전성 분진이 아닌 밀가루, 옥수수, 목재, 프라스틱 및 기타 화학물질의 분진으로서 이 분진은 열 방산이 잘 안되므로 열의 축적됨에 유의해야 한다.

### (4) 분진의 점화 특성

(가) 분진운의 점화

분진운을 점화시키는 에너지는 분진에 따라 다르다. 그러나 이러한 점화에너지는 일반적인 전기설비에서 발생되는 에너지보다 아주 낮으므로 폭발위험지역을 구분하기 위한 정확한 수치로 나타낼 필요는 없다. 반면, 분진운의 점화온도는 매우 중요하다. 왜냐하면 현장의 각종 설비의 표면온도는 이 온도보다 낮아야 하기 때문이다.

(나) 분진층의 점화

분진층의 점화온도는 분진의 성분 및 적체 형태에 따라 다르다. 조명기구나 전동기와 같이 동작 중 열을 발생하는 전기기기에 덮여있는 분진은 절연물과 같은 작용을 하여 기기 표면 및 분진에 열을 축적시킨다. 이러한 열축적은 분진층이 두꺼울수록 증가되어, 점화온도는 감소하게 되므로 결국 분진이 점화된다. 간혹 분진층의 점화온도가 분진운의 점화온도보다 낮아지는 경우도 있다. 어떤 분진은 점화온도에 도달하기 이전에 녹는 경우가 있는데 이런 경우는 분진보다는 차라리 가연성 액체로 작용하게 된다.

(다) 분진의 발화도

현장에서 사용되는 다양한 분진의 발화도를 아래의 표에 나타내었다.

〈표 5-1〉 각종 물질의 분진 발화도

| 물 질 | 발 화 도 | | 물 질 | 5발 화 도 | |
|---|---|---|---|---|---|
| | °F | ℃ | | °F | ℃ |
| Metal Dusts | | | Ferromanganese, | 554 | 290 |
| Aluminum, atomized | 1022 | 550 | medium carbon | | |
| collector fines | | | Iron, 98%, $H_2$ reduced | 554 | 290 |
| Chrominum, (97%) | 752 | 400 | Tin, 96%, atomized(2% Pb) | 806 | 330 |
| electrolytic, milled | | | Titanium 99% | 626 | 330 |
| Vanadium 86.4% | 914 | 490 | Yeast, torula | 500 | 260 |
| Zirconium hydride(93.6% | 518 | 270 | | | |
| Zr, 2.1% $H_2$) | | | Chemicals | | |
| | | | Acetoacetanilide | 824 | 440 |
| Carbonaceous Dusts | | | Adipic acid | 1022 | 550 |
| Charcoal | 356 | 180 | Benzoic acid | 824 | 440 |
| Coal, Kentucky bituminous | 356 | 180 | Dicyclopentadiene dioxide | 784 | 420 |
| Coal, Pittsburgh | 338 | 170 | Hydroxyethyl cellulose | 770 | 410 |
| experimental | | | Nitrosoamine | 518 | 270 |
| Pitch, coal tar | 1310 | 710 | Sorbic acid | 860 | 460 |
| | | | Stearic acid, aluminum salt | 572 | 300 |
| Agricultural Dusts | | | Sulfur | 428 | 220 |
| Alfalfa meal | 392 | 200 | | | |
| Almond shell | 392 | 200 | Drugs | | |
| Apricot pit | 446 | 230 | Aspirin | 1220 | 660 |
| Cinnamon | 446 | 230 | Vitamin B1, mononnitrate | 680 | 660 |
| Cocoa bean shell | 698 | 370 | Vitamin C(ascorbic acid) | 536 | 280 |
| Coconut shell | 428 | 220 | Dyes, Pigments, Intermediates | | |
| Corn | 482 | 250 | Green base harmon dye | 347 | 175 |
| Cornstarch, commercial | 626 | 330 | Red dye intermediate | 347 | 175 |
| Cottonseed meal | 392 | 200 | | | |
| Flax shive | 446 | 230 | Pesticides | | |
| Gum, arabic | 500 | 260 | Benzethonium chloride | 716 | 380 |
| Hemp hurd | 428 | 220 | Bir(2-Hydroxy-5 | 1058 | 570 |
| Lycopodium | 590 | 310 | - chlorophenyl) methane | | |
| Malt barley | 482 | 250 | Crag No. 974 | 590 | 310 |
| Milk, skimmed | 392 | 200 | Ferbam | 302 | 150 |
| Peanut hull | 410 | 210 | Sevin | 284 | 140 |
| Pectin | 392 | 200 | | | |
| Potato starch dextrinated | 824 | 440 | Thermoplastic Resins | | |
| | | | and Molding Compounds | | |

### 〈표 5-1〉 각종 물질의 분진 발화도(계속)

| 물 질 | 발 화 도 | | 물 질 | 발 화 도 | |
|---|---|---|---|---|---|
| | °F | ℃ | | °F | ℃ |
| Rice | 428 | 220 | Acetil Resins | 824 | 440 |
| Safflower meal | 410 | 210 | Acetal, linear | | |
| Soy flour | 374 | 190 | (polyformaldehyde) | | |
| Sugar, powdered | 698 | 370 | Acrylic Resins | 464 | 240 |
| Wheat | 428 | 220 | Acrylamide polymer | 860 | 460 |
| Wheat flour | 680 | 360 | Acrylonitrile polymer | 1004 | 540 |
| Wood flour | 500 | 260 | Epoxy | 950 | 510 |
| Acrylonitrile-vinyl pyridine | 464 | 240 | Epoxy-bisphenol A | 590 | 310 |
| copolymer | | | Phenol furfural | | |
| Methyl methacrylate | 824 | 440 | Phenolic Resins | 1076 | 580 |
| polymer | | | Phenol formaldehyde | 932 | 500 |
| Methyl methacrylate-ethyl | 896 | 480 | Phenol formaldehyde | | |
| acrylate copolymer | | | molding compound | | |
| Methyl methacrylateethyl | 824 | 440 | (wood flour filler) | 554 | 290 |
| acrylate styrene copolymer | | | Phenol formaldehyde, | | |
| Cellulosic Resins | | | polyalkylene-polyamine | | |
| Cellulose acetate | 644 | 340 | modified | | |
| Cullulose acetate butyrate | 698 | 370 | Polyester Resins | 932 | 500 |
| Ethyl cellulose | 608 | 320 | Polyethylene terephthalate | 680 | 360 |
| Polyethylene resins | | | Styrene modified | | |
| Polyethylene, high pressure | 716 | 380 | polyester-glass fiber | | |
| process | | | mixture | | |
| Polyethylene, low pressure | 788 | 420 | Polyurethane Resins | 824 | 440 |
| process | | | Polyurethane foam, no | | |
| Polyethylene wax | 752 | 400 | fire retardant | 734 | 390 |
| Styrene Resins | | | Polyurethane foam, fire | | |
| Polystyrene molding | 1040 | 560 | retardant | | |
| compound | | | | | |
| Polystrene latex | 932 | 500 | Special Resins and Molding | | |
| Styrene-acrylonitrile(70-30) | 932 | 500 | Compounds | 356 | 180 |
| Vinyl Resins | | | Cashew oil, phenolic, hard | | |
| Polyvinyl acetate | 1022 | 550 | Lignin, hydrolized, | 842 | 450 |
| Polyvinyl acetate/alcohol | 1022 | 550 | wood-type, fines | 428 | 220 |
| Polyvinyl butyral | 734 | 390 | Petrin acrylate monomer | 932 | 500 |

〈표 5-1〉 각종 물질의 분진 발화도(계속)

| 물 질 | 발화도 | | 물 질 | 발화도 | |
|---|---|---|---|---|---|
| | °F | ℃ | | °F | ℃ |
| Vinyl-toluene-acrylonitrile butadiene copolymer | 936 | 530 | Petroleum resin (blown asphalt) | 662 | 350 |
| | | | Rubber, crude, hard | 608 | 320 |
| Thermosetting Resins and Molding Compounds | | | Rubber, synthetic, hard (33% S) | 752 | 400 |
| Allyl Resins | | | Shellac | 878 | 470 |
| Allyl alcohol derivative (CR-39) | 932 | 530 | Styrene maleic anhydride copolymer | | |
| Epoxy Resins | | | | | |

## 1-3. 분진폭발의 특징

분진폭발의 특징은 가스폭발에 비해 연소속도나 폭발압력은 낮으나, 연소시간이 길고 발생에너지가 크기 때문에 파괴력과 연소정도가 크다. 발생에너지는 최고치에서 가스폭발의 수배 정도이고, 온도는 2,000~3,000 ℃ 정도까지 상승한다. 이는 단위체적당 탄화수소의 량이 많기 때문이다. 분진폭발은 우선적으로 폭발압력이 선행하고, 1/10∼1/20초 늦게 화염이 진행된다. 화염의 전파속도는 상온 상압 하에서 초기에는 2∼3 m/s 정도이고, 연소한 분진의 팽창에 의해 압력이 상승하면서 가속도적으로 빨라지게 된다. 또한, 폭발압력의 속도는 300 m/s 정도이며, 화염온도의 상승과 더불어 압력의 파급속도도 증가한다.

분진폭발에서는 연소열에 의한 화재가 동반되며, 연소입자의 비산으로 인체에 닿으면 심한 화상을 입게 된다. 또한, 고체 입자의 불완전 연소에 의해 연소 후 가스에는 일산화탄소가 다량으로 존재하여 가스중독의 위험이 있다. 이는 단위 공간당의 산소연료비가 가스에 비해 연료 과잉상태가 되어 불완전 연소를 일으키는 경향이 있기 때문이다. 탄광 등 폐쇄된 장소에서 분진폭발에 의한 사망원인은 폭발압력보다 불완전 연소가스에 의한 질식사가 많은 것으로 알려져 있으며, $CO_2$, $CH_4$, $H_2$ 이외에 건류가스의 발생도 있고, HCN과 같은 유독가스도 존재한다.

가스폭발의 경우 최대폭발압력은 당량농도 부근에서 발생하지만, 분진의 경우 고체입자로 인해 불완전 연소가 되기 때문에 당량농도보다 훨씬 높은 농도에서 최대폭발압력이 발생한다. 그리고 분진폭발의 가장 큰 특징은 최초의 부분적인 분진폭발에 의한 폭풍이 주위에 퇴적되었던 분진들을 날리면서 2차, 3차의 분진폭발을 일으켜 피해가 더욱 커지게 되는 것이다.

## 1-4. 분진의 폭발한계

분진의 폭발한계 농도는 가스의 경우처럼 명확하지 않으며, 입도, 부유 상황 또는 점화원의 종류와 강도에 따라 달라진다.

### (1) 폭발한계 농도

가스폭발과 같이 분진폭발에 있어서도 일정한 농도한계 밖에서는 화염이 전파되지 않는다. 분진의 종류에 따라 고유의 폭발한계 농도(공기 중)가 있지만 확실한 수치는 얻을 수 없다. 일반적으로 분진의 폭발하한 농도는 20～60 $g/m^3$, 폭발상한 농도는 2,000～6,000 $g/m^3$의 범위에 든다고 하는데 입도나 입도 분포, 그 밖의 요인에 의해서 상당히 변동이 크다. 가장 폭발을 일으키기 쉬운 농도는 대개의 경우 200～500 $g/m^3$의 범위이며, 이 농도는 분체 중의 가연물이 공기 중 산소에 의해 이론적으로 완전 연소하는 농도보다 수배 높은 것으로 알려져 있다. 또한 분진폭발의 규모는 주로 최대폭발압력 상승속도로 나타나나, 이것도 분진의 입도, 농도, 밀폐도에 따라 변동된다. 보통 알루미늄, 마그네슘은 각종 분진 중에서 가장 큰 값을 나타내고 있다. 그 밖에 폭발성이 강한 분진으로는 지르코늄, 다우메탈, 티탄 등이 있고, 그 다음으로는 환원철, 카보니철, 망간, 아연, 주석, 안티몬, 바나듐, 카듐, 타듐 등이 있다. 반면에 연, 크롬, 동, 몰

리브덴, 코발트, 니켈 등은 폭발성이 거의 없다. 대표적인 분진의 공기 중에서의 폭발하한 농도를 <표 5-2>에 나타냈다.

〈표 5-2〉 공기 중에서의 분진폭발하한 농도

| 분 진 | 하 한 농 도 (g/㎥) |
|---|---|
| ◈ 수지류 | |
| 요소계 | 70∼140 |
| 페놀계 | 25∼175 |
| 리그닌계 | 40∼65 |
| 비닐계 | 20∼40 |
| 폴리스틸렌계 | 20 |
| 초산셀룰로오스 | 35∼40 |
| 셀락 | 14∼20 |
| 합성고무 | 30 |
| ◈ 역청탄 | 30∼38 |
| ◈ 금속 | |
| 마그네슘 | 20∼50 |
| 알루미늄 | 35∼40 |
| 철(카보닐법) | 105 |
| 철(수소환원) | 120∼250 |
| 안티몬 | 190∼220 |
| 지르코늄 | 190 |
| 망간 | 210∼350 |
| 아연 | 300 |

### (2) 폭발한계 농도에 영향을 미치는 요인

분진의 폭발한계 농도에 영향을 미치는 요인은 입도, 입도분포, 수분, 산소농도, 가연성가스, 점화원 등이 있다.

#### (가) 분진의 입도와 분포

하한농도에 큰 영향을 미치며, 입도가 작은 것일수록 폭발하한 농도가 낮아진다.

(나) 수분

분진에 수분이 있으면 폭발하한 농도가 높아져서 폭발성을 잃게 된다.

(다) 산소 농도

분진이 분산하는 분위기에서 산소 농도가 변화하면 폭발한계 농도도 영향을 받는다. 산소 중이나 공기 중에서는 하한 농도가 낮고 입도가 큰 것도 폭발성을 갖게 된다. 산소 농도를 감소시키면 폭발하한 농도가 높아지면서 폭발불능 영역이 생기게 된다.

(라) 가연성 가스

메탄이나 그 밖의 가연성 가스, 인화성 액체의 증기가 분진 공기계에 혼입해 들어오면, 폭발하한 농도가 저하되어 위험성이 커진다. 즉 가스가 폭발범위에 들어가면 분진이 존재하지 않더라도 폭발하게 되고 발화에너지는 보다 작아지므로 위험성이 커진다. 다만, 분진의 폭발상한 농도에서는 가스 그 자체의 농도가 폭발범위에 들어 있더라도 분진 농도가 지나치게 크면 연료과잉으로 폭발성을 잃게 된다.

(마) 점화원

폭발하한 농도는 점화원의 종류에 따라 다르며, 분진에 접촉하는 점화원의 온도와 표면의 상태에 의해서 영향을 받는다. 온도가 높고 표면적이 큰 점화원 쪽의 폭발하한 농도가 낮아진다. <표5-3>는 분진 종류별 발화점을 나타낸 것이다.

〈표 5-3〉 분진의 발화점 (입도 200 mesh 이하 기준)

| 분진 | 발 화 점 (℃) |
|---|---|
| 면화 | 470 |
| 목분 | 430 |
| 헥사메틸렌, 테트라민 | 310 |
| 페놀수지 | 460 |
| 초산셀룰로오스 성형분 | 320 |
| 합성고무(硬) | 320 |
| 무수프탈산 | 650 |
| 분쇄알파펄프 | 480 |
| 비닐수지 | 550 |
| 폴리스틸렌수지 | 490 |
| 비닐성형분 | 690 |
| 리그닌수지 | 450 |
| 셀락, 로진, 고무 | 390 |
| 펜타에스리톨 | 450 |

## 1-5. 폭발방지대책

### (1) 기본개념

폭발이 발생하기 위해서는 가연성 물질과 산화제가 혼합된 상태로 있어야 하고, 충분한 점화에너지가 존재해야 한다. 이 중에 가연물이 산화제와 혼합하여 폭발범위 내에 있을 조건을 물질조건이라 하며, 점화에너지 또는 발화온도를 에너지 조건이라 한다. 그러므로 폭발방지는 물질조건과 에너지 조건을 제어함으로써 점화를 방지할 수 있다. 분진의 경우 폭발 방지대책으로는

① 분진의 퇴적 및 분진운의 생성 방지
② 점화원의 제거
③ 불활성 물질의 첨가 등의 방법을 들 수 있다.

이들 중에서 분진을 취급하는 공정에서 분진운의 생성을 방지하기는 거의 불가능하며, 불활성 물질의 첨가에 있어서도 불활성 가스나 분진의 첨가는 조업 중의 작업자나 제품의 품질 때문에 불가능한 경우가 많으므로, 점화원을 제거하거나 제어하는 쪽이 가장 유리한 방법이 된다.

### (2) 분진의 제어

분체 취급공정 중 분진의 퇴적이나 분산을 막기 위하여 정기적으로 진공청소기 등을 이용하여 분진을 제거할 수 있다. 또한, 평소에 공장 내부를 환기시켜 분진의 퇴적을 막는다. 즉시 밖으로 배출할 수 없는 것은 집진장치를 이용하여 모으고, 정기적으로 폐기한다. 살수를 해도 지장이 없는 공정은 물을 분무함으로써 분진의 제거는 물론 수분에 의한 폭발방지와 정전기의 발생도 방지할 수 있을 것이다. 분체를 취급하는 공정에서 분진의 발생을 완전히 배제하는 것은 거의 불가능하나, 건물의 설계나 내부 장치의 위치와 위의 방법을 조합함으로써 분진폭발 위험성을 최소화 할 수 있다.

### (3) 점화원의 제거

분진폭발을 일으킬 수 있는 위험요소 중 점화원의 제거가 분진폭발을 방지할 수 있는 가장 좋은 방법이다. 점화원은 대부분 특정 공정과 관련되어 있으므로, 점화원이 될 수 있는 공정에 대하여 안전수단을 강구함으로써 분진폭발을 일으킬 수 있는 잠재적인 위험성을 제거할 수 있다. 분진폭발의 점화원이 될 수 있는 것들로는 나화, 고온표면, 용접이나 절단작업 시 발생되는 불똥, 마찰 및 충격, 전기스파크, 정전기 불꽃, 자연발화 등이 있다. 불꽃 점화원은 다른 점화원에 비해 가장 위험하기 때문에 공정에서 불꽃과 관련된 것은 피하도록 한다. 가능한 한 저압의 스팀이나 열교환기를 이용하고, 작업장 내에서의 흡연이나 성냥 라이터 등을 휴대하지 않도록 한다. 그리고 공장 내에 고온부가 많으면 고온부에 퇴적된 분진은 열에 의해 휘발분의 방출과 함께 점화되기 쉽다. 이 경우 초기에는 작은 불씨이지만 점점 확대되어 분진폭발로 발전하게 된다.

0.5 ㎝의 퇴적 분진은 150 ℃보다 낮은 온도에서 발화되는 것도 있으므로, 고온 건조기나 과열된 베어링 부분들을 특히 주의해야 하며, 주변에 분진이 퇴적되지 않도록 한다. 공장의 정비작업시 용접이나 절단공정에서 발생된 불똥으로 분진폭발 사고나 화재를 초래하는 경우가 있으므로, 이러한 작업 시에는 불연성 시트 등으로 작업장을 둘러싸 불꽃이 위험한 곳으로 튀어가지 않도록 조치하여야 한다. 또한, 마찰이나 충격에 의해 발생된 불꽃은 분진을 발화시켜 폭발할 만큼 충분한 에너지가 되기 때문에, 구동장치나 공구 사용시 불꽃이 발생하지 않도록 조치하여야 한다.

공장의 전기스위치나 전동기 등에서 발생하는 전기스파크도 매우 위험한 점화원이 되므로, 분진의 침입을 막는 방진구조나 양압시설 등을 통하여 전기스파크와 분진을 격리시켜야 한다. 그리고 정전기에 의한 점화를 방지하기 위해서는 공장 내 도체를 접지시키고, 상대습도를 70% 이상으로 높이거나 정전기가 발생되지 않는 재료들을 사용하여 분진폭발을 방지하여야 한다.

### (4) 불활성 물질의 첨가

불활성 물질을 첨가하는 것은 위험분위기 내의 물질조건을 제어하여 폭발을 방지하는 방법이다. 산소의 농도를 제어하기 위하여 불활성 가스의 첨가나 분진 자체에 불활성 분진을 첨가하는 방법이다. 이때 불활성 물질은 생산제품, 품질 및 작업자에 미치는 영향 등을 고려하여야 한다. 불활성 가스로는 아르곤이나 이산화탄소, 질소 등이 사용되고, 불활성 분진으로는 탄산칼슘, 규조토, 실리카겔 등이 사용된다.

# 02 북미 기준에 의한 분진 폭발위험장소의 구분

## 2-1. 지역구분의 요소

### (1) 분진의 축적 정도

가스나 증기는 주변으로 계속 퍼져 나가지만, 분진의 경우에는 그 퍼져나가는 양상이 조금 다르다. 즉 기기주변에 주로 축적이 되며, 이러한 분진은 눈에 쉽게 띄므로 자주 청소하게 된다. 공장에서도 가끔 청소를 하지만, 압축공기를 사용하는 경우 아주 위험하다. 왜냐하면 분진 운을 생성할 뿐만 아니라 정전기가 발생하기 때문이다. 분진 폭발위험장소를 구분하는 첫째 기준은 점화가능성이 있는 분진의 존재 여부이다. 그러나 단순히 공기 중에 분진이 존재한다고 해서 항상 폭발분위기를 형성하지는 않는다. 그러므로 둘째 기준은 표면에 축적된 분진의 정도가 기준이 된다. 표면에 축적된 분진은 기기에서 발생된 열을 차단하므로, 분진 축적 층의 두께가 두꺼울수록 기기가 과열될 수 있다. 폭발위험장소의 구분기준의 되는 분진 층의 두께는 북미 규정에서 다음과 같이 정하고 있다.

〈표 5-4〉 분진 층의 두께

| 분진 층의 두께 | 폭 발 위 험 지 역 |
| --- | --- |
| 3mm 이상 | Division 1 |
| 3mm 미만으로 표면 색상 분별 불가 | Division 2 |
| 분진 층을 통하여 표면색상 분별 가능 | 비위험장소 |

### (2) 폭발위험장소의 종류

분진폭발 위험장소는 가스, 증기와 같이 0종, 1종, 2종의 3단계로 구분하지 않는다. 북미 규정에 의하면 Division 1과 Division 2로 구분하여 21종 및 22종으로 구분하고 있으나, IEC기준에는 20종, 21종, 22종으로 세분화 하고 있다.

(가) 21종 장소

정상운전 상태에서, 분진이 부유되거나 퇴적되어 위험분위기가 생성되는 장소이다. 분진 취급설비의 고장으로 위험분위기가 조성됨과 동시에 전기설비의 고장 등으로 인해 점화의 우려성이 있는 장소 및 금속 분진이 위험할 정도로 존재하는 장소이다.

(나) 22종 장소

공기 중의 분진이 정상운전 상태에서는 폭발이나 점화될 수 있을 정도로 존재하지 않으나, 설비의 고장 또는 비정상적인 동작으로 인해 위험 분위기가 간헐적으로 조성될 수 있는 장소이다. 분진이 퇴적되어 전기기기가 열 방산을 방해받거나 고장 또는 비정상 운전에 의해 점화의 우려가 있는 장소이다.

## 2-2. 분진폭발위험장소의 구분 예시

### (1) 노출형 또는 반밀폐형 기기가 설치된 옥내 개방장소

- 탄소 또는 기타 분진이 존재하는 경우

(가) 21종 장소

짙은 분진 운이 발생되거나, 퇴적 분진 층이 3㎜를 초과하는 장소

(나) 22종 장소

가시적이 분진 운은 발생되지 않으나, 퇴적 분진이 3㎜ 미만으로서 바닥 색의 식별이 불가능한 장소

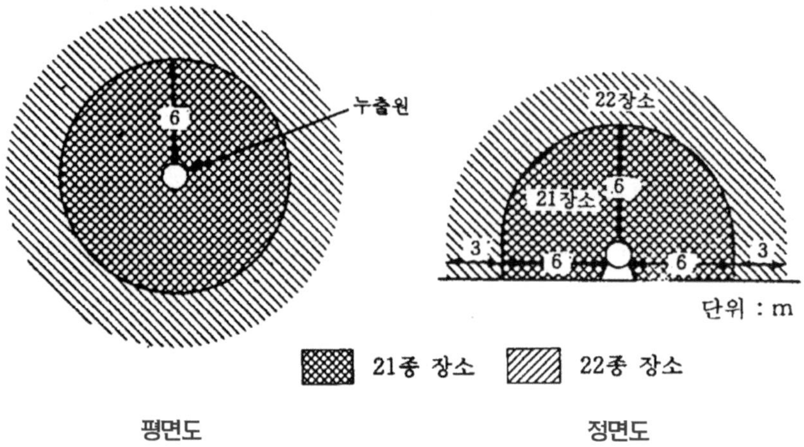


〈그림 5-1〉 분진폭발위험장소 구분

### (2) 노출형 또는 반 밀폐형 기기가 설치된 옥내 개방장소

- 금속 분진이 존재하는 경우

(가) 21종 장소

짙은 분진 운이 발생되거나, 퇴적 분진층이 3 ㎜를 초과하는 장소

(나) 추가 21종 장소

가시적인 분진 운은 발생되지 않으나, 분진퇴적이 3 ㎜ 미만으로서 바닥 색의 식별이 불가능한 장소

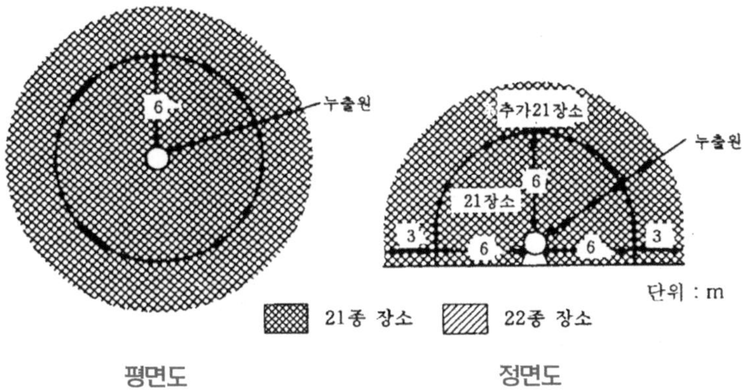


〈그림 5-2〉 분진폭발위험장소 구분

### (3) 밀폐형 기기가 설치된 옥내 개방장소

- 금속 또는 탄소 분진이 존재하는 경우

(가) 21종 장소

해당 없음

(나) 22종 장소

가시적인 분진 운은 발생되지 않으나, 분진 적이 3 ㎜ 미만으로서 바닥 색의 식별이 불가능한 장소

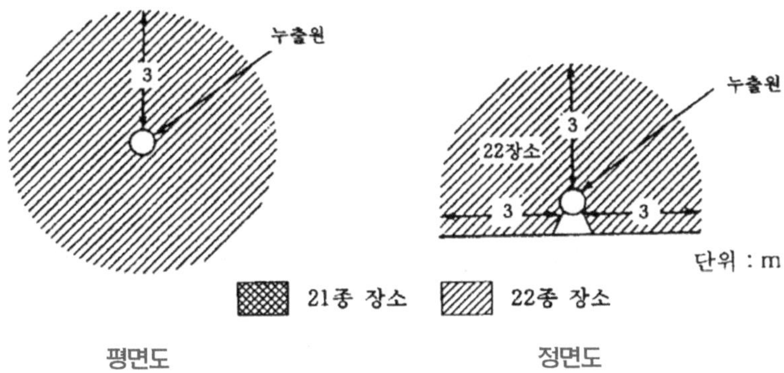


〈그림 5-3〉 분진폭발위험장소의 구분

### (4) 밀폐형 기기가 설치된 옥내 개방장소

- 탄소 또는 기타 분진이 존재하나 바닥 색의 식별이 가능한 경우

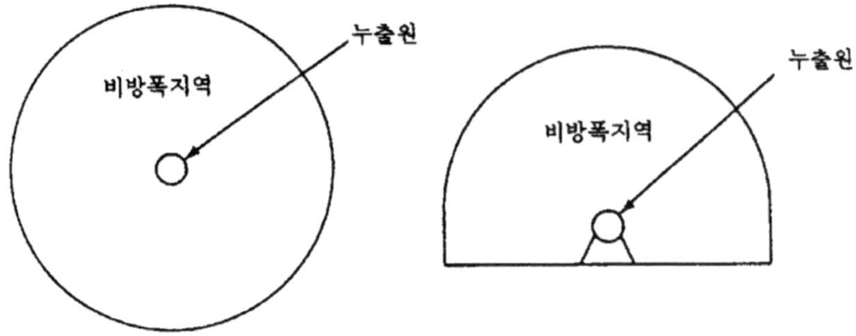


〈그림 5-4〉 분진폭발위험장소 구분

### (5) 포대, 드럼을 보관하거나, 밀폐형 호퍼가 설치된 장소

- 금속, 탄소 또는 기타 분진이 존재하나, 분진 층이 얇아 바닥 표면색의 식별이 가능한 경우

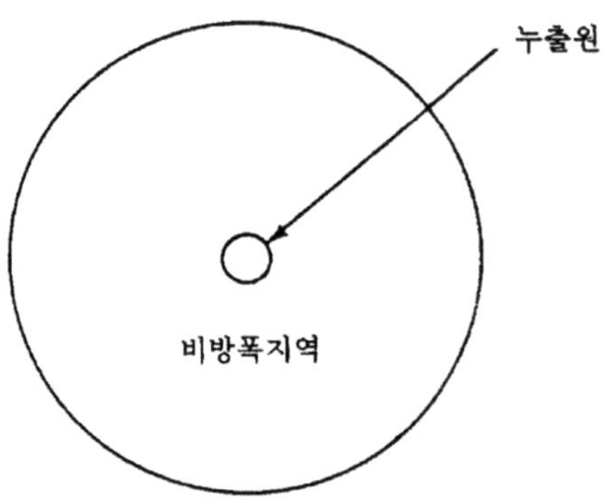


〈그림 5-5〉 분진폭발위험장소 구분

### (6) 밀폐형 기기가 설치된 옥내

- 벽에 개구부가 없고, 금속 분진이 존재하는 경우

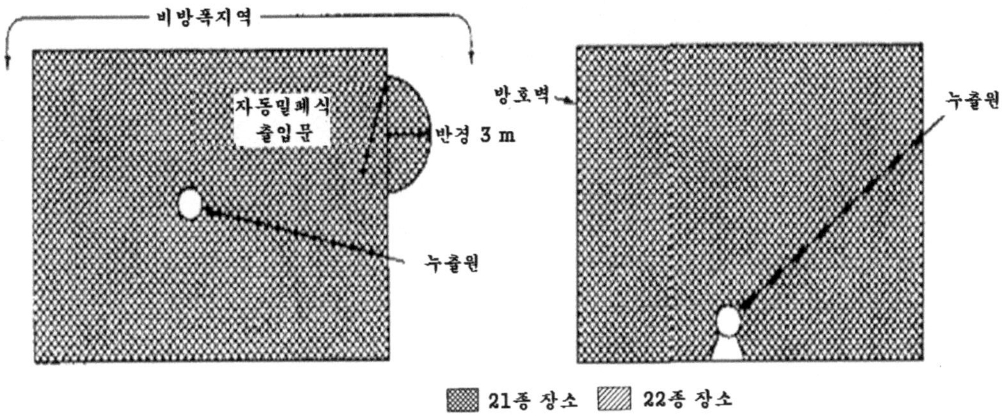


〈그림 5-6〉 분진폭발위험장소 구분

### (7) 개방형 또는 반 밀폐형 기기가 설치된 옥내

- 벽에 개구부가 없고, 탄소 또는 기타 분진이 존재하는 경우

(가) 21종 장소

짙은 분진 운이 발생되거나 최적 분진 층이 3 ㎜를 초과하는 장소

(나) 22종 장소

가시적인 분진 운을 발생하지 않으나, 분진 최적이 3 ㎜ 미만으로서 바닥 색의 식별이 불가능한 장소

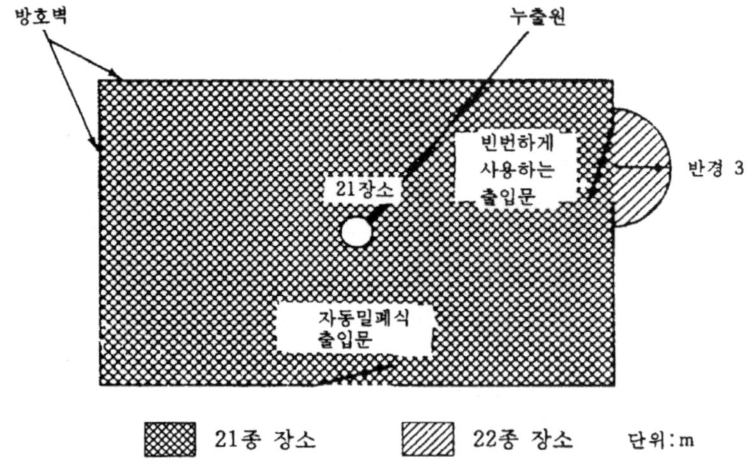


〈그림 5-7〉 분진폭발위험장소 구분

### (8) 여러 대의 기기가 설치된 옥내

- 벽에 개구부가 없고, 탄소 또는 기타 분진이 존재하는 경우

(가) 21종 장소

짙은 분진 운이 발생되거나, 퇴적 분진 층이 3 ㎜를 초과하는 장소

(나) 22종 장소

가시적인 분진 운은 발생하지 않으나, 분진 퇴적이 3 ㎜ 미만으로서 바닥 색의 식별이 불가능한 장소

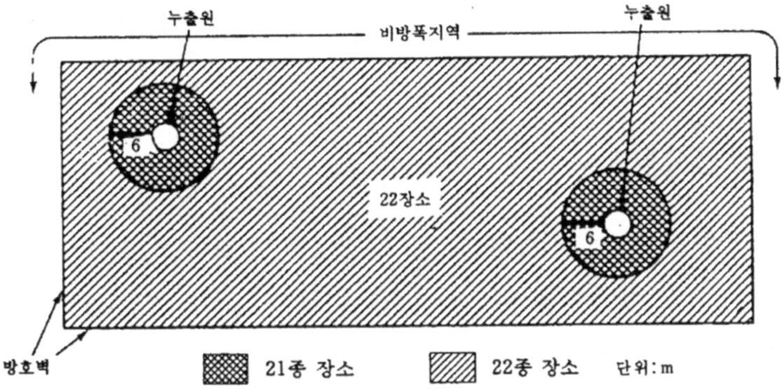


〈그림 5-8〉 분진폭발위험장소 구분

## (9) 분진 확산이 가능한 옥내

- 탄소 또는 기타 분진이 존재하는 경우

### (가) 21종 장소

짙은 분진 운이 발생되거나, 퇴적 분진 층이 3 ㎜를 초과하는 장소

### (나) 22종 장소

가시적인 분진 운은 발생하지 않으나, 분진 퇴적이 3 ㎜ 미만으로서 바닥 색의 식별이 불가능한 장소

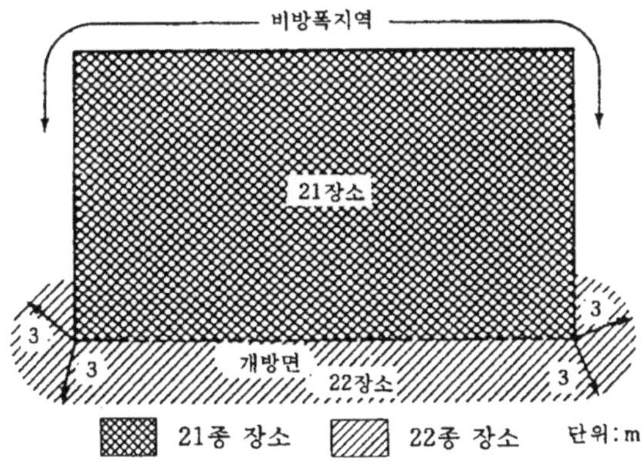


〈그림 5-9〉 분진폭발위험장소 구분

# 03 국내 기준에 의한 분진폭발 위험장소의 구분

## 3-1. 일반사항

분진 운에 의한 화재·폭발 위험성을 평가하기 위한 장소설정은 인화성가스 및 증기의 장소구분에서 사용되는 것과 유사한 개념을 적용한다. 가연성 분진은 폭발범위 내의 농도로 축적되어 있을 경우에만 폭발분위기를 형성하지만, 분진 운의 농도가 아주 높은 경우 폭발하지 않을 수도 있는 반면 그 농도가 폭발범위 내에 있다면 아주 낮은 농도에서도 위험할 수 있다. 또한, 환기설비에 의해 제거되지 않은 분진은 입자크기 등의 특성에 따라 분진 층을 이루거나 퇴적될 수 있다. 따라서 희석되었거나 작은 연속 누출원도 잠재적인 위험 분진 층을 형성할 수 있다는 것을 고려하여야 한다. 가연성 분진에 의하여 나타나는 일반적인 위험은 다음과 같다.

- 폭발 분위기를 형성하는 분진 층 또는 축적된 분진을 포함하는 누출원으로부터의 분진 운 형성
- 분진 운을 형성하기는 어려우나 자체 열 또는 고온 표면으로 인해 점화될 수도 있는 분진 층의 형성과 장비의 화재위험이나 과열을 일으킬 수 있는 분진 층의 형성

폭발성 분진 운 및 가연성 분진 층이 존재할 수 있는 장소에는 가급적 점화원을 두지 않아야 한다. 만약, 이것이 불가능할 경우에는 가연성 분진과 점화원의 동시 발생을 가능한 한 없애기 위한 조치를 취하여야 할 것이다.

## 3-2. 분진폭발위험장소의 구분 절차

### (1) 기본정보

폭발위험장소의 구분은 점화원의 수량을 기초로 하여 작성하되, 위험장소는 분진의 가연성 여부에 따라 결정된다. 분진의 가연성은 시험에 의하여 결정되며, 필요한 공정에서 사용되는 물질의 특성은 공정기술자로부터 얻을 수 있다. 이때 공장 설비의 운전·정비 체계와 청소 등을 모두 고려하여 결정한다. 또한 공장 설비의 특정분야의 누출특성에 대한 정보를 확보하기 위하여 전문가의 지식뿐만 아니라, 안전 및 설비 전문가의 밀접한 상호협력이 필요하다. 위험장소를 정의하고자 할 때에는 분진 운만 고려하도록 한다.

### (2) 위험장소의 구분절차

첫째 단계는 물질특성의 확인이다. 즉 가연성 여부, 기기의 선정, 입자 크기, 수분 함유량, 분진 운 및 분진 층, 발화온도 및 저항률 등을 확인한다.

다음으로 둘째 단계에서는 분진 컨테인먼트 또는 분진 누출원이 존재하는 지를 확인하는 것이다. 이를 위해서는 공정 배관도와 공장 배치도가 필요하다. 이 단계에서는 분진 층 형성의 가능성도 확인하여야 한다.

마지막 셋째 단계는 이들 누출원으로부터 분진이 누출될 가능성과 설비의 다양한 부분에서 분진폭발분위기가 발생할 가능성을 결정하는 것이다.

상기 과정을 거친 후 위험장소의 구분과 그 범위를 명확히 정할 수 있을 것이다. 폭발위험장소 구분도에는 위험장소의 종류, 범위와 분진 층의 존재 여부를 표시하여야 한다.

## 3-3. 분진폭발분위기의 누출원

분진폭발분위기는 분진의 누출원에서 형성된다. 분진 누출원은 분진폭발 혼합물을 형성할 수 있는 즉, 가연성 분진이 누출되거나 증가될 수 있는 부위 또는 위치이다. 그러나 주위환경에 의해 모든 누출원이 분진폭발분위기의 혼합물을 형성하는 것은 아니다. 반대로, 아주 작은 연속적인 누출원이라도 위험한 분진 층을 형성할 수 있다. 그러므로 분진폭발 또는 가연성 분진 층을 형성할 수 있는 공정설비, 공정단계 또는 공정상 예측되는 기타 조치를 확인할 필요가 있다.

### (1) 분진 컨테인먼트

공정설비의 일부인 분진 컨테인먼트 내부에서의 분진은 대기 속으로 누출되지 않지만, 연속적인 분진 운을 형성할 수 있다. 이것들은 연속적이거나 장기간 또는 단기간 동안 지속될 수 있으며, 이러한 형상이 나타나는 빈도는 공정주기에 달려있다. 장비는 분진 운과 분진 층의 발생빈도를 확인할 수 있도록 정상 작동, 비정상 작동 및 정지조건에서 검토되어야 하며, 두꺼운 분진 층이 형성될 수 있는 경우 이를 기록한다.

### (2) 누출원

분진 컨테인먼트 외부의 많은 요소들이 장소구분에 영향을 줄 수 있다. 분진 컨테인먼트 내부에서 사용되는 압력이 대기압보다 높은 경우에는 분진이 장비 밖으로 쉽게 누출될 수 있다. 반면, 분진 컨테인먼트 내의 압력이 음압인 경우에는 장비 외부에 분진지역이 형성될 가능성은 아주 낮다. 일반적으로, 다음의 설비는 정상 또는 비정상 운전 중의 누출원으로 보지 않는다.

- 막힌 노즐과 맨홀 등의 구조를 가진 쉘이나 압력용기
- 연결부가 없는 배관 및 덕트
- 설계, 구조 및 기타 적절한 방법으로 분진이 누출되지 않도록 조치한 평면 접합부

분진입자, 습기 함유량, 이송속도, 분진 배출량, 낙하 높이 등이 잠재적인

누출량에 영향을 준다. 잠재적인 누출과정이 일단 알려지면, 각각의 누출원을 확인하고 누출등급을 결정하여야 한다. 누출등급은 다음과 같이 분류한다.

- 1차 누출등급, 즉 개방된 백의 충전부 또는 배출부 근접 주위
- 2차 누출등급, 즉 빈번하게 아주 짧은 기간 동안에만 개방되는 맨 홀, 또는 퇴적 분진이 존재하는 분진 취급설비

## 3-4. 분진폭발 위험장소

분진폭발 위험장소의 구분은 폭발위험분위기의 발생빈도와 지속시간에 따라 구분한다.

### (1) 20종 장소

공기 중에 가연성 분진운의 형태가 연속적, 장기간 또는 단기간 자주 폭발분위기로 존재하는 장소

### (2) 21종 장소

공기 중에 가연성 분진운의 형태가 정상 작동 중 빈번하게 폭발분위기를 형성할 수 있는 장소

### (3) 22종 장소

공기 중에 가연성 분진운의 형태가 정상작동 중 폭발분위기를 거의 형성하지 않고, 만약 발생한다 하더라도 단기간만 지속될 수 있는 장소

〈표 5-5〉 분진폭발위험장소의 구분 예시

| 구분 | 적용예 |
|---|---|
| 20종 장소 | ㅇ 분진내재 지역의 내부<br>ㅇ 분진발생 장치 및 이송배관 내부<br>ㅇ 분진발생설비 외부이나 배기 및 청소의 부족으로 분진층 및 분진운 형성 지역 |
| 21종 장소 | ㅇ 분말을 채우거나 비우는 곳의 인근지역<br>ㅇ 22종 장소 중 분진축적의 제거가 보장되지 않는 지역 |
| 22종 장소 | ㅇ 분진이 누출되어 축적될 수 있는 분진 내재 설비 인근지역 |

## 3-5. 분진폭발 위험장소의 범위

분진폭발 위험장소의 범위는 분진 누출원의 끝단으로부터 그 위험이 더 이상 존재하지 않는 점까지를 범위로 하여 정한다. 아주 미세한 분진은 건물 내의 공기 흐름에 따라 누출원으로부터 상부로 확산된다.

### (1) 20종 장소

20종 장소는 분진폭발이 가능한 혼합물이 오랫동안 또는 빈번하게 존재할 수 있는 덕트 내부, 생산 및 취급 장비 등이다.

### (2) 21종 장소

대부분의 환경에서 21종 장소의 범위는 분진폭발이 가능한 혼합물을 생성하는 누출원을 평가함으로써 정할 수 있다. 21종 장소의 범위는 다음과 같다.

- 분진폭발 혼합물이 발생할 수 있는 일부 분진취급 장비의 내부
- 분진의 양, 유량, 분진 입자 및 분진생성물의 누출원에 의해 형성되는 장비 외부 지역으로서, 일반적으로 그 범위는 누출원으로부터 또는 단단한 바닥

에서 수직 범위로 주위 1 m면 충분하다.

- 분진 확산범위가 구조물에 의하여 제한되는 경우, 범위를 정할 때 그 표면까지 고려할 수 있다.

### (3) 22종 장소

22종 장소의 범위는 분진폭발 혼합물을 생성하는 누출원의 환경을 평가함으로써 정할 수 있다. 누출원에 의해 형성되는 폭발위험장소의 범위는 분진의 양, 유량, 입자크기, 생성물의 수분 함유량 등의 여러 분진 변수에 의해 변한다.

- 일반적으로 22종 장소는 누출원 주위 및 21종 장소 밖 1 m 까지면 충분하다. 건물 밖 개방장소에서 22종 장소의 경계는 바람, 비 등과 같은 기후 영향에 따라 다소 축소할 수 있다.
- 분진의 확산이 구조물에 의해 제한되는 경우, 그 구조의 표면까지 경계로 간주할 수 있다.

옥내에 위치하지만 21종 장소로 구분되지 않은 장소, 예를 들면 맨홀이 있는 용기가 구조물에 의해 제한받지 않은 곳은 22종 장소로 구분한다. 만약, 장소구분을 재검토하는 중에 당초의 22종 장소 이외에서 축적된 분진 층이 발견되었다면, 분진 층의 범위와 생성되는 분진 운을 생성시키는 분진 층의 교란상태를 고려하여 장소구분을 확대할 필요가 있다.

## 3-6. 폭발위험장소 구분도의 적용예시

### (1) 배기설비가 없는 건물 내부의 호퍼 주위

사람이 빈번하게 자루의 내용물을 호퍼에 붇고, 이 내용물을 공기로 플랜트의 다른 곳으로 이송하는 것으로서, 호퍼에는 항상 제품으로 가득차 있다.

(가) 20종 장소

분진폭발 혼합물이 빈번하게 또는 지속적으로 존재하는 호퍼 내부

(나) 21종 장소

개방 맨홀은 1차 누출원이므로, 21종 장소는 맨홀 주위, 즉 맨홀 끝에서 1 m 까지와 이를 바닥까지 연장한 장소이다.

만약, 분진층이 형성된다면 분진층, 청소 및 분진운을 발생시키는 분진층의 교란 등을 고려하여 위험장소를 더 넓게 정할 수 있다. 또한, 자루에서 분진을 쏟을 때 공기의 이동이 있다면 21종 장소 밖으로 분진 운이 생길 수 있다. 이 때에는 추가로 22종 장소를 고려하여야 한다.

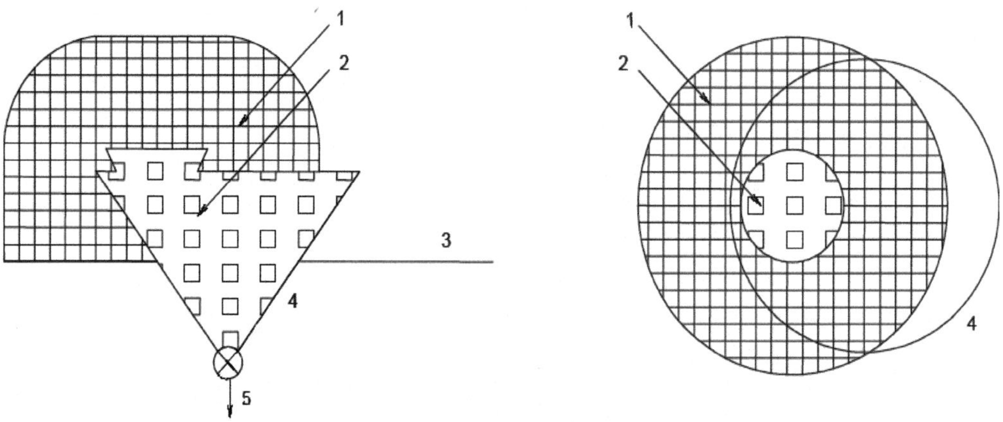


1 : 21종 장소(통상 1 m 반경)　　2 : 20종 장소　　3 : 바닥
4 : 백 배출 호퍼　　5 : 공정으로 배출

〈그림 5-10〉 배기설비가 없는 건물 내부의 호퍼 주위

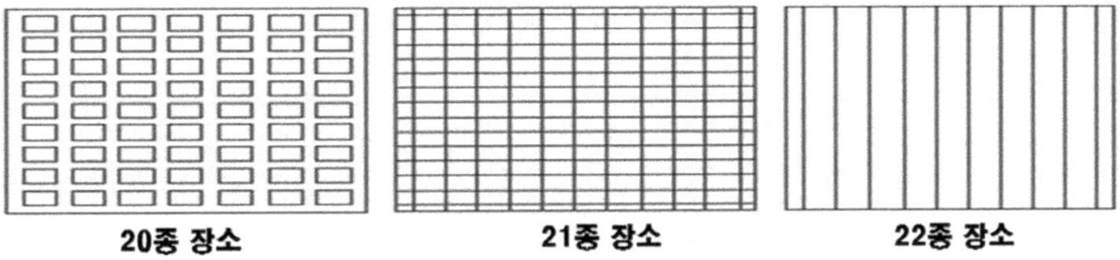


〈그림 5-11〉 분진폭발 위험장소의 표시

### (2) 배기설비가 있는 호퍼 주위

이것은 앞의 (1)과 유사한 예이나, 이 시스템의 경우 배기설비가 구비되어 있다. 이 경우에는 대부분의 분진을 설비 내로 제한할 수 있다.

(가) 20종 장소

분진폭발 혼합물이 빈번하게 또는 지속적으로 존재하는 호퍼 내부

(나) 22종 장소

개방된 맨홀은 2차 누출원이나, 배기설비가 있으므로 정상상태에서는 분진의 누출이 없다. 잘 설계된 배기설비에서는 누출된 모든 분진을 빨아들일 수 있다. 따라서 22종 장소는 맨홀 주위가 되며, 그 범위는 맨홀 끝에서 1 m까지와 이를 바닥까지 연장한 장소이다.

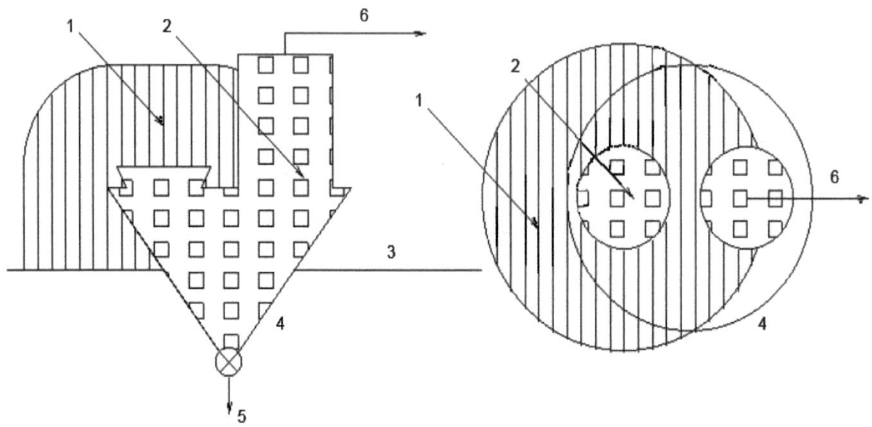


1 : 22종 장소(1m 반경)　2 : 20종 장소　3 : 바닥
4 : 백 배출 호퍼　5 : 공정으로 배출　6 : 컨테인먼트 내로 배출

〈그림 5-12〉 배기설비가 있는 곳의 호퍼 주위

### (3) 옥외 집진장치 및 여과기

집진장치와 여과기는 추출설비의 흡입측에 설치되어 있고, 추출된 제품은 연속적으로 작동되는 회전밸브를 통과하여 저장소 내부로 떨어진다. 미세 분진의 양이 매우 작으므로 자체 청소주기는 길다. 따라서 내부는 정상작동 중에만 가연성 분진이 가끔 형성된다. 그리고 필터 유닛의 추출 팬은 외부로 공기를 추출하는 설비이다.

(가) 20종 장소

분진폭발 혼합물이 빈번하게 또는 지속적으로 존재하는 집진장치 내부이다.

(나) 21종 장소

적은 양의 분진이 정상 작동 중 사이클론에 의하여 포집되지 않는 경우에만 필터의 입구 측이 21종 장소이다. 그렇지 않다면, 필터의 입구 측은 20종 장소가 된다.

(다) 22종 장소

필터의 출구 측은 필터가 고장이 나면 가연성 분진 운이 형성될 수 있다. 필터내부, 추출 덕트 및 덕트의 배출 주위까지 적용하면, 22종 장소는 덕트 출구 주위 1 m와 이를 바닥까지 연장한 장소이다.

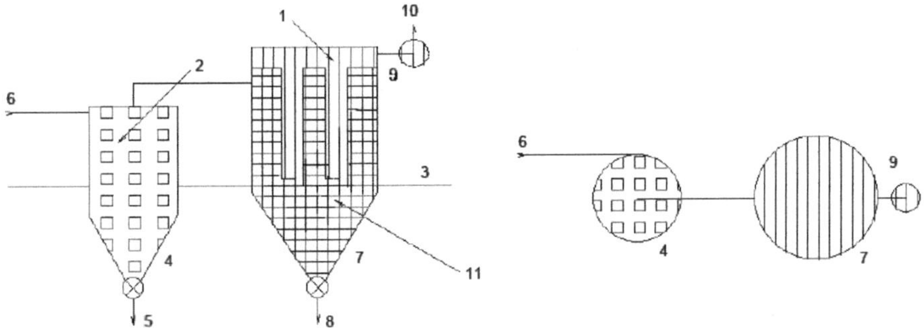


| | | | |
|---|---|---|---|
| 1 : 22종 장소 | 2 : 20종 장소 | 3 : 바닥 | 4 : 집진장치 |
| 5 : 제품 사일로로 | 6 : 입구 7 : 필터 | 8 : 미세분진 배출 | |
| 9 : 추출 팬 | 10 : 출구로 | 11 : 21종 장소 | |

〈그림 5-13〉 옥외에 출구가 있는 집진장치와 필터

## (4) 배기설비가 없는 건물 내의 드럼 덤프차

200 ℓ 드럼 내의 분진을 스크루 컨베이어로 인접된 방으로 이송하기 위해 호퍼 내의 분진을 비우는 작업이다. 플랫홈 위에 분진이 가득 있고, 마개가 열린 드럼이 있다. 드럼을 비우는 과정은 호퍼 뚜껑이 열리고 호퍼 상부의 다이어프램 밸브에 있는 드럼 캐리어가 회전한다. 다이어프램 밸브가 열리고 드럼이 완전히 빌 때까지 스크루 컨베이어가 분진을 이송한다. 그리고 새로운 드럼이 들어오면 다이어프램 밸브가 닫히고, 드럼 캐리어는 회전되어 원래의 위치로 돌아가 호퍼 뚜껑을 닫는다. 이 후 유압 실린더에 의해 드럼을 분리시킨다.

(가) 20종 장소

분진 운이 자주 지속 존재하는 드럼, 호퍼 및 스크루 컨베이어의 내부

(나) 21종 장소

드럼마개와 호퍼뚜껑이 열린 후, 호퍼 상부의 다이어프램 밸브를 달거나 철거할 때 분진누출이 분출 운 형태를 발생시킨다. 따라서 21종 장소는 드럼, 호퍼상부 및 다이어프램 밸브 주위 1 m로 하되, 이를 바닥까지 연장한다.

(다) 22종 장소

실내의 나머지 지역은 많은 양의 분진의 누출 가능성과 교란을 고려하여 22종 장소로 구분한다.

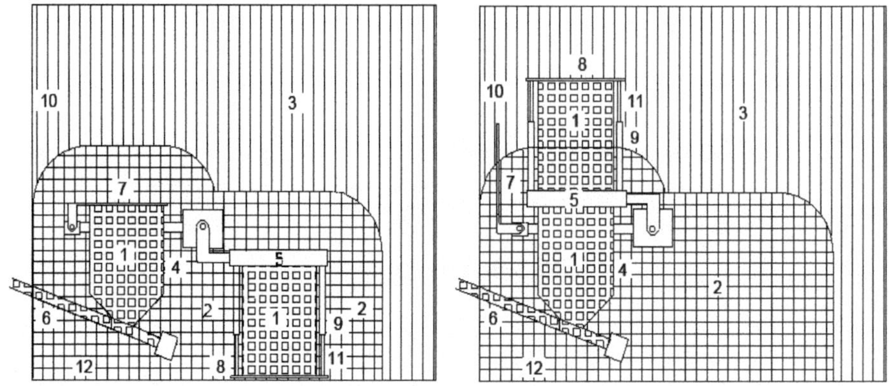


1 : 20종 장소　　2 : 21종 장소　　3 : 22종 장
4 : 호퍼　　5 : 다이어프램 밸브　　6 : 스크류 컨베이어
7 : 호퍼 마개　　8 : 드럼 플랫폼　　9 : 유압 실린더
10 : 벽　　11 : 드럼　　12 : 바닥

〈그림 5-14〉 배기설비가 없는 건물 내의 드럼 덤프차

## 04 분진방폭 전기기계 · 기구의 구조 및 종류

분진을 대상으로 하는 방폭구조에는 다음과 같은 형식이 적용된다.

### (1) "분진내압 방폭구조, tD"

주변의 분진입자가 침입할 수 없도록 된 특수 방진 밀폐함 또는 전기설비의 안전운전에 방해될 정도의 분진이 침투할 수 없도록 한 보통 방진 밀폐함을 갖는 방폭구조를 말한다.

### (2) "분진몰드 방폭구조, mD"

분진 층 또는 분진운의 점화를 방지하기 위하여, 전기불꽃 또는 열에 의한 점화가 될 수 있는 부분을 콤파운드로 덮은 방폭구조를 말한다.

### (3) "분진본질안전 방폭구조, iD"

폭발성 분진분위기에 노출되어 있는 기계 · 기구 내의 전기에너지, 권선 상호간의 전기불꽃 또는 열의 영향을 점화에너지 이하의 수준까지 제한하는 것을 기반으로 하는 방폭구조를 말한다.

### (4) "분진압력 방폭구조, pD"

밀폐함 내부에 폭발성 분진 분위기의 형성을 막기 위하여 주위환경보다 높은 압력을 가하여 밀폐함에 보호가스를 적용하는 방폭구조를 말한다.

# 05 분진방폭 전기기계 · 기구의 선정 및 설치

## 5-1. 분진방폭 전기기기의 선정

분진폭발위험장소에 따른 전기기기는 분진의 형태와 폭발위험장소의 등급에 따라 다음 표와 같이 선정하여 설치하여야 한다.

〈표 5-6〉 폭발위험장소에 따른 전기기기의 선정

| 분진의 형태 | 20종 장소 | 21종 장소 | 22종 장소 |
|---|---|---|---|
| 비도전성 | tD A20<br>tD B20<br>iaD<br>maD | tD A20 또는 tD A21<br>tD B20 또는 tD B21<br>iaD 또는 ibD<br>maD 또는 mbD<br>pD | tD A20; tD A21 또는 tD A22<br>tD B20; tD B21 또는 tD B22<br>iaD 또는 ibD<br>maD 또는 mbD<br>pD |
| 도전성 | tD A20<br>tD B20<br>iaD<br>maD | tD A20 또는 tD A21<br>tD B20 또는 tD B21<br>iaD 또는 ibD<br>maD 또는 mbD<br>pD | tD A20 또는 tD A21 또는 tD A22<br>IP6X<br>tD B20 또는 tD B21<br>iaD 또는 ibD<br>maD 또는 mbD<br>pD |

주) 분진방폭구조의 종류별 표시
- tD : 분진내압방폭구조 (방폭성능검정결과에 따라 A형과 B형으로 나뉨)
- pD : 분진압력방폭구조
- iD : 분진본질안전방폭구조 (방폭성능검정결과에 따라 ia형과 ib형으로 나뉨)
- mD : 분진몰드방폭구조 (방폭성능검정결과에 따라 ma형과 mb형으로 나뉨)
- IP6X : 용기의 보호등급 (방폭성능검정결과에 따라 부여됨)

## 5-2. 배선

### (1) 21종 장소

21종 장소에서 배선은 강재 전선관에 의한 나사식 결합 또는 MI케이블과 방폭형 터미널 핏팅으로 해야 하며, MI 케이블은 터미널 핏팅에 장력이 가해지지 않도록 해야 한다.

(가) 핏팅 및 박스

핏팅 및 박스를 전선관 또는 케이블 터미널에 연결할 때는 나사 결합식으로 해야 하며, 분진이 내부로 침입되거나 스파크, 화염이 밖으로 유출되지 않도록 결합부분에 틈새가 생기지 않아야 한다. 단자 연결부분, 탭, 조인트가 있는 핏팅 및 박스, 도전성 분진이 존재하는 장소의 핏팅 및 박스 등은 21종 장소에 적합한 분진방폭형을 사용해야 한다.

(나) 가요전선관

가요전선관을 사용하는 경우에는 방진형 또는 방우형 가요전선관과 부싱 핏팅이 있는 고장력 코드가 허용된다. 가요전선관이 오일이나 기타 부식성물질에 손상될 우려가 있을 경우에는 해당지역에 적합한 절연체 또는 쉬스로 제작된 전선관을 사용해야 한다.

### (2) 22종 장소

22종 장소에서는 강재전선관에 의한 배선과 일반 케이블 트레이에 의한 전력 및 제어 케이블 배선이 허용되는데, 트레이에 케이블을 포설할 때는 케이블 사이의 간격을 케이블 최대 직경 이상으로 벌려 단층으로 설치해야 한다.

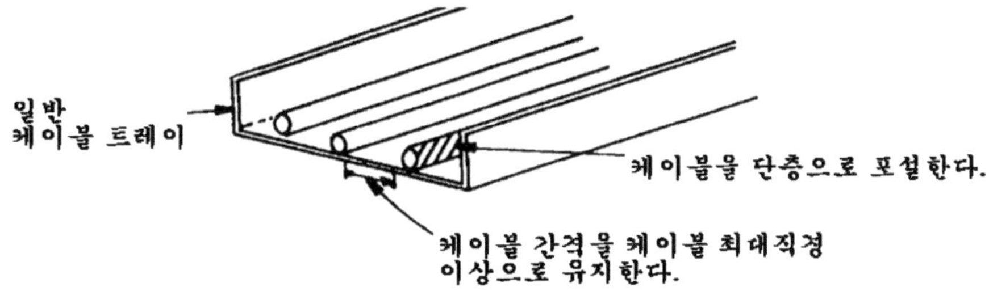


〈그림 5-15〉 케이블 트레이에 의한 배선

(가) 핏팅 및 박스

탭, 포인트 또는 터미널이 연결되는 박스, 핏팅 및 배선에는 분진의 침입이 극소화 되도록 다음과 같이 설치한다.

① 스파크 또는 화염이 새어나가지 않도록 밀폐형 커버 또는 기타 효과적인 방법으로 설치해야 한다.

② 설치 후 스파크 또는 화염이 주위의 인화성 물질을 점화시키지 않도록 나사산과 같은 부분에 구멍이 있어서는 안 된다.

(나) 가요전선관

가요전선관을 사용하는 경우 1종 장소에 준해 설치해야 한다.

## 5-3. 실링

분진방폭형 외함과 일반구조의 외함이 전선관에 의해 연결되는 경우, 전선로를 통하여 분진방폭형 외함 내부로 분진이 침입되지 않도록 다음과 같은 조치를 하여야 한다.

① 효과적인 영구 실링을 한다.

② 수평으로 설치되는 수평 전선로의 길이를 3 m 이상으로, 용기하부에 설치되는 수직 전선로의 길이를 1.5 m 이상으로 한다. 전선관 등 전선로의 길이가 길거나, 전선관이 경계면을 통과할 경우에는 분진이 가스, 증기와는 달리 전선로를 통하여 쉽게 이동되지 않기 때문에 실링을 생략할 수 있다.

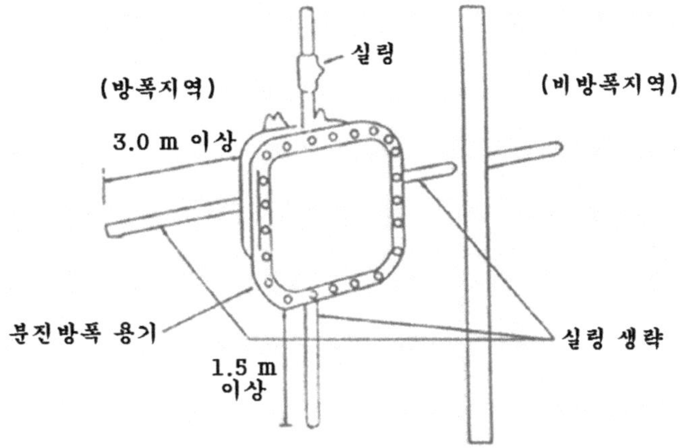


〈그림 5-16〉 방폭용기와 비방폭용기 사이 연결배관 실링 방법

## 5-4. 스위치, 차단기, 모터 제어기 및 퓨즈

### (1) 21종 장소

(가) 외함 구조

스위치, 차단기, 모터콘트롤러, 퓨즈, 누름스위치, 릴레이와 같이 정상동작시 전류를 차단하는 장치와 도전성 분진이 존재할 수 있는 장소에 설치되는 장치는 해당 장치 및 외함을 한개의 구성품으로 조립하여 21종 장소에 적합한 방폭형으로 승인된 것을 사용해야 한다.

(나) 개폐기

전류 차단기능이 없는 개폐기로서, 도전성 분진이 존재하기 어려운 장소에 설치되는 것은 분진의 침입이 극소화되도록 밀봉형 금속외함 구조로 제작해야 한다.

① 스파크 또는 화염이 새어나가지 않도록 밀폐형 커버 또는 기타 효과적인 수단이 강구되어야 한다.

② 설치 후 스파크 또는 화염이 주위의 인화성 분진을 점화시키지 않도록 나사산과 같은 부분에 구멍이 있어서는 안 된다.

(다) 금속분진

마그네슘, 알루미늄, 알루미늄브론즈 및 기타 유사한 금속분진이 존재할 수 있는 장소에서 퓨즈, 스위치, 모터 콘트롤러 및 차단기는 21종 장소에 적합한 구조로 설치해야 한다.

### (2) 22종 장소

22종 장소에서 사용되는 퓨즈, 스위치, 차단기, 모터 콘트롤러, 누름스위치 릴레이 및 유사장치는 방진형이어야 한다.

## 5-5. 제어용 변압기 및 저항기

### (1) 21종 장소

21종 장소에 사용되는 제어용 변압기, 솔레노이드, 임피던스코일 저항기, 과전류 보호장치 또는 이와 관련된 스위치 장치의 외함구조는 21종 장소에 사용이 승인된 방폭형이어야 한다. 마그네슘, 알루미늄, 알루미늄브론즈 및 유사금속 분진이 존재할 수 있는 장소에서 제어용 변압기, 임피던스 코일, 저항기는 특수방진 방폭구조 등으로 해당지역에서 사용이 승인된 것이어야 한다.

### (2) 22종 장소

(가) 스위치

제어용 변압기, 솔레노이드, 임피던스 코일, 저항기에 관련된 스위치는 방진형 구조이어야 한다.

(나) 코일 및 권선

제어용 변압기, 솔레노이드, 임피던스코일, 스위치와 동일 용기 내에 있지 않은 코일 및 권선은 통기구가 없는 밀폐형 금속용기 내에 설치된 것이어야 한다.

(다) 저항기

저항기는 22종 장소에 사용이 승인된 것이어야 한다.

## 5-6. 모터 및 발전기

### (1) 21종 장소

21종 장소에서 사용되는 모터, 발전기와 같은 회전기기는 다음과 같은 것을 사용하여야 한다.

(가) 21종 장소에서 사용이 승인된 것
(나) 전폐, 파이프 통풍형으로서 분진을 과도하게 탈수시키거나, 점진적으로 탄화현상이 발생되지 않도록 기기 최고 표면온도가 상승되지 않는 것

### (2) 22종 장소

22종 장소에서 사용되는 모터, 발전기와 같은 회전기기는 전폐형, 전폐 파이프 통풍형, 전폐 팬 냉각형 또는 분진방폭형으로서 정상운전시 최고 표면온도가 다음 표에서 정한 값을 초과하지 않고, 외부로 개방된 부분이 없어야 한다.

**〈표 5-7〉 분진의 종류 및 기기 최고 표면온도**

| 분 진 의 종 류 | 기기 최고 표면온도(℃) |
|---|---|
| 금속분진 | 200 |
| 탄소분진 | 150 |
| 비도전성 분진 | 120 |

분진의 누적속도가 매우 완만하고, 기기를 정기적으로 청소하거나 보수하기에 용이한 장소에 시설된 경우에는 다음 방식의 기기를 사용할 수 있다.

- 슬라이드 접점, 스위치 장치 또는 내부 저항기를 갖고 있지 않는 표준개방형
- 접점 스위치 장치, 또는 내부 저항기를 외부통풍 및 개방부분이 없는 방진형 외함에 수용한 표준 개방형
- 농형유도 전동기로 자기 청정형 방적 모터

## 5-7. 등기구

### (1) 21종 장소

21종 장소에서 고정형 또는 이동형 등기구는 다음과 같이 설치하여야 한다.

#### (가) 등기구 승인

모든 등기구는 21종 장소에 사용이 승인된 방폭형이어야 하며, 등기구의 최대 전력을 명확히 표기해야 한다. 마그네슘, 알루미늄, 알루미늄 브론즈 또는 기타 유사금속 분진이 존재할 수 있는 장소에 설치하는 고정형 또는 이동형 등기구 및 그 부속장치는 해당지역에 사용이 승인된 형식을 설치해야 한다.

#### (나) 외부손상

모든 등기구는 외부손상으로부터 보호될 수 있는 장소에 설치하거나, 또는 적절한 보호망을 부착시켜야 한다.

#### (다) 펜던트 등기구

펜던트 등기구는 강재전선관을 사용한 나사결합, 체인 또는 기타 적절한 방법으로 설치하여야 한다. 지지대의 길이가 30 ㎝ 이상인 경우, 등기구의 횡적 흔들림을 방지하기 위한 버팀대가 하단의 등으로부터 상부 30 ㎝ 이내의 위치

에 설치되어야 한다. 가요전선관으로 연결할 경우에는 21종 장소에서 사용이 승인된 방폭형 가요전선관을 사용하되, 천정의 박스 또는 핏팅으로부터 30㎝이내의 위치에 설치해야 한다. 또한, 나사결합 부분은 풀리지 않도록 스크루 또는 기타 효과적인 방법으로 고정시켜야 한다. 박스 또는 핏팅과 등기구 사이의 배선을 전선관으로 하지 않을 경우에는 고장력 가요 코드를 사용할 수 있으나, 등기구, 박스 및 핏팅으로 인입되는 지점에 실링을 해야 한다. 그리고 가요 코드는 등기구 지지용으로 사용되어서는 안 된다.

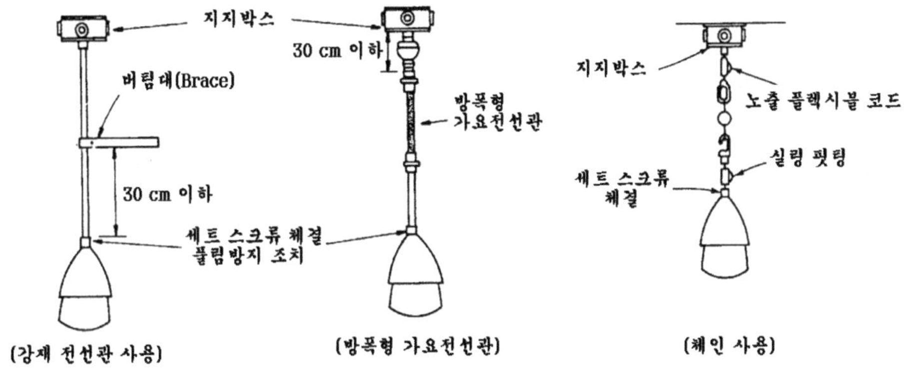


〈그림 5-17〉 21종 장소에서 펜던트 등기구의 설치

(라) 지지대

등기구 고정에 사용되는 박스, 핏팅은 21종 장소에 사용이 승인된 것으로 설치해야 한다.

### (2) 22종 장소

22종 장소에서 등기구는 다음과 같은 방법으로 설치하여야 한다.

(가) 이동형 등기구

이동형 등기구는 22종 장소에 사용이 승인된 방폭형이어야 하며 등기구의 최대전력을 명확히 표기해야 한다.

(나) 고정형 등기구

22종 장소에서 사용이 승인되지 않은 등기구의 외함은 분진이 축적되는 것을 극소화시키고, 스파크, 화염이 새어나가지 않도록 설치되어야 한다. 각 등기구는 등의 최대 전력을 명기해야 하며, 정상운전의 최고 표면온도가 규격에서 정한 값 이하이어야 한다.

(다) 외부손상

고정형 등기구는 외부의 물리적 손상을 방지하기 위하여 방호망이 부착되거나, 적정한 위치를 선정하여 설치하여야 한다.

(라) 펜던트 등기구

펜던트 등기구는 강재전선관을 사용한 나사결합, 체인 또는 기타 적절한 방법으로 설치하여야 한다. 지지대의 길이가 30 ㎝ 이상인 경우 등기구의 횡적 흔들림을 방지하기 위한 버팀대가 하단의 등으로부터 상부 30 ㎝ 이내의 위치에 설치되어야 한다. 가요전선관으로 연결할 경우에는 천정의 박스 또는 핏팅으로부터 30 ㎝ 이내의 위치에 설치해야 하며, 나사결합 부분은 풀리지 않도록 스크루 또는 기타 효과적인 방법으로 고정시켜야 한다. 그리고 박스 또는 핏팅과 등기구 사이의 배선을 전선관으로 하지 않을 경우에는 고장력 가요코드를 사용할 수 있으나, 가요코드를 등기구 지지용으로 사용하여서는 안 된다.

## 5-8. 가요코드

분진방폭형 가요코드는 고장력 형이어야 하며, 내부 선심에 반드시 접지선을 포함시켜야 한다. 또한, 단자 접속부위에 장력이 가해지지 않도록 크램프 등 적절한 방법으로 지지시켜야 하며, 분진 방폭구조의 박스 또는 핏팅과 가요코드를 연결할 경우에는 결합부위에 분진이 유입되지 않도록 실링을 하여야 한다.

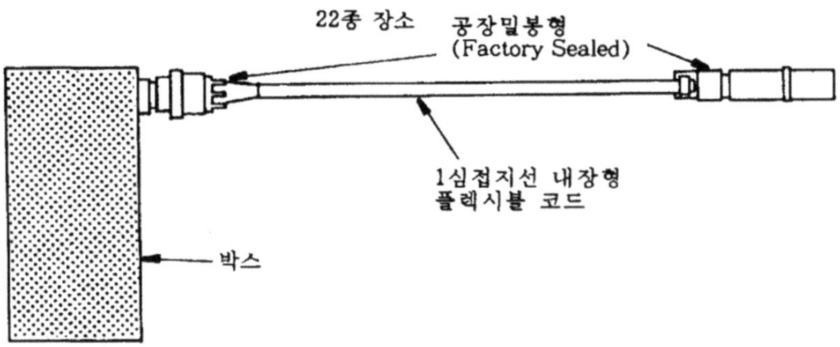


〈그림 5-18〉 22종 장소의 가요코드

## 5-9. 접 지

분진폭발위험장소의 모든 배선과 기기는 반드시 접지해야 하며, 다음과 같은 추가적인 보완조치가 필요하다.

### (1) 본딩

록크 너트, 부싱 및 이중 록크 너트는 허용되지 않으며, 점프선이 있는 핏팅 또는 기타 승인된 방법으로 폭발위험장소 내의 모든 전선로, 핏팅, 박스, 외함 등을 본딩하여야 한다. 다만, 부하측 개폐장치에 보호차단기능이 있는 경우는 건물 인입측 개폐장치의 접지단자에만 본딩할 수 있다.

### (2) 가요전선관

가요전산관이 사용되는 경우에는 전선관과 평행으로 전선관 내부와 외부에 본딩 점퍼선을 설치해야 한다. 다만, 1.8 m 이하의 방폭형 가요전선관과 핏팅을 사용하며, 과전류 보호장치의 정격이 10 A 이하이고, 부하가 전력용이 아닐 때에는 22종 장소에서 본딩을 생략할 수 있다.

## 5-10. 전기적 보호조치

### (1) 일반사항

분진지역에 설치되는 전기배선 및 기기는 단락 및 지락사고시의 고장전류와 과부하전류로부터 보호되어야 한다. 또한, 전기기기의 전원차단이 점화 위험보다 더 큰 위험을 야기할 수 있을 경우에는 신속한 비상조치를 취할 수 있도록 자동 차단장치 대신 경보장치를 사용할 수 있다. 그리고 보호 및 제어장치는 적절한 방폭구조로 보호되지 않는 한 비폭발위험장소에 설치하여야 하며, 단락보호 및 지락보호장치는 고장상태에서 자동재폐로 되지 않아야 한다.

### (2) 전동기의 보호

정격전압 및 주파수에서의 기동전류 또는 단락전류를 연속적으로 견딜 수 없는 전동기는 과전류 보호조치를 하여야 한다. 전동기의 정격전류보다 크지 않은 설정 값에서 3상 전류를 감시할 수 있는 전류 의존형 시간지연 보호장치를 설치하되, 설정 값의 1.05배에서 2시간 이내에는 작동하지 않고 설정 값의 1.2배에서는 2시간 이내에 작동하도록 설정한다. 그리고 전동기의 내장 온도감지기에 의한 직접 온도제어장치를 설치하거나 이와 동등한 안전장치 또는 보호장치를 설치하여야 한다.

### (3) 변압기의 보호

변압기가 정격전압 및 주파수에서 변압기 2차측 단락전류를 연속적으로 견딜 수 없거나 연결된 전력부하의 사고로 인해 과부하가 발생될 우려가 있는 경우에는 과부하 보호장치를 추가로 설치하여야 한다.

### (4) 긴급차단

전원의 긴급차단을 위하여, 폭발위험장소 외부에 폭발위험장소의 전원차단장치를 하나 이상 설치하여야 하며, 전원차단으로 인해 더 큰 위험을 야기할 수 있는 전기설비는 긴급차단 회로와는 독립적인 전선로에 연결되어야 한다.

### (5) 전원분리

안전한 작업을 위하여 중성선을 포함한 모든 전선로에는 단로기, 퓨즈 등과 같은 단로장치를 설치하여야 하고, 단로 장치의 개폐상태를 정확하게 구별하기 위하여 각각의 단로 장치 가까운 곳에 표식을 하여야 한다.

## 5-11. 배선계통의 설치

### (1) 20종 장소의 케이블

20종 장소에서 사용되는 본질안전용의 케이블 요구사항은 가스 폭발위험장소에서의 본질안전 회로의 요구사항을 만족하여야 한다.

### (2) 21종 및 22종 장소의 케이블

#### (가) 고정 배선

고정된 배선에 사용되는 케이블은 MI 케이블, 열가소성 시스 케이블, 열경화성 시스 케이블 또는 합성고무 시스 케이블을 사용한다.

#### (나) 유연 케이블

전원공급배선의 유연성이 필요한 경우 고무외장, 폴리클로로프렌 외장, 강 폴리클로로프렌 외장, 강 고무외장 유연케이블 또는 동등 이상의 강도를 가진 플라스틱 절연케이블을 사용할 수 있다.

(다) 이동 케이블

레일 위의 전동기처럼 일부 거리를 이동하는 전기설비에 연결된 유연케이블은 손상되지 않고 이동할 수 있도록 다음과 같이 설치한다.

① 유연 전선관 및 부속품류는 케이블을 손상시키지 않도록 설치하고, 접지 또는 본딩이 유지되도록 한다.
② 유연 전선관만으로 구성된 접지는 허용되지 않으며, 별도의 접지계통과 연결되도록 구성한다.
③ 유연 전선관으로 인해 분진이 축적되어서는 안 되며, 유연 전선관과 연결된 전기설비의 밀폐함이 손상되어서는 안 된다.

(라) 차폐 케이블의 접지

케이블 내에 금속외장이나 차폐층이 있는 경우에는 이를 접지도체 전용으로 사용하여서는 안 되며, 접지가 필요한 경우에는 케이블 내에 접지도체를 추가시켜 접지하여야 한다.

(마) 휴대형 전기기기의 케이블

휴대형 및 이동형 전기기기는 강 고무외장 케이블, 강 폴리클로로프렌 또는 동등 이상의 합성고무외장 케이블을 사용하여야 한다. 휴대 및 이동형 전기기기에 사용되는 심선의 굵기는 최소 1.0 $mm^2$ 이상이어야 하고, 접지선이 필요할 경우에는 케이블 내부에 타 심선과 절연 분리시켜 삽입하여야 한다.

(바) 소형 이동형 기기의 케이블

정격전류 6 A, 대지전압이 250 V를 넘지 않는 휴대 및 이동형 전기기기는 고무외장 케이블, 폴리클로로프렌 또는 동등 이상의 강도를 갖고 있는 케이블을 사용한다.

### (3) 케이블 보호

케이블 및 그 부속품은 기계적 충격, 부식, 화학적 및 열적 영향을 받지 않는 장소에 설치하여야 하며, 차폐 또는 금속외장 케이블은 기계적 외상 또는 태양광으로부터 보호하기 위하여 전선관 내에 설치하거나 덮개를 설치한다. 진동이 있는 곳에 설치된 케이블은 진동에 손상이 없도록 설치하고, PVC 케이블이 -5℃ 이하의 장소에 설치된 경우에는 외장이나 절연재의 손상을 방지하기 위한 조치를 하도록 한다.

### (4) 전선관 및 접합부

전선관 계통이 접지도체로 사용되는 경우, 나사 접속부는 고장전류를 안전하게 흘릴 수 있어야 한다. 그리고 전선관을 부식성 물질이 있는 장소에 설치하는 경우 내식성이 있는 전선관을 사용하거나 적절한 방식조치를 하여야 한다. 특히, 전식을 일으킬 수 있는 이종 금속간의 사용은 피해야 한다. 전선관 내에 3 가닥 이상의 케이블이 삽입되는 경우에는 케이블의 전체 단면적이 전선관 단면적의 40 %를 넘지 않도록 하고, 전선관이 긴 경우에는 응축수를 배출시킬 수 있는 배출구를 설치하도록 한다. 금속전선관이 사용되는 경우에는 분진에 의해 손상되지 않도록 설치한다.

밀폐함과 분리할 수 있는 덮개, 점검판 등과의 접합은 개스킷 접합, 나사 접합, 마개 접합, 플랜지 접합 또는 이들의 조합으로 설치한다. 전선관과 단자 외함과의 접합은 기기사양에 명시된 요구조건을 만족하여야 하며, 최소한 개스킷 접합, 나사 접합, 마개 접합, 플랜지 접합 또는 이들의 조합으로 설치한다. 특히, 나사 접합은 밀폐함의 보호등급을 유지하기 위하여 적절한 나사산 수를 가져야 한다.

### (5) 케이블 경로

케이블 경로는 분진이 누적되지 않고, 마찰에 노출되지 않도록 설정한다. 또한, 케이블 청소를 위해 접근이 가능하도록 케이블 경로를 설정하고, 케이블 경로로 사용되는 덕트, 전선관 또는 트렌치에 가연성 분진이 통과하거나, 퇴적이 되지 않도록 조치한다. 특히, 점화온도가 낮은 분진이 케이블 위에 축적이 될 수 있는 경우에는 케이블 허용전류를 감소시켜야 한다.

### (6) 케이블 및 전선관용 인입부

전선관용 인입부 제조자는 안전인증 기준에 따라 케이블 또는 전선관과 함께 사용되는 인입부의 위치 및 최대허용수를 규정하여야 하며, 이때 인입부는 해당 방폭전기기기의 성능을 저하시키지 않도록 설치하여야 한다. 전선관에 의한 인입부는 다음의 부품에 구비된 나사 구멍을 나사로 조이거나 구멍을 채우는 방법으로 처리한다.

① 밀폐함의 표면
② 밀폐함 표면에 설치되도록 설계된 어댑터 플레이트
③ 밀폐함에 부착하거나 조립할 수 있는 스토핑 박스

방폭전기기기의 인입용 개구부 중 사용되지 않는 것은 해당 방폭구조에 적합한 블랭킹 기구로 폐쇄시켜야 하며, 이는 특수한 공구에 의해서만 제거되는 구조이어야 한다. 또한, 방폭전기기기의 개구부를 막기 위한 블랭킹 기구가 케이블 또는 전선관 인입부에 맞지 않을 때에는 해당 방폭구조의 요구사항을 만족하도록 조치하여야 한다. 케이블의 상호 접속을 위한 단자대와 같은 연결용 부속품이 사용되는 경우, 그 부속품은 해당 폭발위험장소에 적합한 구조이어야 한다.

### (7) 기타사항

비폭발위험장소에서 다른 지역으로 연결되는 전선로가 폭발위험장소를 통과하는 경우, 폭발위험장소 내의 배선은 해당 폭발위험장소의 종별에 적합하여야 한다. 또한, 케이블이 바닥, 벽 또는 천장을 통과하는 경우 가연성 분진이 통과 또는 축적되지 않도록 틈새를 밀폐하여야 한다.

### (8) 폭발위험장소에서 사용할 수 없는 배선계통

다음의 배선계통은 폭발위험장소에서 사용되어서는 안 된다.

① 나도체
② 다른 보호대책이 없는 절연만 된 도체
③ 이중 절연구조가 아닌 시스로 구성된 대지귀환 계통
④ 부스통로(Busway)
⑤ 가공선로
⑥ 도선으로 구성된 대지귀환 계통
⑦ 저전압 및 초저전압 감시계통
⑧ 외피의 장력이 다음의 재질보다 작은 케이블

- PVC, 12.5 N/㎟
- 폴리에틸렌, 10.0 N/㎟
- 폴리클로로프렌, 10.0 N/㎟
- 염화폴리에틸렌 또는 유사한 폴리머, 10.0 N/㎟

## 5-12. 플러그 및 소켓의 설치

플러그와 소켓은 20종 장소에서 사용하면 안 된다. 21종 및 22종 장소에서 사용하는 플러그와 소켓은 안전인증 시험조건에 부합되는 것을 사용하여야 한다. 소켓은 분진의 침입을 최소화하기 위하여, 개방면을 하향으로 하고 각도는 수직면에 대하여 60° 이하로 설치하는 것이 좋고, 소켓은 연결되는 전선이 가능한 한 짧게 되도록 설치한다.

# 연_습_문_제

## 1. 분진폭발이 발생하는 메커니즘에 대해 설명하시오.

**풀이**

분진폭발이 발생하기 위해서는 가연성가스의 폭발조건과 같은 폭발의 3 요소가 갖추어져야 한다. 즉 가연물질, 점화원, 산소공급원으로 이루어지는 연소의 3 요소에서 가연물질에 해당하는 분진이 공기나 산소 중에 분산되어 있을 때 점화원이 존재하게 되면 폭발하게 된다. 분진폭발 메커니즘을 설명하면

① 부유상태의 분진에 열에너지가 주어지면 입자표면의 온도가 상승한다.
② 가연성고체의 착화과정과 같이 분진 입자표면의 분자가 열분해 혹은 건류작용을 일으켜 기체로 되어 입자주위로 방출된다.
③ 이 가연성가스가 입자주위의 공기와 혼합하여 가연성 혼합기체를 형성하게 된다.
④ 가연성 혼합기체는 가해진 점화에너지에 의해 발화되고 화염을 일으킨다.
⑤ 화염에 의해 발생한 열은 주위의 다른 분진입자들과 열분해 된 잔류물질들을 연소시킨다.
⑥ 이러한 착화과정이 순간적으로 일어나 주위로 전파됨으로써, 급격한 압력의 상승을 발생시키게 된다.

## 2. 북미규격과 국내 규격에서 정의하는 분진폭발 위험장소의 구분에 대해 설명하시오.

**풀이**

북미 규정에서는 분진폭발 위험장소를 가스·증기와 같이 0종, 1종, 2종의 3단계로 구분하지 않는다. Division 1과 Division 2로 구분하여 21종 및 22종으로 구분하고 있으나, IEC 기준에는 20종, 21종, 22종으로 세분화 하고 있다.

(1) 21종 장소
정상운전 상태에서, 분진이 부유되거나 퇴적되어 위험분위기가 생성되는 장소이다. 분진 취급설비의 고장으로 위험분위기가 조성됨과 동시에 전기설비의 고장 등으로 인해 점화의 우려성이 있는 장소 및 금속 분진이 위험할 정도로 존재하는 장소이다.

(2) 22종 장소
공기 중의 분진이 정상운전 상태에서는 폭발이나 점화될 수 있을 정도로 존재하지 않으나, 설비의 고

장 또는 비정상적인 동작으로 인해 위험 분위기가 간헐적으로 조성될 수 있는 장소이다. 분진이 퇴적되어 전기기기가 열 방산을 방해받거나 고장 또는 비정상 운전에 의해 점화의 우려가 있는 장소이다.

반면, 국내 규격에서는 IEC 기준에 따라 분진폭발 위험장소를 폭발위험분위기의 발생빈도와 지속시간에 따라 다음과 같이 3종류로 구분하고 있다.

(1) 20종 장소
공기 중에 가연성 분진운의 형태가 연속적, 장기간 또는 단기간 자주 폭발분위기로 존재하는 장소

(2) 21종 장소
공기 중에 가연성 분진운의 형태가 정상 작동 중 빈번하게 폭발분위기를 형성할 수 있는 장소

(3) 22종 장소
공기 중에 가연성 분진운의 형태가 정상작동 중 폭발분위기를 거의 형성하지 않고, 만약 발생한다 하더라도 단기간만 지속될 수 있는 장소

## 3. 분진방폭 전기기계•기구의 구조 및 종류에 대해 기술하시오.

**풀이**

분진을 대상으로 하는 방폭구조에는 다음과 같은 형식이 적용된다.

(1) 분진내압 방폭구조
주변의 분진입자가 침입할 수 없도록 된 특수 방진 밀폐함 또는 전기설비의 안전운전에 방해될 정도의 분진이 침투할 수 없도록 한 보통 방진 밀폐함을 갖는 방폭구조이다.

(2) 분진몰드 방폭구조
분진 층 또는 분진운의 점화를 방지하기 위하여, 전기불꽃 또는 열에 의한 점화가 될 수 있는 부분을 콤파운드로 덮은 방폭구조이다.

(3) 분진본질안전 방폭구조
폭발성 분진분위기에 노출되어 있는 기계·기구 내의 전기에너지, 권선 상호간의 전기불꽃 또는 열의 영향을 점화에너지 이하의 수준까지 제한하는 것을 기반으로 하는 방폭구조이다.

(4) 분진압력 방폭구조
밀폐함 내부에 폭발성 분진 분위기의 형성을 막기 위하여 주위환경보다 높은 압력을 가하여 밀폐함에 보호가스를 적용하는 방폭구조이다.

## 4. 분진방폭 지역에서 전선관 공사시 수평, 수직의 거리가 얼마 이상이면 실링을 하지 않아도 되며, 그 이유는 무엇인가?

**풀이**

분진방폭형 외함과 일반구조의 외함이 전선관에 의해 연결되는 경우, 전선로를 통하여 분진방폭형 외함 내부로 분진이 침입되지 않도록 영구 실링을 하여야 한다. 그러나 수평으로 설치되는 수평 전선로의 길이가 3 m 이상인 경우 또는 용기하부에 설치되는 수직 전선로의 길이가 1.5 m 이상인 경우에는 실링을 생략할 수 있다. 이는 전선관의 길이가 긴 경우에는 분진이 가스, 증기와는 달리 전선로를 통하여 쉽게 이동되지 않기 때문이다.

## 5. 휴대형 및 이동형 전기기기에 사용할 수 있는 케이블을 제시하시오.

**풀이**

휴대형 및 이동형 전기기기는 강 고무외장 케이블, 강 폴리클로로프렌 또는 동등 이상의 합성고무외장 케이블을 사용하여야 한다. 휴대 및 이동형 전기기기에 사용되는 심선의 굵기는 최소 1.0 $mm^2$ 이상이어야 하고, 접지선이 필요할 경우에는 케이블 내부에 타 심선과 절연 분리시켜 삽입하여야 한다. 반면, 정격전류 6 A, 대지전압이 250 V를 넘지 않는 휴대 및 이동형 전기기기에는 고무외장 케이블, 폴리클로로프렌 또는 동등 이상의 강도를 갖고 있는 케이블을 사용할 수 있다.

## 6. 분진폭발 위험장소에서 사용할 수 없는 케이블을 제시하시오.

**풀이**

다음의 배선계통은 분진폭발 위험장소에서 사용되어서는 안 된다.

① 나도체
② 다른 보호대책이 없는 절연만 된 도체
③ 이중 절연구조가 아닌 시스로 구성된 대지궤환 계통
④ 부스통로(Busway)
⑤ 가공선로
⑥ 도선으로 구성된 대지궤환 계통
⑦ 저전압 및 초저전압 감시계통
⑧ 외피의 장력이 다음의 재질보다 작은 케이블
   - PVC, 12.5 N/$mm^2$
   - 폴리에틸렌, 10.0 N/$mm^2$
   - 폴리클로로프렌, 10.0 N/$mm^2$
   - 염화폴리에틸렌 또는 유사한 폴리머, 10.0 N/$mm^2$

PART

# 06

# 방폭전기기계·기구 안전인증

## 01 방폭구조

폭발성 가스·증기 또는 분진이 존재하는 장소에서 전기기기의 사용 중 발생할 수 있는 전기불꽃·아크 또는 고온에 의하여 폭발하는 것을 방지할 수 있는 구조 또는 폭발하였을 때 화염이 외부로 전파되지 않도록 설계 제작된 기기를 방폭구조 전기기계·기구라 하며, 보통 방폭기기라고 불리고 있다. 방폭구조를 결정할 때에는 가스·증기 또는 분진의 위험등급, 경제성, 유지보수, 실용성 등을 고려하여 정하지만, 점화원이 되는 에너지를 감소시키거나 차단하는 방법과 가연물이 에너지원에 접근하지 못하도록 하는 원리를 적용하여 다음과 같이 구분할 수 있다.

- 내압 방폭구조 (d)
- 압력 방폭구조 (p)
- 안전증 방폭구조 (e)
- 유입 방폭구조 (o)
- 본질안전 방폭구조 (ia, ib)
- 비점화 방폭구조 (n)
- 몰드형 방폭구조 (m)
- 충전형 방폭구조 (q)
- 특수 방폭구조 (s)
- 분진 방폭구조 (tD)

## 02 인증제도

인증제도란 법정 위험기계·기구 방호장치의 신규제조·수입제품에 대한 성능, 재질, 구조 등을 심사하여 인증기준에 적합한지 여부를 판정하고, 동일규격, 형식의 제품을 제작·수입토록 승인해 주는 형식인증을 말한다. 안전인증을 받아야 하는 대상에 방폭구조 전기기계·기구가 있다. 전기기계기구는 가연성가스, 인화성물질 등을 사용하는 위험지역에서 화재폭발을 유발하는 점화원이 되기 때문에, 이를 예방하기 위하여 방폭기기를 설치하여야 한다. 방폭기기는 그 성능이 매우 중요하기 때문에 정부에서는 방폭구조 전기기계·기구 성능검정규격을 제정하여, 국내에서 사용하는 방폭기기는 모두 성능검정을 받도록 하였다. 1992. 7. 1부터 방폭기기에 대한 성능검정업무를 개시하여 운영하여 오다가 2009년 1월부터 안전인증제도로 변경하여 시행하고 있다.

### 2-1. 안전인증제도

2009년 1월 1일부터 개정 시행되고 있는 안전인증제도는 유해하거나 위험한 기계·기구·설비 및 방호장치·보호구의 안전성을 평가하기 위하여 안전에 관한 성능과 함께 제조자의 기술능력 및 생산체계 심사 등의 절차를 안전인증기관을 통해 수행하는 것으로서, 크게 의무안전인증, 자율안전확인신고 및 임의안전인증 등 3가지로 나눌 수 있다. 의무안전인증은 안전인증기관을 통한 인증이며, 자율안전확인은 사업주가 스스로 자신의 제품에 대한 안전성을 확인 신고하는 방법이고, 임의안전인증은 의무대상이 아닌 제품에 대한 인증이다. 기존의 성능검정에서는 정부에서 정한 기준에 따라 제품의 성능이 부합하느냐의 여부를 확인하는 단순 시험이지만, 안전인증에서는 제품의 안전성능시험과 함께 제조업체의 기술능력 및 생산체계를 심사하여 적합성 여부를 결정하고 또한, 주기적으로 사후관리를 실시한다는 것이 큰 차이점이다. 또한, 안전인증심사의 종류는 사업장에서 제출한 기술문서 등에 대한 서면심사, 제품의 안전 성능을 확인하는 제품심사, 사업장의 제품안전시스템을 확인하는 기술능력 및 생산체계 심사와 주기적으로 제조자의 품질시스템 등이 적절하게 유지되는지를 확인하는 확인심사로 나눌 수 있다.

## 2-2. 안전인증 대상품목

산업안전보건법에서 명시한 의무안전인증의 대상은 총 20종으로 방호장치 8종 및 보호구 12종이 있으며, 사업장 책임 적합성 인증인 자율안전확인신고 대상으로 방호장치 8종 및 보호구 4종 등 총 12종이 있다.

〈표 6-1〉 안전인증 대상품목

| 구분 | 대상품목 |
|---|---|
| 방호장치 및 보호구 | ㅇ 안전인증 : 20종<br>- 방호장치 : 8종<br>프레스 및 전단기, 양중기, 보일러용 안전밸브, 압력용기용 안전밸브, 절연용방호구 및 활선작업용기구, 방폭구조전기기계·기구 및 부품, 가설기자재, 압력용기용 파열판<br>- 보호구 : 12종<br>안전모, 안전화, 안전장갑, 방진마스크, 방독마스크, 송기마스크, 보호복, 안전대, 보안경, 용접용 보안면, 귀마개 또는 귀덮개, 전동식호흡보호구 |
| | ㅇ 자율안전확인신고 : 12종<br>- 방호장치 : 8종<br>아세틸렌용접장치 및 가스집합용접장치, 교류아크용접기, 로울러기, 연삭기, 목재가공용 둥근톱, 동력식수동대패, 산업용 로봇, 가설기자재<br>- 보호구 : 4종<br>안전모(A형), 보안경(일반보안경), 보안면(일반보안면), 잠수기(잠수헬멧 및 잠수마스크를 포함) |

## 2-3. 안전인증 업무처리 절차

안전인증업무는 도면, 사용방법설명서 및 사용상의 주의사항 등이 제대로 갖추어져 있는지를 확인하는 서면심사, 사업장을 방문하여 사업장의 제품안전시스템이 생산 및 사후관리에 걸쳐 적합하게 운영을 하고 있는지를 확인하는 기술능력 및 생산체계심사, 매년 혹은 2년에 1회 이상 인증 후 제품안전시스템을 적절하게 운영하고 있는지를 확인하고 필요한 경우 제품시험을 할 수 있는 확인심사가 있다. 안전인증과 관련된 업무절차는 다음과 같다.

### (1) 안전인증

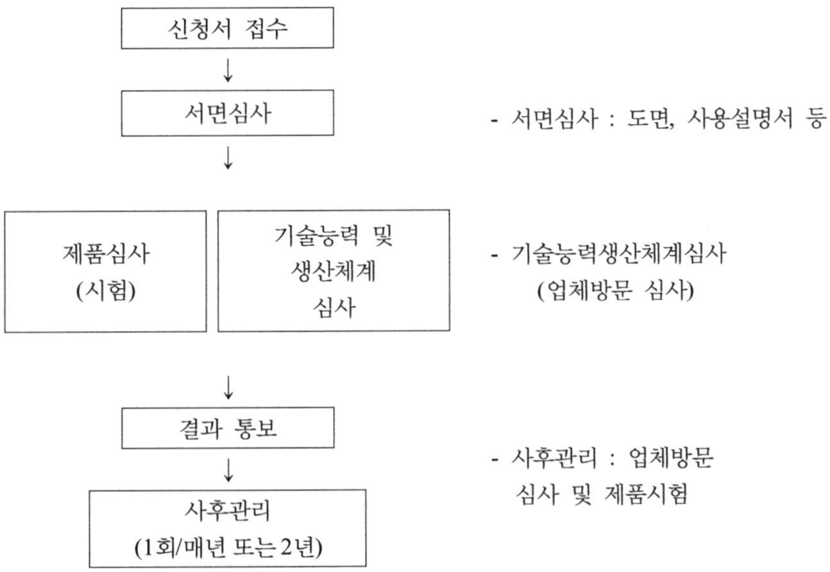

### (2) 자율안전확인

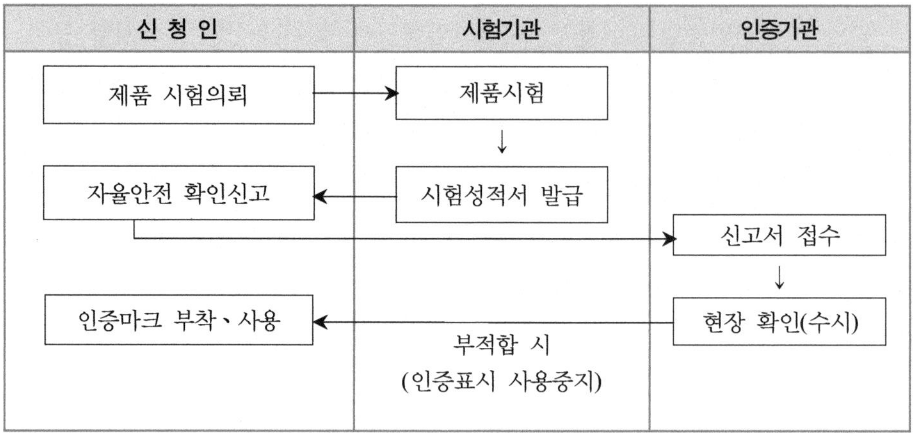


## 2-4. 안전인증 대상품목

폭발성 가스 또는 증기 및 가연성분진에 의해 폭발위험분위기가 상존하는 장소에서 사용되는 모든 전기기계ㆍ기구 등이 대상이 되며, 대상품목은 <표 6-2>와 같이 12종으로 구분 적용하고 있다. 또한 방폭기기 구조별로 폭발성 가스ㆍ증기가 상존하는 장소에는 내압방폭구조 등 9개 구조, 분진폭발 위험이 상존하는 장소에는 분진방폭구조의 방폭기기가 적용되고 있다.

〈표 6-2〉 방폭기기 인증대상 품목

| 구 분 | 검 정 대 상 | 비고 |
|---|---|---|
| 방폭기기 품목별 | 전동기, 제어기, 차단기 및 개폐기류, 조명기구류, 계측기류, 전열기, 접속기류, 배선용기구 및 부속품, 전자변용전자석, 차량용축전기, 신호기, 기타 불꽃 또는 높은 열을 수반하는 전기기계기구 | 12종 |

〈표 6-2〉 방폭기기 인증대상 품목(계속)

| 구 분 | | 검 정 대 상 | 비고 |
|---|---|---|---|
| 방폭기기 구조별 | 가스 · 증기 | 내압방폭구조(d), 압력방폭구조(p),<br>안전증방폭구조(e), 유입방폭구조(o),<br>본질안전방폭구조(i), 비점화방폭구조(n),<br>몰드방폭구조(m), 충전방폭구조(q), 특수방폭구조(s) | 9종 |
| | 분진 | 분진방폭구조(tD) | 1종 |

방폭기기를 품목별로 분류하고 있는 10종에 대한 상세 품명은 <표 6-3>과 같이 구분하고 있으나, 보통 제조업체 또는 사용업체에 따라 불리는 명칭이 약간 상이할 수 있다.

〈표 6-3〉 방폭기기의 종류 및 상세품명

| 품 목 | 해 당 제 품 |
|---|---|
| 전동기 | 3상유도전동기, 캔드모터 펌프, 엑츄에이터, 콤푸레샤 |
| 제어기 | 패널류, 박스류, 주행조작박스, 밸브개폐용 제어기, 제어유닛, 베리어, 포지셔너, 수동조작반 |
| 차단기 및 제어기 | 스위치, 모토스타터, 트롤리 리밋, 텀블러, 레벨스위치, 로드 리밋, 스위치, 단로기, 온도스위치, 스위치, 압력지시스위치, 리미트 스위치 |
| 조명기구류 | 핸드램프, 표시등, 방전등, 백열등기구, 탱크라이트 고압나트륨등, 저광도항공장애등, 피난구유도등기구 |
| 계측기류 | 탐침자, 분석기, 컨버터, 송신기, 지시계, 온도검출기, 가스분석기, 펄스발생기, 전송기류, 감지기, 전자식 부피보정기, 하중-전압변환장치, 트랜스듀서, 액위계, 가스분석기, 질량유량계, 감지기, 열감지기, 로드셀, 증폭기, 기스분석기 |
| 전열기 | 히터, 열교환기, 열전대 |
| 접속기류 | 접속함, 단자함, 엔드키트, 플러그 앤 리셉터클, 정션박스, 전원연결키트, 스플라이스키트, 방폭플러그, 단자대, 케이블 릴 |
| 배선용기구 및 부속품 | 터미널, 피팅류, 플렉시블 커플링, 엘보, 티, 직선접속키트,<br>아답터, 니플, 케이블 글랜드, 전선관, 소켓, 드레인 플러그 |

〈표 6-3〉 방폭기기의 종류 및 상세품명(계속)

| 품 목 | 해 당 제 품 |
|---|---|
| 전자변용 전자석 | 밸브, 솔레노이드 밸브용 전자석 |
| 차량용 축전기 | 배터리 등 |
| 신호기 | 스피커, 페이징핸드셋, 부저, 경종, 화염감시기, 가스누설경보기 |
| 기타 불꽃 또는 높은 열을 수반하는 전기기계기구 | 공조설비, 접지장치, 화염방지기, 초음파세정기, 중계기, 바이브레이터, 자동그리스주입장치, 휴대용 수신기, 유체튜브, 회전기, 블라우어 |

## 2-5. 방폭기기의 시험규격

현재 국내 방폭기기의 시험규격은 고용노동부고시와 KS 규격이 있으며, 이 규격들은 국제적으로 통용되고 있는 IEC(International Electrotechnical Commission) 규격을 근간으로 하여 제정되어 국내에서 생산되고 있는 방폭기기에 대하여 적용되고 있다. 또한 국외에서는 IEC, EN 및 NEC 등이 적용되고 있으며 상세내용은 <표 6-4>와 같다.

〈표 6-4〉 방폭기기의 시험규격 및 종류

| 규격 | 적용 | 문서번호 |
|---|---|---|
| 고용노동부고시 | 국내 | 방호장치 의무안전인증 고시<br>※ 최초 제정 : 제2008-76호(2008. 12. 3) |
| KS 규격 | | KS C IEC 60079 시리즈 |
| IEC | 국제 | IEC 60079 시리즈 |
| CENELEC (EN) | 유럽 | European Standards<br>EN 50014 ~ EN 50039<br>EN 60079 시리즈 |
| NEC | 미국 | National Electrical Code<br>NEC 조항 500 및 505 |
| JIS | 일본 | 일본 산업규격(JIS) |

## 2-6. 방폭기기의 등급분류

### (1) 등급 표기방법 비교

방폭기기의 표기는 보통 위험지역, 방폭기기의 구조, 점화원의 종류 및 온도 등급 등으로 구분하여 표기하나, 크게 국제규격인 IEC 표기방법과 북미 규격인 NEC 표기방법으로 구분할 수 있으며, 상세 비교내용은 <표 6-5> 내지 <표 6-9>와 같다.

〈표 6-5〉 위험지역 비교

| 위험물질 | 국내/국제 (IEC/고시) | 미국(NEC) | |
|---|---|---|---|
| 가스 혹은 증기 | ZONE 0<br>ZONE 1<br>ZONE 2 | CLASS Ⅰ | DIVISION 1<br>DIVISION 2 |
| 분진 | ZONE 20<br>ZONE 21<br>ZONE 22 | CLASS Ⅱ | DIVISION 1<br>DIVISION 2 |
| 화이버 | ZONE 20<br>ZONE 21<br>ZONE 22 | CLASS Ⅲ | DIVISION 1<br>DIVISION 2 |

〈표 6-6〉 가스 · 증기 그룹 비교

<table>
<tr><th>구 분</th><th>IEC/한국</th><th>NEC</th><th colspan="2">JIS</th></tr>
<tr><td rowspan="2">아세틸렌</td><td rowspan="4">ⅡC</td><td rowspan="2">Group A</td><td rowspan="4">3</td><td>3c</td></tr>
<tr><td>3a</td></tr>
<tr><td rowspan="2">수 소</td><td rowspan="2">Group B</td><td>3b</td></tr>
<tr><td>3n</td></tr>
<tr><td>에 틸 렌</td><td>ⅡB</td><td>Group C</td><td colspan="2">2</td></tr>
<tr><td>프 로 판</td><td>ⅡA</td><td>Group D</td><td colspan="2">1</td></tr>
</table>

<table>
<caption>〈표 6-7〉 온도등급 비교</caption>
<tr><th colspan="2">IEC/한국</th><th colspan="2">NEC</th><th colspan="2">JIS</th></tr>
<tr><th>등급</th><th>범위(℃)</th><th>등급</th><th>범위(℃)</th><th>등급</th><th>범위(℃)</th></tr>
<tr><td>T1</td><td>450 이하</td><td>T1</td><td>450 이하</td><td>G1</td><td>320 이하</td></tr>
<tr><td rowspan="5">T2</td><td rowspan="5">300 이하</td><td>T2</td><td>300 이하</td><td rowspan="5">G2</td><td rowspan="5">200 이하</td></tr>
<tr><td>T2A</td><td>280 이하</td></tr>
<tr><td>T2B</td><td>260 이하</td></tr>
<tr><td>T2C</td><td>230 이하</td></tr>
<tr><td>T2D</td><td>215 이하</td></tr>
<tr><td rowspan="4">T3</td><td rowspan="4">200이하</td><td>T3</td><td>200 이하</td><td rowspan="4">G3</td><td rowspan="4">120 이하</td></tr>
<tr><td>T3A</td><td>180 이하</td></tr>
<tr><td>T3B</td><td>165 이하</td></tr>
<tr><td>T3C</td><td>160 이하</td></tr>
<tr><td rowspan="2">T4</td><td rowspan="2">135 이하</td><td>T4</td><td>135 이하</td><td rowspan="2">G4</td><td rowspan="2">70 이하</td></tr>
<tr><td>T4A</td><td>120 이하</td></tr>
<tr><td>T5</td><td>100 이하</td><td>T5</td><td>100 이하</td><td>G5</td><td>40 이하</td></tr>
<tr><td>T6</td><td>85 이하</td><td>T6</td><td>85 이하</td><td>G6</td><td>30 이하</td></tr>
</table>

〈표 6-8〉 분진에 대한 NEC 표기방법

| 구 분 | NEC 표기 |
|---|---|
| 금속 분진 | Group E |
| 석탄 분진 | Group F |
| 곡물 분진 | Group G |

〈표 6-9〉 표기방법 비교

| 구 분 | 표 시 방 법 |
|---|---|
| IEC/한국 | · Ex e II T3<br>· Ex d IIB T4<br>· Ex d IIB+$H_2$ T4<br>· Ex tD A21 T120 ℃<br>· Ex iaD B20 T120 ℃ |
| NEC | · CLASS Ⅰ, Division 1, Group A B C D<br>· CLASS Ⅰ, Division 2, Group B C D<br>· CLASS Ⅱ, Division 1, Group E F G<br>· CLASS Ⅱ, Division 2, Group E F G |
| JIS | · eG3<br>· d2G4<br>· DP Ⅱ 11<br>· SDP Ⅱ 12 |

### (2) 안전인증제품의 표시방법

국내에서 안전인증을 실시한 후 인증된 제품에 대해서는 산업안전보건법시행규칙 및 고용노동부고시에 따라 라벨, 금속판박 또는 각인 등 잘 지워지지 않는 방법으로 안전인증표지를 제작하여 부착하여야 한다.

### 〈표 6-10〉 인증제품 표시방법

| 구 분 | 표 시 방 법 |
|---|---|
| 방폭등급 | Ex / 방폭구조기호 / 분 류 가스그룹 / 온도등급 |
| 안전인증번호 | 10 - AV2BO - 0001<br>2. 국내 제조자<br>4. 외국 제조자<br>6. 수입자 |
| 안전인증표시 | 한국산업안전보건공단 인증필<br>형식 또는 모델명<br>규 격 또는 등 급<br>제 조 자 명<br>제조번호 및 제조연월<br>안 전 인 증 번 호 |

**방폭구조기호**

| | 방폭구조 | 기호 |
|---|---|---|
| 가스·증기 | 내 압 | d |
| | 압 력 | px,py,pz |
| | 안전증 | e |
| | 유 입 | o |
| | 본질안전 | ia,ib |
| | 비점화 | n |
| | 몰드형 | ma,mb |
| | 충진형 | q |
| 분진 | 방 진 | tD |

**분류**

Ⅰ;광산용

Ⅱ;산업용

| 분진 |
|---|
| A : 일반형 |
| B : 특별형 |

**가스그룹**

| 분류 | | 기호 |
|---|---|---|
| 가스·증기 | 내본비 압질점 안화 전 | A |
| | | B |
| | | C |
| 분진 | 방진 | 20 |
| | | 21 |
| | | 22 |

**온도등급**

| 온도등급 |
|---|
| T1 |
| T2 |
| T3 |
| T4 |
| T5 |
| T6 |

### (3) 용기의 보호등급 시험방법

보호등급을 나타내는 명칭은 <표 6-11> 및 <표 6-12>의 조건과 부합되는 두 개의 숫자(특성 숫자)를 포함하는 IP(Ingress of Protection)로 구성한다. 첫째 숫자는 용기내의 충전부분 또는 회전부분으로 인체의 접근 또는 접촉에 대한 보호 및 용기내부로의 고형 이물의 침입에 대한 보호등급을 나타내며, 둘째 숫자는 용기내부로의 물의 침입에 대한 보호등급을 나타낸다.

또한, 장비 구성이 보호등급에 영향을 주는 것에서는 구성되는 장비 등에 대하여 제조자의 표시가 있어야 하며, 두 개의 특성숫자에서 단 하나의 숫자만 보호등급이 요구되는 전기기기는 두개의 숫자 중에서 삭제되는 숫자는 문자 X로 대치하여야 한다.

그리고 전기기기의 특별한 조건하에서 사용되는 기기는 분류숫자 다음에 부기호로써 표시한다. 예를 들면 회전기에서 사용되는 S와 M은 다음과 같은 의미로 사용된다.

S : 기기가 작동하지 않을 때 물의 침입에 대하여 시험함
M : 기기가 작동중일 때 물의 침입에 대하여 시험함

기호 S 또는 M 표시가 없을 때는 정지 중 또는 회전 중의 양쪽 모두에 대하여 시험을 한다.

그리고 보호등급의 표시는 기기의 보기 쉬운 곳에 지워지지 않는 방법으로 표시하여야 한다.

〈표 6-11〉 첫 번째 특성숫자의 분류

| 첫째 특성 숫자 | 보호등급 | |
|---|---|---|
| | 간결한 표현 | 정의 |
| 0 | 무 보 호 | 특별한 보호 없음 |
| 1 | 50mm보다 큰 고형물질에 대한 보호 | 인체의 큰 부분(예로 손, 고의에 의한 접근 보호는 아님), 직경 50mm를 초과하는 고형물질 |
| 2 | 12mm보다 큰 고형물질에 대한 보호 | 길이가 80mm를 초과하지 않는 손가락 또는 유사한 물질, 직경 12mm를 초과하는 고형물질 |
| 3 | 2.5mm보다 큰 고형물질에 대한 보호 | 2.5mm보다 큰 직경 또는 두께의 기구, 전선 등 직경 2.5mm를 초과하는 고형물질 |
| 4 | 1.0mm보다 큰 고형물질에 대한 보호 | 1.0mm보다 큰 두께의 전선 또는 조각 직경 1.0mm를 초과하는 고형물질 |
| 5 | 분진 | 먼지의 침입을 전적으로 방지하지는 않으나 기기의 정상적인 동작을 저해할 수 있는 양의 먼지가 침입해서는 안된다. |
| 6 | 먼지가 통하지 않음 | 먼지의 침입이 없어야 함. |

〈표 6-12〉 두 번째 특성숫자의 분류

| 첫째 특성 숫자 | 보호등급 | |
|---|---|---|
| | 간결한 표현 | 정의 |
| 0 | 무 보 호 | 특별한 보호 없음 |
| 1 | 똑똑 떨어지는 물방울에 대한 보호 | 수직으로 똑똑 떨어지는 물방울에 해로운 영향이 없을 것 |
| 2 | 15°까지 경사시켰을 때 떨어지는 물방울에 대한 보호 | 용기가 정상적인 위치로부터 15°까지 어떠한 각도에서도 경사질 때 수직으로 떨어지는 물방울에 해로운 영향이 없을 것 |
| 3 | 물보라에 대한 보호 | 수직으로부터 60°까지 어떠한 각도에서도 비말상태로 떨어지는 물보라에 해로운 영향이 없을 것 |

〈표 6-12〉 두 번째 특성숫자의 분류(계속)

| 첫째 특성 숫자 | 보호등급 | |
|---|---|---|
| | 간결한 표현 | 정의 |
| 4 | 튀기는 물에 대한 보호 | 어떠한 방향으로부터도 용기에 대하여 튀기는 물에 해로운 영향이 없을 것 |
| 5 | 물분출에 대한 보호 | 어떠한 방향으로부터도 용기에 대하여 노즐에서 분출되는 물에 해로운 영향이 없을 것 |
| 6 | 물분사에 대한 보호 | 모든 방향으로부터 강하게 분사되는 물에 대해 해로운 영향이 없을 것 |
| 7 | 침수의 영향에 대한 보호 | 용기를 규정된 압력과 시간의 조건하에서 물속에 넣었을 때 물의 침입에 의한 해로운 영향이 없을 것 |
| 8 | 잠수에 대한 보호 | 기기는 제조자가 규정한 조건하에서의 물속에서 연속적인 잠수에 적합하여야 한다. |

# 찾아보기

## ㄱ



## ㄴ

## ㄷ



## ㄹ



## ㅁ



## ㅂ

## ㅈ

## ㅊ



## ㅋ



## ㅌ



## ㅍ

## ㅎ



## 숫자



## 영문

# 방폭전기공학


인　　쇄 : 2015년 2월 10일
발　　행 : 2025년 10월 10일


저　　자 : 김규정.황명환


발 행 처 : 도서출판 한산
서울시 은평구 증산로15길 69, 2층
TEL : (02)976-7898　FAX : (02)6468-7898
발 행 인 : 송 기 수
등록번호 : 제 10-1745 호
I S B N : 978-89-89215-49-3(93560)





정가. 20,000원